轨道交通装备无损检测人员资格培训及认证系列教材

相控阵超声波
检测技术及应用

万升云　郑小康　章文显　桑劲鹏　祁三军
李广立　葛佳棋　段怡雄　高金生　孙元德　著
贾　敏　鲁传高　张香然　徐　伟　周庆祥
王振波　张志平　曾　媛　李喻可　王海粟

机械工业出版社
CHINA MACHINE PRESS

本书是一本相控阵超声波检测人员资格鉴定认证的培训教材，由中国中车焊接和无损检测培训中心组织行业专家按照 ISO/TR 25107—2016《无损检测　无损检测人员培训大纲》、GB/T 9445—2015《无损检测　人员资格鉴定与认证》和 EN473/ISO 9712—2015《无损检测　人员资格鉴定与认证》标准要求编写而成。

本书共分 12 章，主要内容包括：概述、超声波检测物理基础、探头、声束合成、相控阵扫描显示和扫查方式、相控阵超声波检测仪器、相控阵超声波检测系统校准检查、检测灵敏度、检测和结果评定、相控阵超声波检测技术在轨道交通领域中的应用、相控阵超声波检测技术的其他应用和工艺规程等。

本书既注重理论与实践应用的结合，又紧跟现代科学技术的发展，并及时介绍国内外相控阵超声波检测的新观点和新技术。

本书除作为相控阵超声波检测人员资格鉴定认证培训教材外，也可供各企业生产一线人员、质量管理及检测人员、安全监督人员、工艺技术人员、研究机构及大专院校相关专业师生学习参考。

图书在版编目（CIP）数据

相控阵超声波检测技术及应用 / 万升云等著. —北京：机械工业出版社，2020，12

轨道交通装备无损检测人员资格培训及认证系列教材

ISBN 978-7-111-67217-3

Ⅰ. ①相…　Ⅱ. ①万…　Ⅲ. ①相控阵雷达-超声检测-职业培训-教材　Ⅳ. ①TN958. 92

中国版本图书馆 CIP 数据核字（2020）第 272469 号

机械工业出版社（北京市百万庄大街 22 号　邮政编码 100037）
策划编辑：张维官　责任编辑：张维官
责任校对：王　颖　责任印制：邵　蕊
封面设计：桑晓东
北京联兴盛业印刷股份有限公司印刷
2022 年 1 月第 1 版第 1 次印刷
184mm × 260mm · 12. 75 印张 · 278 千字
标准书号：ISBN 978-7-111-67217-3
定价：63. 00 元

电话服务	网络服务
客服电话：010-88361066	机　工　官　网：www. cmpbook. com
010-88379833	机　工　官　博：weibo. com/cmp1952
010-68326294	金　　书　　网：www. golden-book. com
封底无防伪标均为盗版	机工教育服务网：www. cmpedu. com

前　　言

相控阵超声波检测技术是超声波检测方法的新兴技术，目前应用于医学和工业领域，在生命安全、设备和装备制造、检修、运行，以及在产品质量的保证，提高生产率，降低生产成本等方面正发挥着越来越大的作用。

相控阵超声波检测技术应用的正确性、规范性、有效性及可靠性，一方面取决于所采用的技术和装备水平，另一方面取决于检测人员的知识水平和判断能力。无损检测人员所承担的职责要求他们具备相应的无损检测理论知识和综合技术素质。因此，必须制订相应的规则和程序，对相控阵超声波检测相关人员进行培训与考核，鉴定他们是否具备这种资格。

为进一步提高轨道交通装备行业无损检测技术保障水平和能力，研究并建立与国际惯例接轨、适应新时期发展需要的轨道交通行业无损检测人员合格评定制度势在必行。鉴于国内外有关相控阵超声波检测方面的著作较少，并且没有适用于轨道交通行业无损检测人员资格鉴定与认证要求的教材。为此，中国中车焊接和无损检测培训中心组织行业专家编写了本书。

全书共分为概述、超声波检测物理基础、探头、声束合成、相控阵扫描显示和扫查方式、相控阵超声波检测仪器、相控阵超声波检测系统校准检查、检测灵敏度、检测和结果评定、相控阵超声波检测技术在轨道交通领域中的应用、相控阵超声波检测技术的其他应用和工艺规程等12章。

本书通俗易懂，简明扼要，图文并茂，是广大相控阵超声波检测人员培训、日常检测必备的工具书，也可作为设计、工艺、管理及检验人员了解相控阵超声波检测的参考资料。

本书结合技能操作人员的特点，力求实用，并尽量与欧盟及国际上通行的无损检测等级技术培训及认证要求相适应。

在本书的编写过程中，中车科技质量与信息化中心、中车戚墅堰机车车辆工艺研究所有限公司各级领导及中车无损检测技术委员会各位委员提供了宝贵的建议和支持，培训中心的各位同仁进行了缺陷图谱的研制、拍摄、收集及整理工作，并在文字校对等方面做了大量具体的工作，在此向他们表示真诚的谢意。

由于编者水平有限，难免存在诸多不足之处，恳请广大读者不吝指正。愿本书能够为轨道交通装备行业无损检测人员水平的提高、保证无损检测技术的正确应用和促进无损检测专业的发展起到积极的推动作用。

本书编写过程中得到了许多国内外同行专家的指导和支持，谨此致谢！

著　者

2021年5月16日

目　　录

第1章　概　　述

本书旨在增进无损检测从业人员对相控阵超声波检测技术的理解。为便于深入学习，本书介绍了相控阵超声波检测的发展和特点、相控阵探头的性能和选择、声束成形、扫描显示和扫描方式、相控阵超声波检测装备、相控阵超声波检测的设置和校准、数据采集和计算机成像、相控阵超声波检测的应用等内容。此外，本书还将详细讲述相控阵超声波检测技术在轨道交通领域的应用。

本章主要阐述相控阵超声波检测技术的发展和特点。

1.1　相控阵超声波检测技术的发展

非医用声学检测的历史在很多年前就开始了。19 世纪末，轨道交通行业发现了“声学检测”。通过判断锤子击打金属产生的声音，可检测新制铸造零部件。零部件之间声音的差异表示了材料性能的差异。第二次世界大战开始以前，声发射检测就已出现并发展。SONAR 声呐技术（声导航测距）用于检测海洋这个均匀声场中的大型目标。由此可以推断，由于其与潜艇战有关，相控阵原理的出现很有可能早于医学成果的发布。然而由于军事方面的原因，这项技术被高度保密。

随着医用相控阵超声波技术的发展，虽然相控阵技术逐渐在工业领域中也得到推广应用，但是由于被检材料和零部件形状、尺寸纷繁复杂，工业相控阵超声波检测的发展较为滞后。第一批工业相控阵系统于 20 世纪 80 年代问世，这些系统不但体形极大，而且需要将数据传输到计算机中进行处理并显示图像，一般用于电力工业中的在役检测。20 世纪 90 年代开始，出现了用于工业领域的便携式、电池供电的相控阵仪器。

如今，相控阵超声波检测系统的复杂性及功能性得到显著提升。从 16 阵元简单扇扫查和线扫查的基本款型到 256 阵元配备多通道功能及先进评定软件的款型，一应俱全。相控阵超声波检测技术正日益广泛应用，开发永无止境。声束可视化软件及聚焦法则计算显著加速了超声波技术的发展、实施和评定。信号处理的发展使得被检产品的检测结果更精准。相控阵超声波检测的未来充满无限可能。

1.2　相控阵超声波检测的优点和局限性

1.2.1　优点

相对于常规超声波检测，相控阵超声波检测的优点如下：

1）无须移动探头即可使声束在一定角度范围内扫描，相控阵探头可用于机械栅格扫查不适用的场合。

2）无论缺欠取向如何，相控阵超声波检测仪都可使声束以不同角度入射至缺欠处并获得理想的反射，从而提升了缺欠的检出率（POD）。

3）可在不同深度进行动态聚焦，通过改善信噪比，提高缺欠的定量精度。

4）可通过各种标准显示形式表示信号。

5）可增加使用的阵元数量，从而通过减少声束扩散、增强聚焦来提高灵敏度。

6）大多数现代相控阵超声波检测仪器配备校准程序，可实现多角度或同时扫描的方式快速精确校准。

7）可根据传播时间和波幅单独处理返回的信号。

8）相对于使用栅格扫查的常规超声波检测而言，检测速度更快。

9）可使用聚焦声束提高信噪比。

10）具有后处理功能的数据分析软件。

1.2.2 局限性

相对于常规超声波检测，相控阵超声波检测也存在一些局限性，具体如下：

1）探头昂贵，软件升级费用较高。

2）操作人员需通过计算机、空间可视化和相控阵超声波检测技能的培训。

3）与旁瓣类似，栅瓣可能干扰时基显示。

4）阵列中的失效阵元可能阻碍相长干涉及声束成形。

5）当使用扇扫查模式时，操作人员应确定扫描角度的极限值。

第2章　超声波检测物理基础

在超声波检测中，主要涉及几何声学和物理声学中的一些基本定律和概念，如几何声学中的反射、折射定律及波形转换，物理声学中波的叠加、干涉、绕射及惠更斯原理等。本章简要阐述了超声波检测物理基础。

2.1　波的反射

波在两种介质之间的界面上“反弹”并留在第一种介质中的过程称为反射。例如，光照射在镜面上时存在两种形式：全反射和部分反射。全反射会将发射的所有能量反射回振源，反射时相位改变（该过程是从软介质至硬介质）；部分反射则是超声波透射的基础。在这种情况下，一部分声能从声耦合材料的界面上透射，另一部分声能在界面上反射，整个过程相位保持不变（该过程是从硬介质至软介质）。

2.2　波的折射

当波从一种介质传播至另一种介质时，会在界面上发生折射。折射使波改变了方向，其波长也发生了微小的改变。波折射的角度与其在各种介质中的传播速度有关。因此，可以利用波的折射特性来设计楔块，并完成相控阵聚焦法则计算。

2.3　波的衍射

当障碍物或缺欠与波发生相互作用时，会产生衍射。例如，如果波传播至一个缺口，会发生衍射。衍射是波扩散传播至各处的能力，而这也是衍射时差法（TOFD）的基础。图2-1为自然衍射的示例。

图2-1　自然衍射

2.4　偏振

当横波被限制在一个平面内振动时，就会发生偏振。对于某些材料，横波只能在一个平面内振动，而在某些条件下，探头可以激发偏振波形。

2.5　干涉

当两个或多个相似波相遇时，会发生干涉。一旦波形相同或相位不同时，干涉会叠加瞬时波幅，并形成合成波。干涉有两种类型：相长干涉和相消干涉。

1. 相长干涉

当干涉波的波幅叠加时，称为相长干涉。例如，如果波的相位相同（波峰和波谷相同），合成波的波幅等于各个波波幅的叠加。

2. 相消干涉

当反射波的波幅降低时，称为相消干涉。例如，如果波的相位相反（一个波的波峰和另一个波的波谷相同），会产生相消干涉，当各个波的波幅相同时，则合成波的波幅为0。

2.6　相干波源

频率相同且相位相同的波即为相干波源。通过相位转换，可产生相长干涉和相消干涉。相干波源是声束形成和相控阵超声波的基础。

2.7　惠更斯原理

相控阵超声波检测技术是常规单晶超声波检测的特殊应用。严格地说，其是基于惠更斯原理。惠更斯原理定义如下：波阵面上的每一点可视为次级波的波源，在其后任意时刻子波的包络形成了新的波阵面。根据惠更斯原理，如果已知波阵面上任意时刻的位置，即可推得其在下一时刻的位置，如图2-2所示。

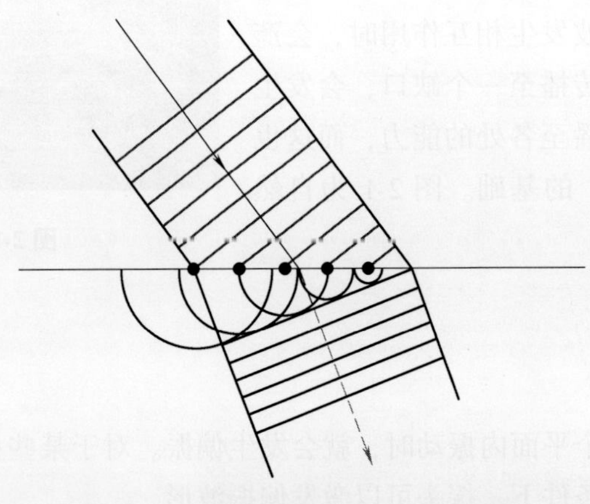

图2-2　根据惠更斯原理分析波的折射

2.8　波阵面的形成

相控阵超声波的核心概念是基于波的叠加和干涉原理。整个过程为矢量叠加，即需同时考虑波幅和任意时刻的质点运动方向。两波叠加时，叠加结果取决于叠加时的波幅和相位，如图 2-3 所示。

两列波相向传播，如图 2-3a 所示。两列波彼此相遇后开始叠加，其中一列波的波峰与另一列波的波谷叠加后，波幅下降，如图 2-3b 所示。两列波继续相向传播，在特定时刻，两列波的波峰叠加，波幅上升，如图 2-3c 所示。两列波分离后朝相反的方向传播，并且各自仍保持叠加前的波形状态，如图 2-3d 所示。

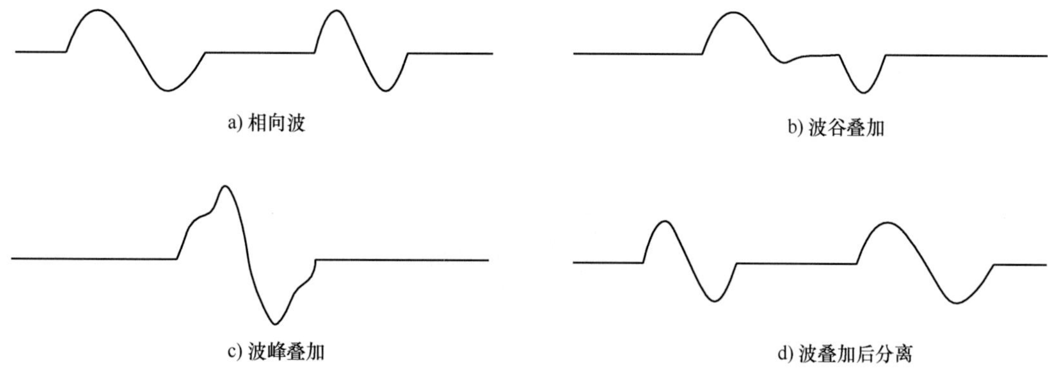

图 2-3　波的叠加

如前所述，两列频率相同、振动方向相同、相位相同或相位差恒定的波相遇时，会发生干涉，如图 2-4a ~ d 所示。当其中一列波的波峰和另一列波的波谷相对时，即发生相消

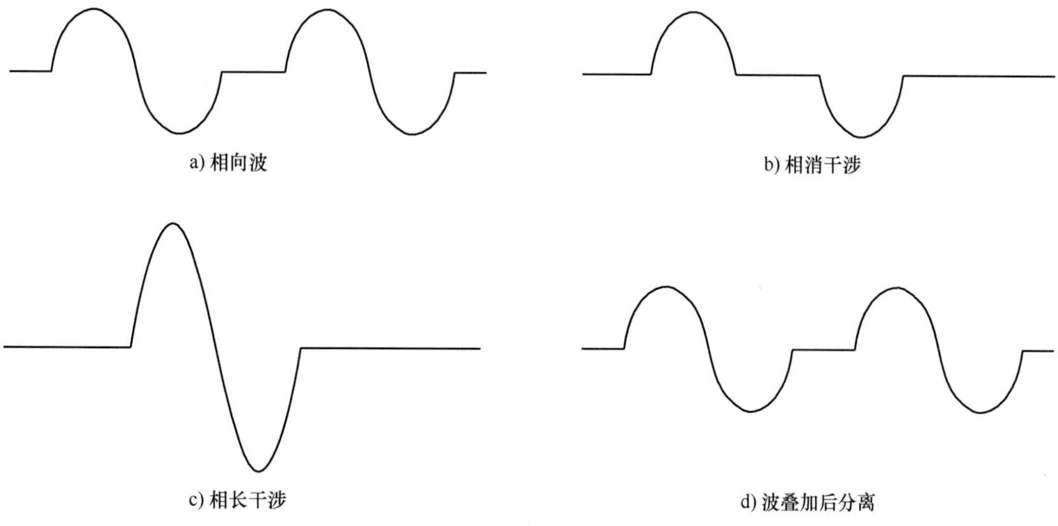

图 2-4　波的干涉

干涉，如图 2-4b 所示。当其中一列波的波峰和另一列波的波峰相对时，即发生相长干涉，如图 2-4c 所示。

相控阵探头产生脉冲，其过程与单晶探头相同，通常基于逆压电效应。由于压电晶片的形变正比于外加电压，相控阵探头中相邻阵元产生的脉冲具有相同的波幅和频率。当整体激发脉冲时，沿相控阵探头排列的阵元会成为相干波源。

在相控阵检测中，应注意阵元间发生干涉的条件，即相位延迟。如图 2-5 所示，振幅最大处的两个相邻脉冲波在该点会产生相长干涉。如果一个脉冲的波峰正好对应于相邻脉冲的波谷，则会发生相消干涉。了解相干波源的频率和间距，即可判断其发生相长干涉的位置。

图 2-5　两个频率相同、相位相同的相干波源引起的干涉

第3章　探　　头

探头的性能是影响检测系统性能的重要因素之一，其结构设计决定了探头的规格、声波透入材料的控制方式，以及发射和接收的性能。

符合检测要求的探头类型有很多，应根据检测需要及检测设备选择最适合的探头。探头类型主要有单晶探头、双晶探头、相控阵探头等。

常规单晶探头主要由压电晶片、保护膜、吸收块、电缆接头、延迟块（或楔块）和外壳等组成。纵波单晶直探头内部结构如图 3-1 所示。

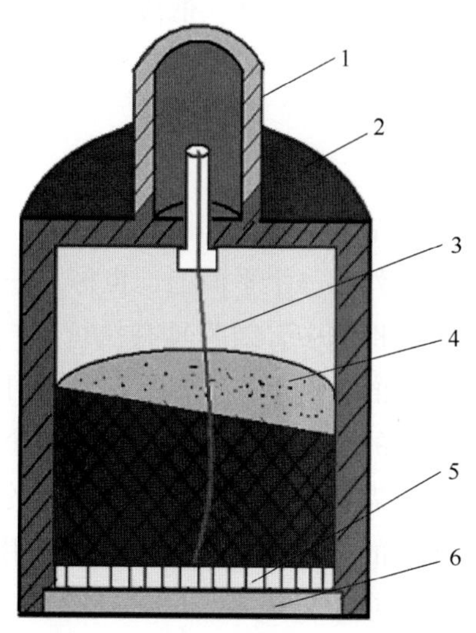

图 3-1　纵波单晶直探头内部结构

1—接口　2—外壳　3—电缆线　4—阻尼块　5—压电晶片　6—保护膜

相控阵线阵探头是在探头长度方向上将晶片切割出若干阵元，结构如图 3-2 所示，除了连接形式，基本上和单晶探头相同。制作相控阵探头时，首先将单个矩形晶片封装在背衬材料上，然后用金刚石切割机切出和压电材料等厚的切口，再用阻尼材料填补这些切口，以防止串扰。根据晶片频率（压电材料厚度）计算晶片宽度和间距，以获得最佳性能。将多接触点连接器焊接在制备好的压电晶片截面上，与晶片外面相连接。对于大多数领域，晶片宽度约为超声波在该材料中波长的一半。垂直于扫查面的晶片长度，通常为 10～15mm。由于将电极安装在这么小的阵元上比较困难，因此其连接方式与印制电路类似，装在柔性背衬上。如图 3-2 所示，沿边缘预制很多接触点，将一个与之匹配的多芯插头安装在晶片两面凸出的接触针上。同时激发多元阵列的所有阵元发射纵波，其效果与单个完整晶片相似。

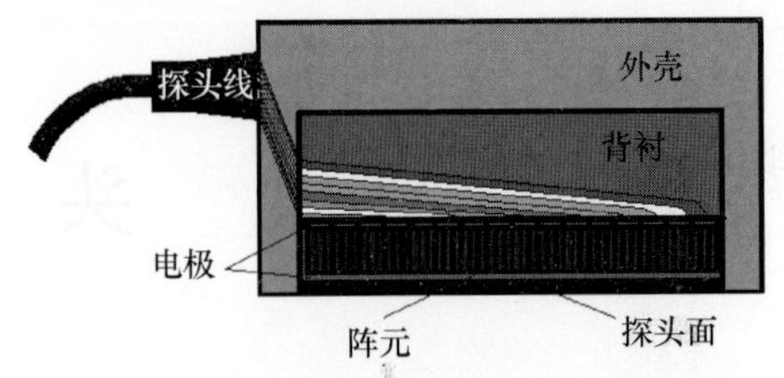

图 3-2　相控阵线阵探头的内部结构

3.1　相控阵探头类型

通常根据探头晶片的物理排列对相控阵探头进行分类。在工业无损检测领域中，最简单的排列是最常见的。随着设备和软件的发展，低成本的复杂排列更加容易实现。以下列举主要的探头阵元排列类型。

3.1.1　线阵

线阵是最常见的阵列形式，其结构简单，如图 3-3 所示。线阵探头仅在一个平面内执行扫描控制。由于阵元仅按直线排列在一个平面上，也称为一维阵列。线阵通常可使所需阵元减至最少，成本较低。超声波检测中，线阵具有执行线扫描或扇扫描（或同时执行）的能力，因此在不使用更昂贵设备的前提下，该多功能探头可实现多种扫查。然而，线阵也确实有一些缺点。首先，最重要的是其偏转能力受限于单个平面，因此经常需要探头移动一定角度，以完整扫查。其次，需要使用多种形状和尺寸的线阵探头，以达到与复杂探头相同的性能。克服探头设计缺陷的其中一个方法是制作专用线阵探头。如图 3-4 和图 3-5 所示为曲面线阵和聚焦线阵等不同的线阵。

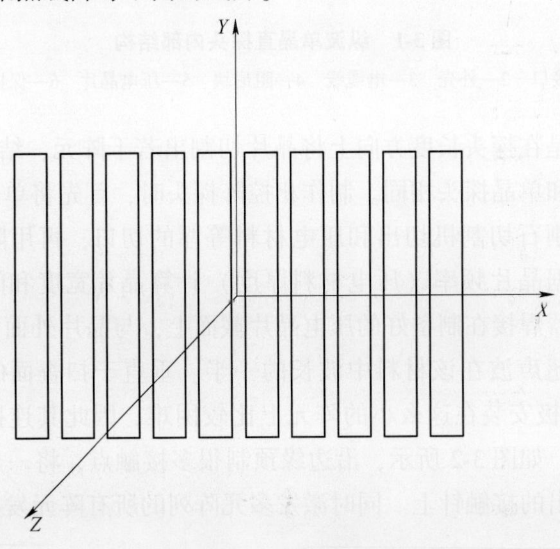

图 3-3　线阵结构

图 3-4　曲面线阵　　图 3-5　聚焦线阵

曲面线阵在工业超声波检测领域中主要用于棒材和管材的检测或飞机部件的检测。在医学领域中应用更加广泛。

聚焦线阵主要用于需要在线阵换能器近场区聚焦的场合。这种聚焦方式可以显著提高近场分辨力。由于其扫描深度固定，限制了探头的应用。

3.1.2　矩阵

通常情况下，矩阵可在两个方向上扫描。虽然矩阵成本较高，但其灵活性好，矩阵可使声束三维聚焦和偏转，进而提高了探头的用途。另外，对于不同深度、位置和取向的缺欠，声束都能很好地聚焦。矩阵还具有将声束从复杂结构的可达极限位置偏转的能力。如今，矩阵最常用于医学领域，以及核工业复杂和关键部件的检测。也就是说，计算机技术的发展拓宽了这些探头的应用。

1.5D 阵列探头只能使声束在与主轴垂直的平面上偏转。第二平面上阵元数量少于 8 个时，偏转受限，结构如图 3-6 所示。二维阵列在两个方向上均有 8 个以上阵元，其结构如图 3-7 所示。

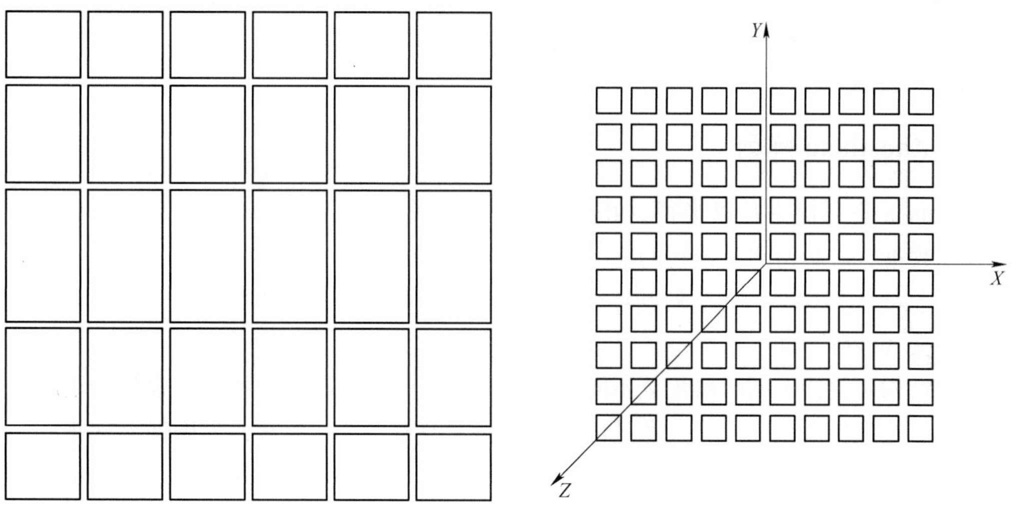

图 3-6　1.5D 阵列结构　　图 3-7　二维阵列结构

3.1.3 环阵

环阵是将晶片做成同心环形，每个环均为圆柱截面，可降低串扰。通过多路传输技术，使用标准设备依次激发环形截面发射脉冲，就能获得与各个圆环参数匹配的焦点。当使用相控阵系统按照环形探头结构设计时，聚焦控制会更灵活。相控阵环阵会产生多个焦点，使声束在被检材料的不同声程处聚焦，即可提高分辨力。环阵设计结构如图 3-8 所示。

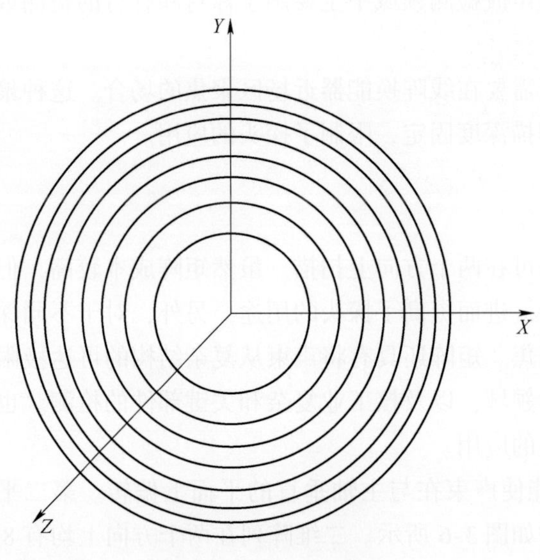

图 3-8 环阵设计结构

环阵主要用于直声束检测，如钢坯、锻件。在单晶探头设计中，这种模式可提高比参考试样更大深度范围内小缺陷的检出能力，然而，由于单晶圆环的结构，这些探头用于接触法或液浸法检测时，没有偏转能力。

3.1.4 Rho-theta 阵列

Rho-theta 阵列探头是以半径（Radius—rho）和角度（Angle—θ）作为极坐标，对缺陷定位更精准，并具有声束偏转的能力。Rho-theta 阵列探头如图 3-9 所示。与环阵探头类似，Rho-theta 阵列探头由一系列圆环组成，但单个圆环又分为多个尺寸相等的阵元，且与单晶探头变成线阵不同。

这种结构可使探头同时聚焦至不同深度，利用相似的延迟法则可将声束偏转至所需方向。因此，这类探头用途更广，尤其可用于检测大型零部件。通常，为确保该探头的每个部分效果相同，应使每个部分的面积相同。由于该圆环各部分的排列状况，Rho-theta 阵列探头又称为分割环形探头，Rho-theta 阵列探头的细节如图 3-10 所示。

通过声束偏转形成点聚焦，可使 Rho-theta 阵列达到最高的分辨力，但该类阵列结构复杂、成本高昂。

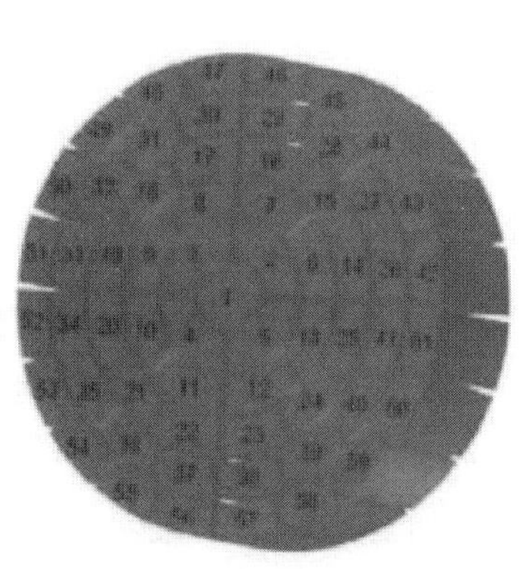

图 3-9　Rho-theta 阵列结构

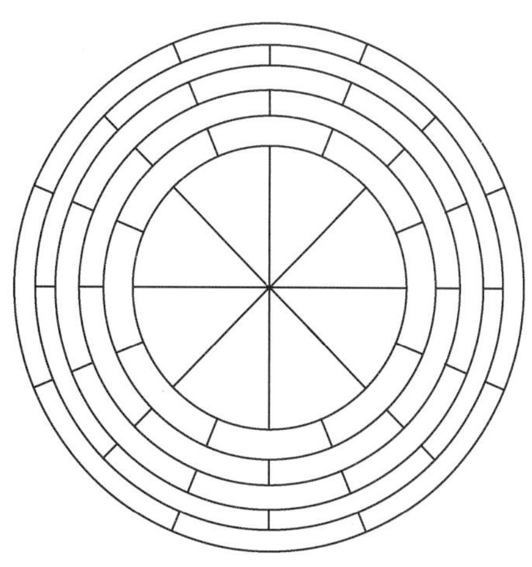

图 3-10　Rho-theta 阵列结构细节

3.1.5　其他阵列类型

（1）菊型阵列　菊型阵列探头的阵元呈弯曲排布、首尾相邻，实质上不比线阵探头复杂。该类探头主要用于检测管材截面——可对管材圆周截面进行同时检测，这显著提高了检测速度。然而，由于其无法检测管材外部，所以是一种特殊用途的探头，如图 3-11 所示。

（2）环绕阵列　环绕阵列探头（见图 3-12）主要用于检测管道、管材和棒材。由于其直径固定，主要用于单个特定部件的检测。环绕阵列探头可改进为分割式环绕探头，即将探头分成两部分，每部分呈半圆形。在自动化系统中，可将两部分探头移动、聚拢，以匹配管道截面。同时，单个探头的阵元数减少了，也就降低了所有阵元集合在整个环绕阵列探头中的制作难度。

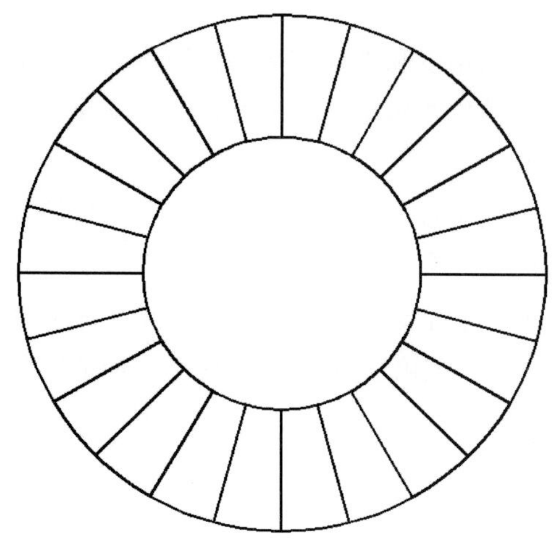

图 3-11　菊型阵列结构

图 3-12　环绕阵列结构

以上仅列举了典型的阵列结构。只要可以获得相应的有效面积，阵元结构也可以制作成别的形式。如果要达到更高的检测精度，就需要增加阵元数量。阵列微型化是医学领域的特色。国外有关研究机构研制了一款 40MHz 的 1.2μm 芯片，这是世界首台电子偏转矩阵三维超声波成像仪的声束成形装置。该成果利用 MEMS（微电机系统）技术，在直径约为 18mm 的空间上制作了 64×64（4096 阵元）阵列。

3.2　探头和楔块的选择

本节以最常见的相控阵线阵探头为例，介绍相关技术参数。确定阵列形状只是选择探头的第一步。在对探头进行正确选择前，应关注探头的如下几个重要性能。

3.2.1　频率

被检材料的物理结构和性能，以及楔块材料，对探头的选择至关重要。根据被检材料的物理性能和尺寸，可确定合适的频率。

通过比较晶粒结构尺寸和超声波在被检材料中波长的相互关系，以尽可能降低超声波散射为原则，来选择合适的频率。例如，轧制低碳钢晶粒较细，通常在厚度较小的情况下，选择 5MHz 探头进行检测；检测不锈钢部件时，应注意其晶粒结构较粗，通常使用频率较低的探头，如 2.25MHz 探头。

另外，检测深度和检测所需分辨力也是选择探头应该注意的问题。通常，频率越高的探头，分辨力也越高，但检测深度会降低；相反，频率越低的探头，检测深度也越深，但分辨力会下降，因此，只能检出大缺陷。

确定检测所需使用的探头时，应综合考虑晶粒结构、检测深度、分辨力和探头的适用性等主要因素。

3.2.2　延迟和楔块角度

与常规单晶探头类似，相控阵探头还应考虑检测角度和被检零部件的厚度，这就需要借助延迟和楔块角度。实际应用中应根据预期缺欠的位置确定楔块角度和延迟设置。

1. 延迟

延迟可避免底面反射信号出现在示波屏上的预期位置。延迟主要用于液浸法检测或直声束检测。例如，使用带有 15mm 厚延迟块的直声束探头对腐蚀的被检工件（该工件厚度为 40mm）进行检测时，在延迟块/工件界面上的反射信号处于被检工件中（在底面回波之前）。如果出现这种情况，则与界面回波同声程的缺欠就会漏检。为避免这种情况的发生，就需使用一个足够厚的延迟块，如 50mm。这样，底面反射信号会处于第二次延迟块回波之前，方便检测人员观察。

使用液浸法检测时，原理与直声束检测相同，水界面也会产生与接触法检测类似的反射信号。该问题的解决方式也与接触法类似。通过增加工件至探头的距离即可使界面反射信号处于被检工件之外的区域。

2. 楔块角度

相控阵超声波检测技术通常要利用斜楔在被检工件中形成折射角。与单晶超声波检测不同，该折射角不是针对单一材料的单一角度。针对特定的斜楔，应能提供一定的角度范围，斜楔具有特定的倾角。也就是说，楔块不仅要适合探头，也要满足被检工件的特定扫查技术。

例如：

已知低碳钢中折射角为60°，楔块材料为交联聚苯乙烯，求单晶探头的入射角。

根据斯涅尔定律：

$$\sin\theta_i = \frac{v_i \sin\theta_r}{v_r} \tag{3-1}$$

其中，折射角 $\theta_r = 60°$；折射介质（钢）声速 $v_r = 3240\mathrm{m/s}$；入射介质（聚苯乙烯）声速 $v_i = 2330\mathrm{m/s}$。

求入射角 θ_i。

计算：

$$\sin\theta_i = \frac{2330\sin60°}{3240} = \frac{2330 \times 0.866}{3240} = 0.623$$

$$\theta_i = \arcsin0.623 = 38.54°$$

则钢中折射角为60°时，聚苯乙烯中入射角为38.54°。

然而，相控阵应用该技术时，需考虑的因素更多。例如，在相控阵超声波检测技术中通常这样明确：对钢制工件采用50°～65°范围扇扫。与单晶换能器不同，相控阵阵元在斜楔材料中可以改变入射角的大小。也就是说，可以把斜楔切削成单一倾角。但是，需要考虑附加问题，即应确定探头的声束可以偏转至什么角度范围。一般经验规定，偏转范围为斜楔标称角两侧各15°～20°，并且声束向下偏转比向上偏转容易。也就是说，对于50°～65°斜楔，最佳角度为60°标称角，向下偏转10°，向上偏转5°。

针对给定的检测要求，设计最佳楔块和延迟，本身就是一门复杂的课程。从现有检测条件中选择最佳方案时，可以参照以上所述的简单经验规定。

3.2.3　阵列尺寸

与选择单晶探头类似，所使用的探头尺寸或激发孔径的尺寸应能保证发射声束的性能。如第2章所述，相控阵探头中设定孔径的阵元数量与单晶探头的直径相关。

探头尺寸、孔径尺寸主要影响了声束扩散。式（3-2）在常规超声波检测中很常用，用以计算声束中心轴线 −6dB 的声束指向角。

$$\sin\theta_d = 0.51\frac{v}{Df} \tag{3-2}$$

式中　θ_d——信号强度降低一半处的声束指向角（°）；

　　v——材料中的声速（cm/s）；

D——换能器直径（cm）；

f——换能器频率（Hz）；

0.51——圆盘晶片 -6dB 声束半扩散常数。

从式（3-2）中可以看出，探头的直径越大，在材料中的声束扩散越小。相同的原理可以直接应用于相控阵探头的声束扩散，此时激发孔径等于探头直径。也就是说，对于给定的相控阵探头，虽然其孔径中所使用的阵元数量越多，声束扩散越小，但是相控阵探头的阵元可以被切割成非常小的尺寸。阵元尺寸同样影响了探头的性能。阵元尺寸和阵元间距的比值主要影响了栅瓣的幅度和角度。原则上，阵元尺寸接近阵元间距，则栅瓣幅度增加，而其扩散角减小。也就是说，接收通道收到栅瓣的信号，有很大可能产生幻象波。关于栅瓣产生的原因和解决措施在第 4 章详细介绍。

3.2.4 楔块

除了楔块角度外，其类型和材料的选择也在很大程度上影响了检测效果。

1. 楔块类型

生产厂家有一些常用的楔块类型可供选择，也可以定制楔块材料和设计。设计结构的变化会影响楔块的性能和技术。

如今，带有整体耐磨衬垫和耦合通道的楔块很常见。这种楔块在外边缘有孔，可以让耦合剂通过，也可以嵌入碳化物。可在耦合通道上配备压力泵，保证检测过程中耦合剂稳定流入。楔块表面与工件表面接触时，嵌入的碳化物就会被压平，这样有利于减轻楔块表面磨损，并保证良好的声耦合。如果使用穿针式，应注意楔块和表面间隙过大会导致信号强度损失。

另外，有些楔块带有屋顶角，或者左右高度不同，经常用于一收一发的场合，该角度改变了折射声束的方向，使其偏离中心轴线，这样可使声束偏转至不易接触的位置。

2. 楔块材料

楔块材料的声学特性会极大地影响楔块性能。最重要的是，改变楔块材料会使其声速改变，如果想在被检工件中得到相同的折射角，就应改变楔块的角度。并且，某些材料声学特性不匹配会影响声波的折射角和衰减。交联聚苯乙烯（商标为聚苯乙烯交联树脂）是常见的楔块材料，主要有三个优点：①成本较低。②与其他楔块材料相比衰减较小。③可折射横波和纵波（但不能在楔块材料中生成强的横波）。不是所有楔块材料都具备这样的性能。有些材料的其他特性较好，比如耐高温或耐辐射特性等。

3.2.5 楔块上的探头

探头和楔块的组合选择基于应用场合。由于探头生产厂家通常也制造与之配套的楔块，因此限制了组合的选择。而使用一个厂家的探头和另一个厂家的楔块往往不匹配。

第4章　声束合成

探头和楔块类型确定后，应考虑信号采集方式和仪器设置方法，以确保在希望的位置形成理想的声束。前面章节已经介绍了通过相干波源的相长干涉实现声束偏转和成形的内容。本章将探讨以下内容：单个阵元的激发时机，通过不同方法使声束偏转和聚焦；与之相关的因素及受其影响的因素；相关计算公式；高效化、便捷化改进信息。

图 4-1 描述了一种并联阵列，3 组子阵列并排放置在一起，形成了阵列中独立的“子探头”。

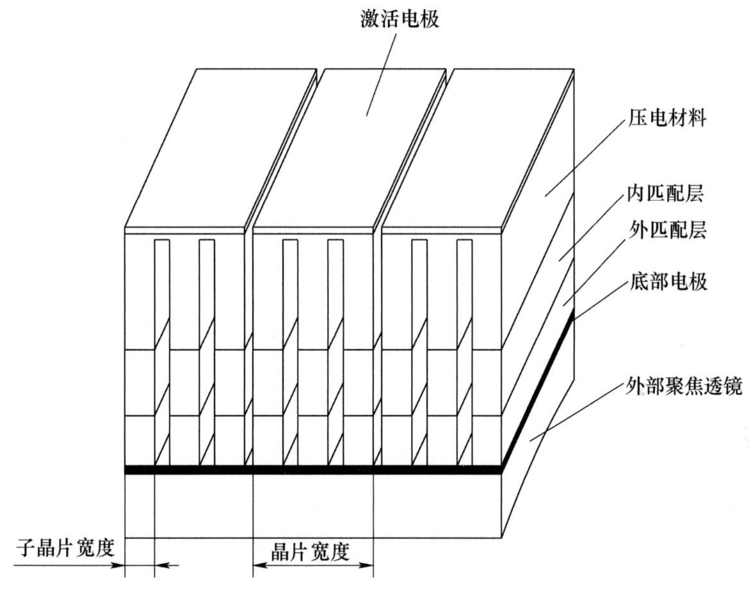

图 4-1　并联阵列

并联阵列不涉及相的干涉效应。当阵列中的每个阵元都有单独的电气连接时，可以给每个阵元设定时控电压，进而分离相邻的阵元。这样，该阵列就类似相控阵：控制各个阵元形成的各个波阵面产生干涉，使声束成形。单独激发阵元的阵列如图 4-2 所示。

并联阵列可能与相控阵的阵列方式相同，但不能实现声束的偏转和聚焦，因此不是相控阵。

相控阵中的阵元通常比较小且平直。单个阵元的波阵面在透射和反射时向各个方向传播。如果同时激发几个阵元，则每个阵元所发射的球面波会发生干涉，进而产生新的波阵面。平面晶片所发射声束的波阵面与尺寸相同的多阵元阵列发射声束的波阵面类似。但是，由于相控阵的波阵面是相长干涉形成的，因此在外加电压相同的情况下，发生相长干涉的质点振幅是相同尺寸单晶探头激发的质点振幅的 2 倍。一个与单晶探头尺寸相同的相

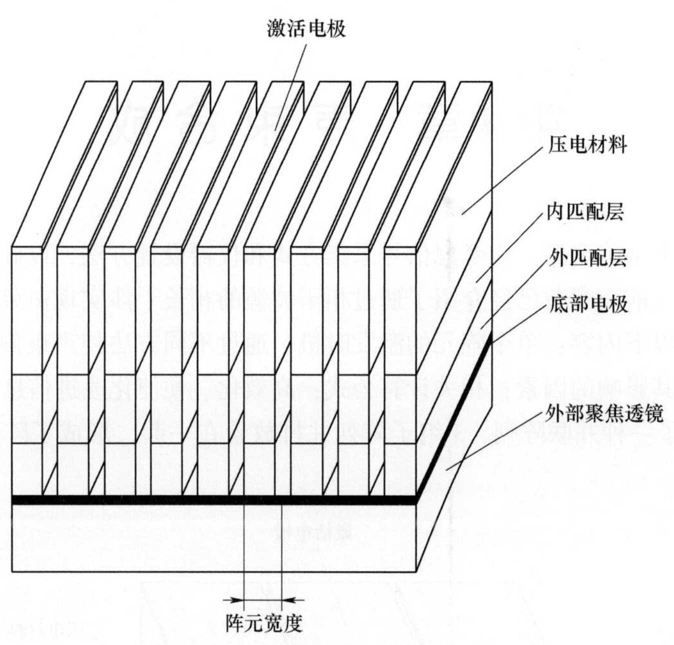

图 4-2　相控阵阵列（声束偏转）

控阵探头，发射脉冲可产生高于其 2 倍的声压。由于接收器所需的放大率更低，导致电噪声下降，信号变得更加清晰。

探头结构如图 4-3 所示，各阵元之间存在微小的间隙。在压电材料上，使用小锯切割形成这些间隙。在阵元两侧加装电气连接和添加指定厚度的匹配层时，应注意不要破坏阵元。检测频率为 5MHz，则探头中 PZT 材料的厚度应为 0. 3mm。由于操作时可能会损坏材料，因此应在阵元被切割分离后，立即在间隙中填充阻尼材料（环氧树脂），这样既能保证各个阵元之间受横向强度支撑牢固，又能对从一个阵元传播到另一个阵元的波动起到良好的阻尼作用。阵元间振动的传递通常称为“串扰”，探头设计中应避免这种情况的发生。探头组装完毕后，评定相邻阵元接收信号的幅度，并与激发的阵元作比较，即可确定阻尼效率。若相邻阵元信号振幅比激发阵元低 30dB，则串扰指标合格。

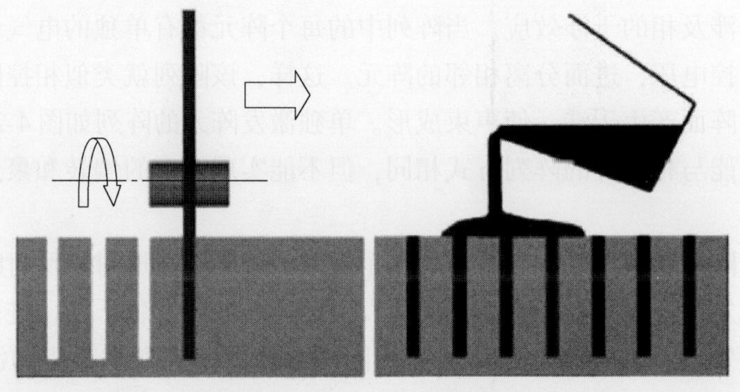

图 4-3　间隙加工及压电复合材料填充的探头结构

4.1　声束偏转和聚焦

声束偏转和聚焦是相控阵系统最大的两个优点。基于该技术，单探头和楔块组合比常规检测系统更具检测多样性。由此，针对各种检测应用，可以形成与之匹配的声束。但是，在使用该技术时应综合考虑以下因素：为达到特定灵敏度而设定的声束焦点尺寸；为覆盖足够检测区域而设定的声束偏转；为达到足够检测深度所设定的场深（景深）。

相控阵系统可针对各个阵元进行时控激发。依次激发相邻阵元，时间间隔小于发射信号周期的一半，则通过干涉效应得到的入射声束的波阵面具有一定的入射角，该入射角可以通过电子控制。图4-4为依次延迟激发阵列中各个阵元所形成的声束偏转。

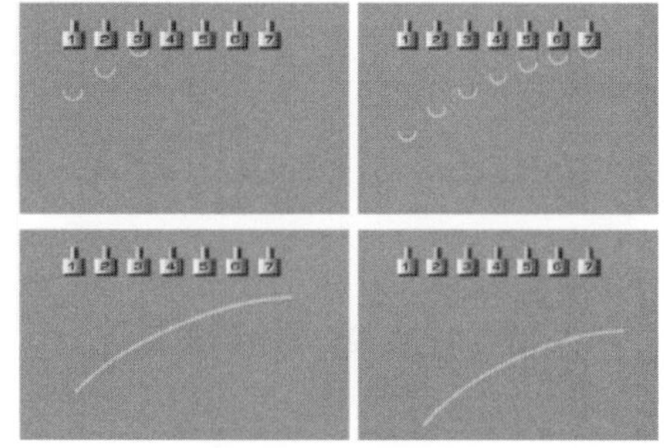

图4-4　声束偏转

使用相同的原理，通过先激发外侧阵元，依次延迟激发内侧阵元，可以形成声束聚焦，如图4-5所示。

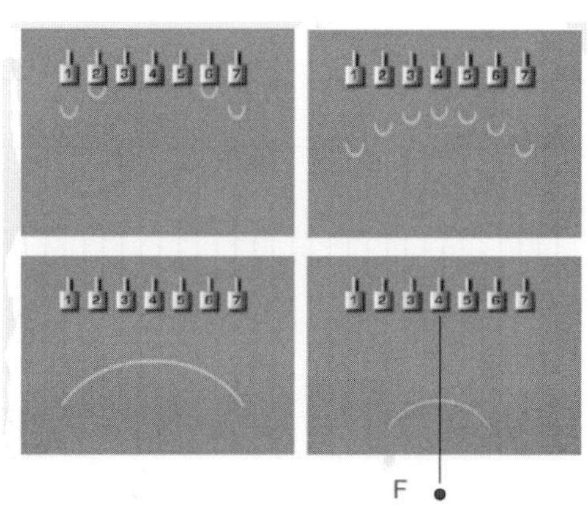

图4-5　声束聚焦

通过时控激发脉冲造成的相位干涉，形成声束偏转或聚焦，称为相控阵。通过动态改变激发各阵元的延迟时间，相控阵可以实现两个重要功能：动态声束偏转、动态聚焦。

通过精确时控和相位干涉效应，可以不断改变入射角和分辨力最佳的区域，如图4-6

所示。

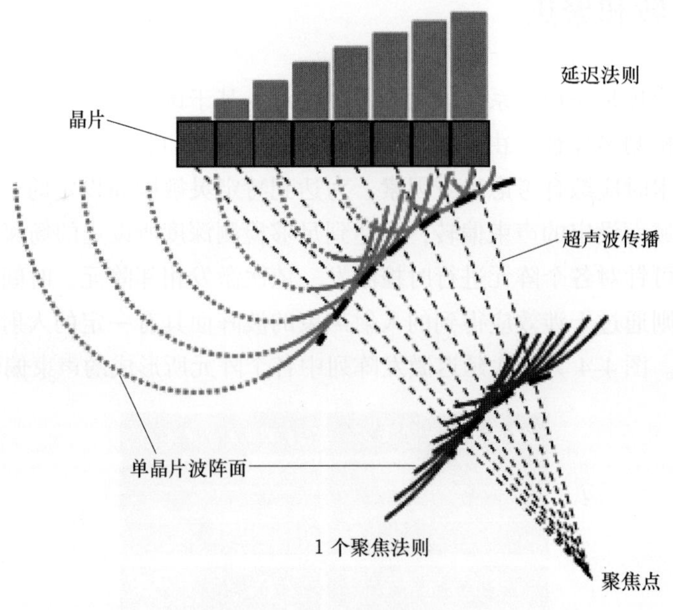

图 4-6　相控阵偏转和聚焦

4.2　相控阵探头术语

相控阵探头的基本尺寸包括：阵元间距、阵元宽度、阵元长度、相邻阵元间隙、阵元数量等，如图 4-7 所示。

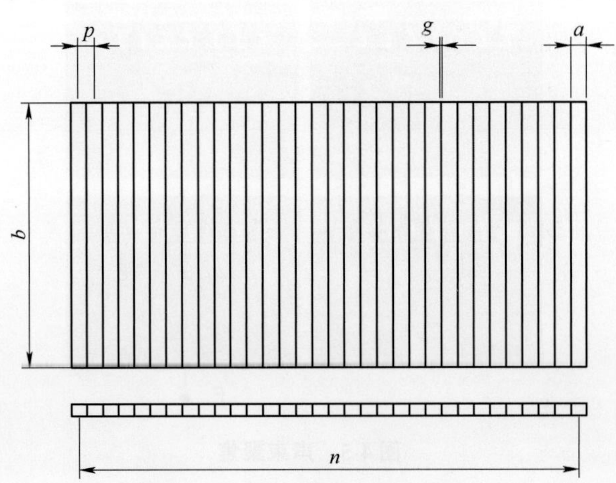

图 4-7　相控阵探头的基本尺寸

注：p 为阵元间距，a 为阵元宽度，b 为阵元长度，n 为阵元数量，g 为相邻阵元间隙。

4.2.1 激发孔径

探头的激发孔径是用于激发声束的阵元总长。例如，使用一维线阵探头，通过特定阵元设置控制声束偏转至一定角度。激发孔径 A 为：

$$A = na + g(n-1) \tag{4-1}$$

式中　A——激发孔径（mm）；

a——阵元宽度（mm）；

g——相邻阵元间隙（mm）；

n——阵元数量；

可以使用以下近似公式计算激发孔径 A：

$$A \approx np \tag{4-2}$$

式中　p——阵元间距（mm），$p = a + g$。

探头的激发孔径可以视为常规超声波的探头直径。应用时需要考虑矩形阵元的影响，来对其进行精确研究。

4.2.2 非主动孔径

非主动孔径与阵元次轴或其宽度尺寸相关，不受给定探头的激发孔径变化影响。探头的这个参数有几个控制因素，包括：尺寸限制、频率及焦距范围。这些因素的变化会影响探头性能，如：灵敏度、聚焦效果和非主动方向的声束扩散。理想的非主动孔径通常由探头生产厂家确定。近场长度与激发孔径和非主动孔径的关系如下：

$$N_0 = \frac{(A^2 + W^2)\left(0.78 - \dfrac{0.27W}{A}\right)}{\pi\lambda} \tag{4-3}$$

式中　N_0——非聚焦孔径的近场长度（近似值）（mm）；

A——激发孔径（mm）；

λ——波长（nm）；

W——非主动孔径（单个阵元的长度，mm）。

探头设计者通过经验规则来确定非主动孔径的正确尺寸。可以通过阵元间距 p 来确定，如要求 $W_{非主动}/p > 10$，或要求 $W_{非主动} = (0.7 \sim 1.0)A$。

4.2.3 有效激发孔径

如图 4-8 所示，有效激发孔径（A_{eff}）是沿折射线所见的投影孔径。

使用楔块时，受楔块声速和折射角的影响，有效激发孔径会发生畸变，通常会使有效激发孔径的尺寸比直接接触被检工件时的尺寸更小。可以通过式（4-4）计算有效激发孔径：

$$A_{eff} = \frac{A\cos\beta_R}{\cos\alpha_i} \tag{4-4}$$

式中　A_{eff}——有效激发孔径（mm）；

A——激发孔径（mm）；

β_R——折射角（°）；

α_i——入射角（°）。

若无特殊说明，该结果的改变就意味着孔径产生畸变。

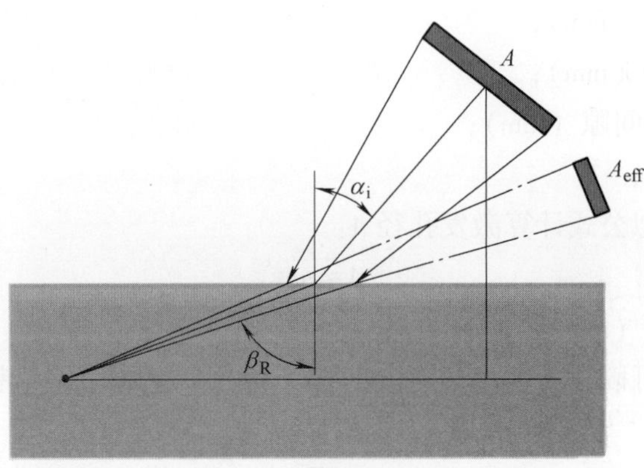

图 4-8　有效激发孔径

4.2.4　横向分辨力、角分辨力和轴向分辨力

本书中多次出现“分辨力”这个术语，但需要进一步详细解释其涵义。超声波学术术语中，“分辨力”通常表示对显示屏上信号源的分辨能力。

超声波显示屏上细节的分辨能力与显示方式有关。如果使用 C 扫描，分辨俯视图中的两相邻反射体需要一定的横向分辨力；如果使用 B 扫描，则既需要其具有分辨深度相同的相邻反射体的能力，还要求其可以分辨位于声束路径方向的深度或距离相近的反射体。S 扫描是 B 扫描的特例，但其通过角度来定义反射体的位置，而不是笛卡尔坐标系。

由于存在这些差异，相控阵超声波检测中涉及三种分辨力：横向分辨力、轴向（或时间）分辨力及角分辨力，如图 4-9 所示。

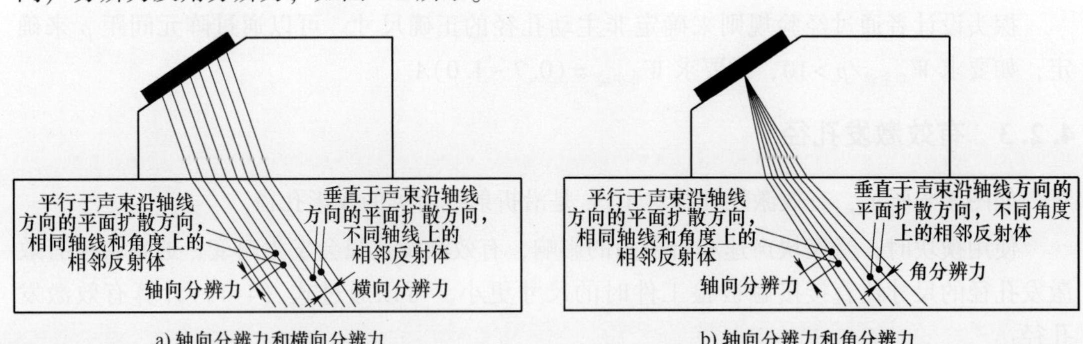

图 4-9　轴向分辨力、横向分辨力和角分辨力

1. 横向分辨力

横向分辨力是相控阵系统区分与超声波声束垂直的平面内两个显示的能力。在C型显示中，显示可处于不同深度。但在B型显示中，若要区分深度相同的相邻显示，应使焦点（横向尺寸）尽可能小。

横向分辨力与频率成正比，频率越高，横向分辨力也越高。横向分辨力与焦点尺寸成反比。焦点越小（越窄），横向分辨力也越高。可利用校准试块确定不同深度的横向分辨力。横向分辨力的另一因素是扫描增益。评定横向分辨力时会涉及声束或探头的移动。

0°电子扫描对横孔的横向分辨情况如图4-10所示。

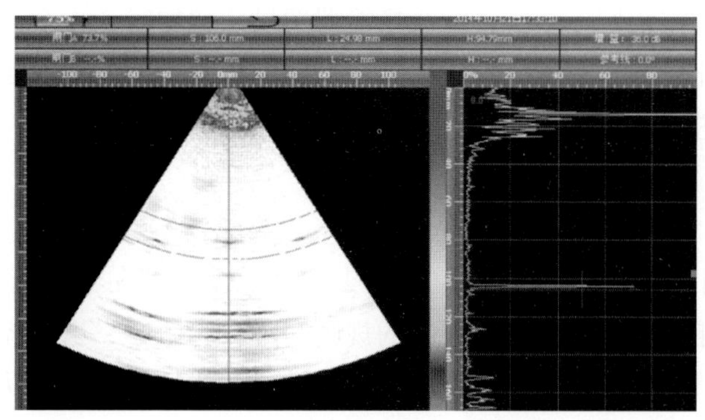

图4-10　横孔的横向分辨情况

2. 角分辨力

在相控阵超声波检测中，S扫描存在特殊的分辨力，称为“角分辨力”。角分辨力是两个等声程的同样反射体的最小可分辨角度。通过特定声程下的声束宽度和S扫描聚焦法则之间的角度增益，来确定系统的角分辨力。当等距离的两个同样反射体信号的波峰与中间波谷之差超过6dB时，就认为其角度可辨。如同横向分辨力，相同的概念可以应用于“C扫描”和“S扫描”，需要注意的是，在S扫描中，可以用如下方式显示C扫描：其中一轴表示角度范围，与其垂直的另一轴表示扫描增益。

3. 轴向分辨力

轴向分辨力是相控阵系统区分与超声波声束平行（沿时间轴）的平面内两个显示的能力。轴向分辨力与脉冲持续时间有关，脉冲持续时间越短，轴向分辨力也越高。

脉冲持续时间越短、聚焦声束越集中，横向和轴向分辨力就越高。系统轴向分辨情况如图4-11所示。

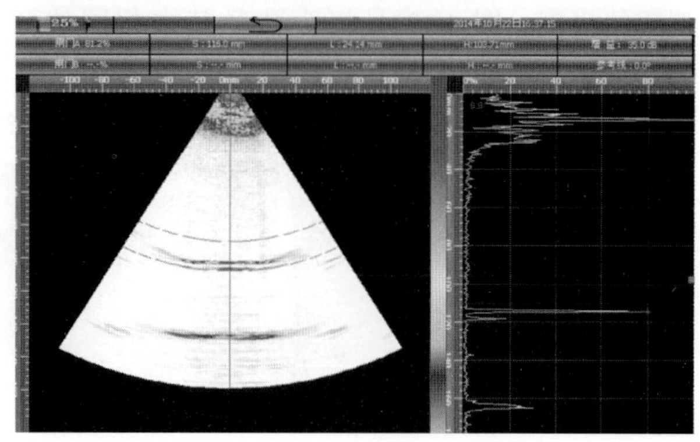

图4-11　轴向分辨情况

4.2.5 主瓣

超声波探头发射的不像可视化软件中描述的“激光束”，而是从探头面向外扩散声束(类似屋顶)，声速恒定，而声压发生变化。对于相控阵和常规超声波探头，换能器正前方是声束的主要传播方向，声压较高，称为主瓣。主瓣是超声波检测的其中一股声束，还存在旁瓣，瓣与瓣之间存在无声压区域。

4.2.6 旁瓣

波长和探头孔径比值影响周期性干涉图样，进而导致旁瓣的产生。旁瓣位于主瓣两侧。该现象不只出现在相控阵系统，常规换能器的尺寸增加时，也会出现旁瓣。由于旁瓣会引起伪显示，因此应抑制其形成。虽然无法彻底消除旁瓣，但可以通过使阵元尺寸小于波长的一半的方式进行控制。

4.2.7 栅瓣

在超声波检测中，栅瓣并不是相控阵探头独有的，也存在于包括声呐（SONAR）和阵列望远镜的其他相控阵应用中。阵元间的规则间距引起栅瓣。当相控阵探头的阵元间距远大于波长的一半时，由于系统无法得到声束偏转所需的相位干涉，从而引起空间混淆效应，进而产生幅度更大的旁瓣，幅度接近主瓣，这就是栅瓣。它们基本相同，就像主瓣的复制品一样。栅瓣可以视为旁瓣的特例。从概念上区分旁瓣和栅瓣很有必要，因为栅瓣的幅度大于所有（或绝大多数）旁瓣的幅度。

当阵列中单个阵元的尺寸大于或等于波长时，就会产生栅瓣。而当阵元尺寸小于波长的一半时，则不会产生栅瓣。阵元尺寸在波长的一半至一倍波长之间时，栅瓣的产生取决于偏转角度。在特定情况下缩小栅瓣的最简单方法是使用阵元间距很小的换能器。另外，把阵元切割成更小的阵元，以及改变阵元间距，也会减小栅瓣。

图 4-12 ~ 图 4-14 描述了栅瓣的概念。阵元间距、阵元数量、频率和带宽显著影响了栅瓣的幅度。图 4-12 是探头孔径基本相同的两种状态的声束轮廓：图 4-12a 为间距 0.5mm、6 阵元产生的声束，声束近似圆锥体，图 4-12b 为间距 1mm、3 阵元产生的声束，声束具有 2 个与声束中心轴线夹角近似为 30°的栅瓣。

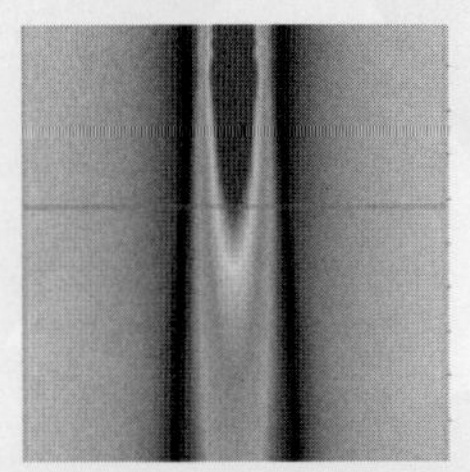

a）间距 0.5mm、6 阵元声束

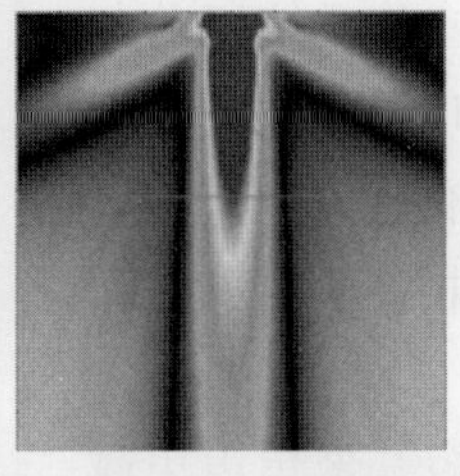

b）间距 1mm、3 阵元声束

图 4-12 阵元间距减小对栅瓣的影响——相似探头孔径尺寸

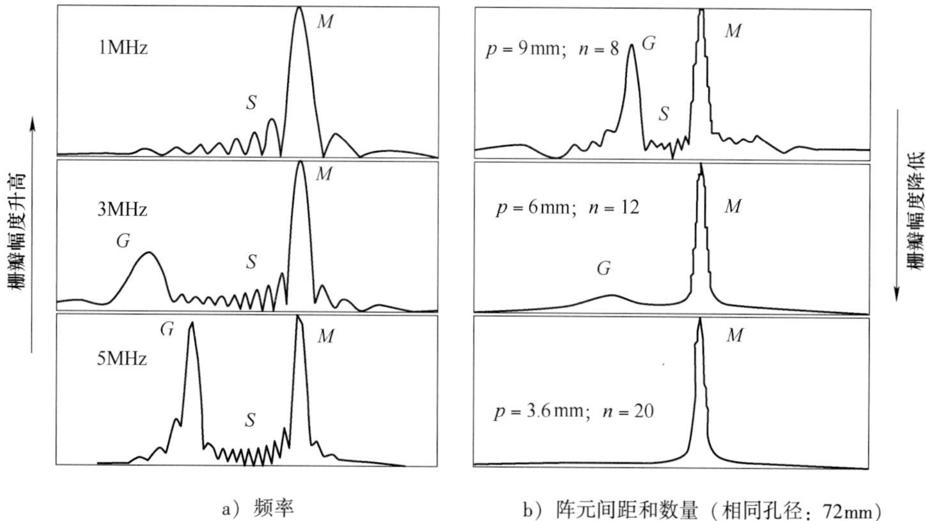

图4-13　影响栅瓣的因素

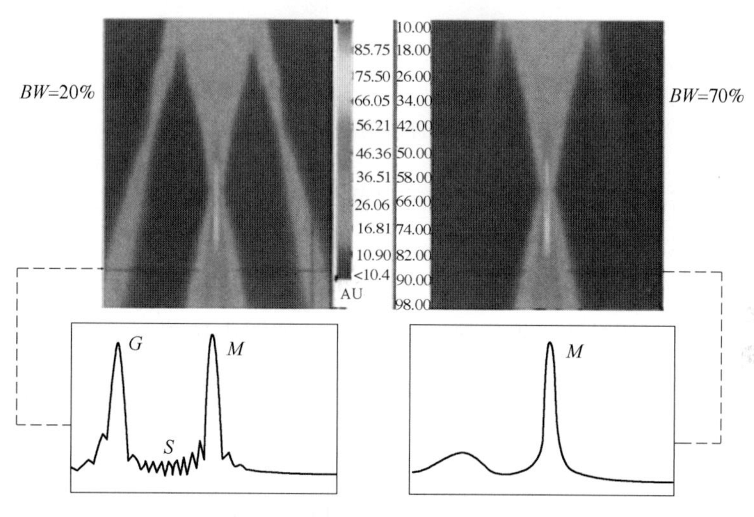

图4-14　阻尼对栅瓣的影响（1MHz 探头，60mm 聚焦）

阵元宽度越小，则单个阵元产生的单个栅瓣会增加，半扩散角超过90°。可以通过降低频率、减小阵元尺寸及扫描范围来缩小栅瓣。除了消除幻象波外，消除栅瓣也会改善信噪比，这是因为主声束能量可以保持在更大的角度范围内，确保了更好的声束指向性。

4.2.8　声束变迹

声束变迹是通过计算机控制在阵元外施加较低电压来降低旁瓣影响的一种技术。有些仪器在接收阶段执行变迹，这虽然可以单独调整探头各个阵元施加的增益，但各个阵元脉冲电压保持不变。

4.3 延迟计算

4.3.1 声束聚焦计算

相控阵系统中，通过先激发所选孔径外侧阵元，再按特定时控延迟依次激发内侧阵元，实现简单聚焦，如图 4-15 所示。

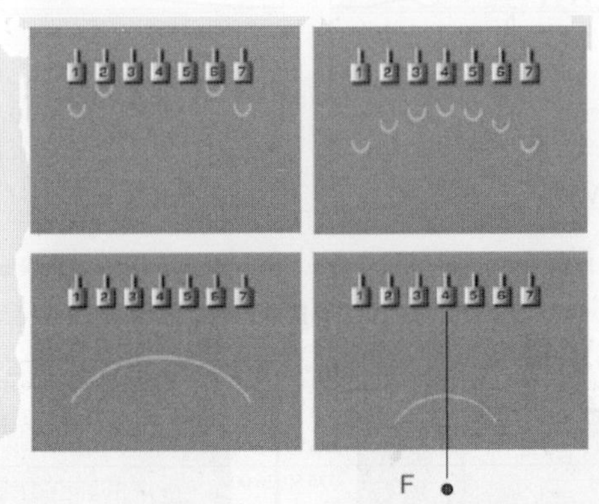

图 4-15 施加脉冲发射延迟实现简单聚焦

完成该过程所需的延迟，是使相邻阵元之间相差一定时间。通过工件简单结构及材料声速，即可估算延迟时间。

例如，已知 16 阵元 5MHz 探头，阵元 10mm 长、0. 8mm 宽，各阵元间隙为 0. 2mm。探头置于钢试块上，采用纵波，聚焦深度为 25mm，如图 4-16 所示，请计算相应阵元延迟时间。

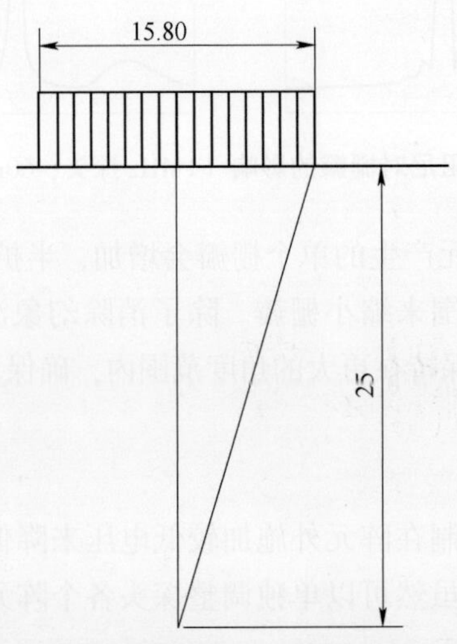

图 4-16 16 阵元探头，25mm 聚焦深度

探头中心至外部阵元中点的距离为 7.5mm（即将外部尺寸除以 2，再减去阵元宽度的一半）。

建立一个直角三角形：聚焦深度和探头中心至外部阵元中点距离分别是该直角三角形的两条直角边，边长分别为 25mm、7.5mm。根据勾股定理，外部阵元中点至聚焦点的长度为 26.1mm。由于钢中纵波声速为 5.9mm/μs，则该阵元发射的子波传播至聚焦点的时间为 4.4238μs。

根据该方法计算从其他 7 个阵元位置发射的子波到达 25mm 聚焦深度的时间，进而得出延迟时间，见表 4-1。

表 4-1　声束传播至距表面 25mm 深度时的延迟时间

阵元	X/mm	Y/mm	斜边/mm	传播时间/μs	延迟时间/μs
1	7.5	25	26.100	4.4238	0.000
2	6.5	25	25.831	4.3781	0.046
3	5.5	25	25.597	4.3386	0.085
4	4.5	25	25.401	4.3053	0.118
5	3.5	25	25.243	4.2786	0.145
6	2.5	25	25.124	4.2584	0.165
7	1.5	25	25.044	4.2449	0.179
8	0.5	25	25.005	4.2381	0.186

由于阵列是对称的，因此第 9～第 16 个阵元分别对应第 1～第 8 个阵元的情况。

4.3.2　声束偏转计算

相控阵探头的声束偏转包含了对阵列探头发射声束折射角的改变能力，声束偏转可实现单探头的多角度检测。

对所用阵元进行施加线性延迟可以实现简单的声束偏转。使用一维（线性）阵列时，只能在激发平面实现声束偏转。使用单探头，可以通过声束偏转形成 L 波（纵波）和 SV 波（垂直偏振横波）。如上所述，声束偏转能力与最大偏转角度（-6dB）下的单个阵元的宽度有关：

$$\theta_{st} = \arcsin\left(0.44\,\frac{\lambda}{a}\right) \tag{4-5}$$

式中　θ_{st}——最大偏转角度（°）；

a——单个阵元宽度（mm）；

0.44——矩形晶片 -6dB 声束半扩散常数；

λ——波长（nm）。

可以通过斜楔改变声束偏转范围。使用斜楔也可以消除不希望出现的纵波。

接下来使用与之前聚焦示例相同的探头来分析声束偏转的影响。为方便起见，不使用额外的折射斜楔，把探头直接放置在钢制试块上。

如图 4-17 所示，在最后激发的阵元中点做一条斜线，与表面呈一定角度。第 1 个阵元形成了圆弧波阵面，与斜线切于一点。之后的每个阵元经相同的延迟时间后形成的圆弧会在同一时刻与斜线相切，所有切点共线，这样就实现了声束偏转。

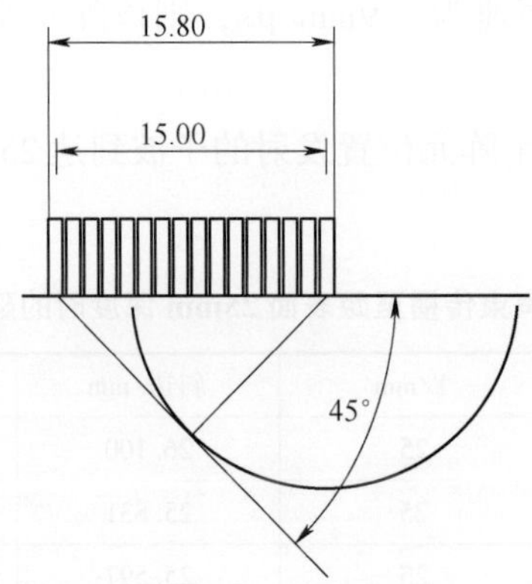

图 4-17　16 阵元探头实现纵波声束 45°偏转

再次建立一个直角三角形。首个激发阵元的中点到最后激发阵元的中点的连线构成了其中一条直角边。阵元间距（1mm）增加了各个阵元的中点在探头面的间距，阵元中点到斜线（同上述斜线）的距离用下式求出：

$$Y = r\sin\theta$$

式中　r——探头面所在的直角边长度（mm）；

θ——所需折射角（°）。

用 Y 值除以声速（5. 9mm/μs）即可求出延迟时间，见表 4-2。

表 4-2　钢中 45°纵波延迟时间计算

阵元	斜边/mm	Y/mm	传播时间/μs	延迟时间/μs	阵元	斜边/mm	Y/mm	传播时间/μs	延迟时间/μs
1	0	0. 000	0. 000	0. 000	9	8	5. 657	0. 959	0. 959
2	1	0. 707	0. 120	0. 120	10	9	6. 364	1. 079	1. 079
3	2	1. 414	0. 240	0. 240	11	10	7. 071	1. 198	1. 198
4	3	2. 121	0. 360	0. 360	12	11	7. 778	1. 318	1. 318
5	4	2. 828	0. 479	0. 479	13	12	8. 485	1. 438	1. 438
6	5	3. 536	0. 599	0. 599	14	13	9. 192	1. 558	1. 558
7	6	4. 243	0. 719	0. 719	15	14	9. 899	1. 678	1. 678
8	7	4. 950	0. 839	0. 839	16	15	10. 607	1. 798	1. 798

将探头安装在楔块上时，需要在特定深度以特定角度聚焦，延迟时间计算比较复杂。如图 4-18 所示，探头放置在工件上，使用斜楔辅助完成声束偏转，并以横波形式在特定深度聚焦，右侧的延时图纵坐标的单位是 μs。

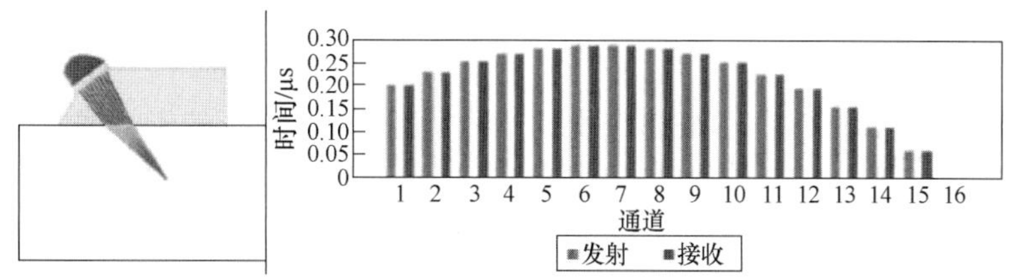

图 4-18 聚焦声束的延迟时间图

4.4 费马定理

对于超声波检测操作者而言，相控阵超声波检测的最重要功能是使声束按指定位置传播，这就需要使用费马定理，如图 4-19 所示。

费马于 1650 年以公式的形式提出了关于光程（光的传播路径）的定理：光传播的路径是所需时间最少的路径。相控阵技术将该定理应用于声程（声的传播路径）。

在相控阵超声波检测前，操作者应首先确定焦点、检测角度和（或）耦合剂（或楔块材料），以及激发阵元的数量和分布。操作者还应熟悉阵列和楔块（如果使用楔块）的相关信息。

如图 4-19 所示，计算用于聚焦的各个阵元的射线路径以及各个阵元间的延迟时间，确保焦点最小（应对耦合剂及检测材料进行声速修正）。

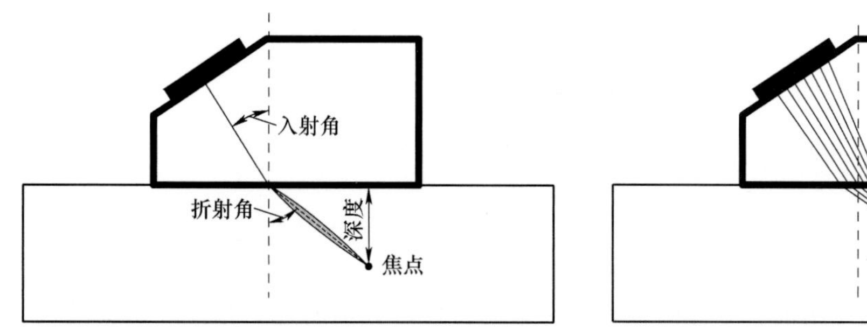

图 4-19 相控阵超声波检测中应用的费马定理

4.5 聚焦法则

聚焦法则是通过控制激发阵元数量，以及施加到每个阵元上的发射和接收延迟时间，实现声束的偏转和聚焦的算法或相应程序。

在特定的被检材料中，使用特定的相控阵探头，以特定延迟时间和电压激发特定阵元。聚焦法则可以视为相控阵系统对探头施加的阵元激励，或激发序列，或一组指令。

聚焦法则通常是一个简单的 ASCII 文件，可以根据需要进行编辑。通常将文件传输到控制驱动相控阵探头的脉冲发生器——接收器硬件的计算机程序中。

每次检测前可以通过计算机算法设置激发序列，而聚焦延迟设置程序是可以计算待激发阵列数量、阵元间延迟时间、各阵元电压的软件程序。它也可以根据给定的楔块特征和被检工件特性，为发射功能和接收功能计算声束的偏转参数。

相控阵仪器工作方式如图 4-20 所示，向相控阵仪器的脉冲发生器发送一组指令，以合适地延迟激发探头。在接收模式下，根据缺欠类型和缺欠位置，对返回探头的反射信号施加相应的延迟。在放大器中将经延迟时间的单个阵元的信号进行叠加，并发送至相控阵系统显示屏上。

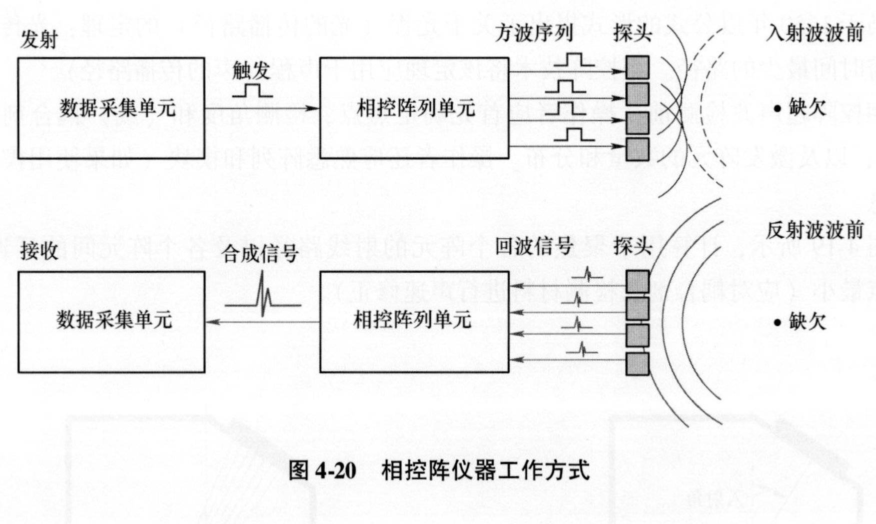

图 4-20　相控阵仪器工作方式

4.6　声场

在探讨相控阵系统的使用前，首先回顾一下声束的特性。如前所述，相控阵探头的声场和单晶探头的声场具有相同的量化处理方式。图 4-21 描述了直径 10mm、频率 5MHz 的平探头在钢中的声场。

通常，声压幅值及声压轮廓的计算在超声波检测中非常关键。相控阵声束的确定与声压幅值及声压轮廓密不可分。接下来探讨有关声场的参数，主要包括近场区、聚焦区、声束直径、声束扩散及半扩散角，还涉及声速变化及由于聚焦产生的增益（灵敏度）变化的影响等。

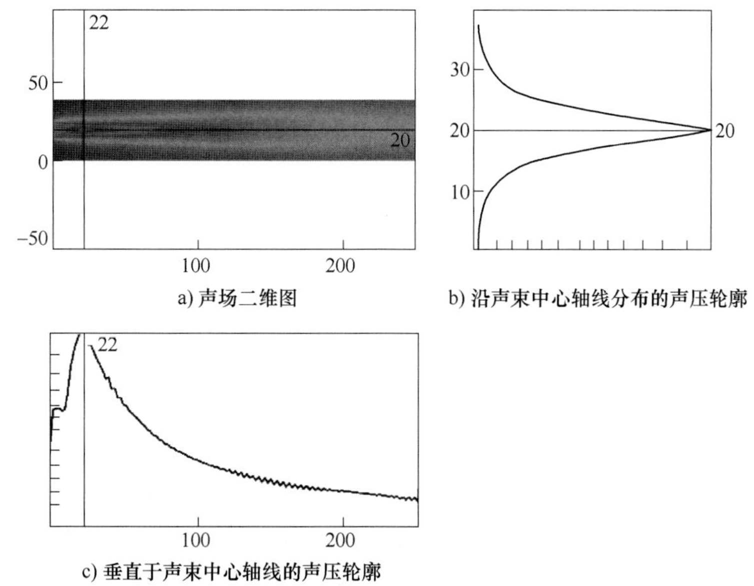

a) 声场二维图　　b) 沿声束中心轴线分布的声压轮廓

c) 垂直于声束中心轴线的声压轮廓

图 4-21　5MHz、直径 10mm 探头在钢中的声场

4.6.1　近场区

从换能器表面到最后一个声压最大值点的距离称为近场长度（N 或 Y_0点），这是换能器的自然焦点。超过近场长度的区域就是远场，声压在这里逐渐降为 0。

近场长度是换能器频率、晶片频率及被检材料中声速的函数，见式（4-6）、(4-7)：

$$N=\frac{D^2 f}{4c} \tag{4-6}$$

$$\text{或 } N=\frac{D^2}{4\lambda} \tag{4-7}$$

式中　N——近场长度（mm）；

D——晶片直径（mm）；

f——频率（Hz）；

c——材料中的声速（m/s）；

λ——波长（μm），$\lambda=c/f$。

上述公式给出了理论近场长度的“近似值”。

按式（4-6）计算，图 4-21 中列出的直径为 10mm、频率为 5MHz 的探头，在钢中（声速为 6×10^6mm/s）的近场长度（N）为 20.8mm。

4.6.2　聚焦形状

常规单晶探头可实现三种不同的聚焦形状：非聚焦（平面）、球面（点）聚焦、圆柱面（线）聚焦。

对于常规单晶探头，可以通过附加透镜或弯曲晶片的方式实现聚焦。

4.6.3 焦距

换能器表面至声场中最后一个波幅最大值所在位置（超过该位置，声压持续降低）的距离称为焦距。对于非聚焦换能器，焦距等于换能器的近场长度。因为非聚焦换能器的最后一个波幅最大值所在位置就是近场点，所以不能在超过近场长度的范围聚焦。

令换能器聚焦时，应规定聚焦类型（球面或圆柱面）、焦距和聚焦反射体（球状或平面状）。根据这些信息，可以计算透镜或换能器的曲率半径。根据规定的聚焦反射体测得焦距后，应将其记录在检测参数中。

对于特定的换能器，如特定的频率、晶片直径和聚焦反射体，焦距存在极限。

1. 由于声速差异导致的焦距变化

焦距测量值取决于检测介质。这是因为，不同材料具有不同的声速。通常所述的换能器焦距往往是其在水中的测量值。如图 4-22 所示，由于大多数材料中的声速比水中的声束快，可以有效缩短焦距。根据斯涅尔定律，出现该现象的原因是发生了折射。

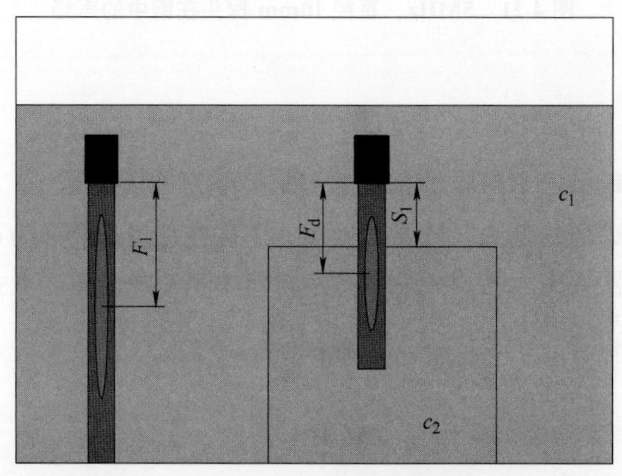

图 4-22 由于介质变化导致的焦距变化

注：c_1、c_2 为介质中的声速，F_1、F_d 为焦距，S_1 为声程。

如果声束在声速为 c_2的介质 2 中传播了特定声程，就可以通过斯涅尔定律求出其在另一个声速为 c_1的介质 1 中传播的当量声程。介质 2 中的声程及介质 1 中的当量声程如图 4-23 所示。由于 $c_1 > c_2$，因此 $S_E > S_2$。式（4-8）着重强调了特定介质中声程和声速的这种关系，即折射率。

$$\frac{S_E}{S_2} = \frac{c_2}{c_1} \tag{4-8}$$

式中 S_E——检测介质（第二种介质）中等效于楔块材料的当量声程（mm）；

S_2——检测介质（第二种介质）中的声程（mm）；

c_1，c_2——在介质中的声速（m/s）。

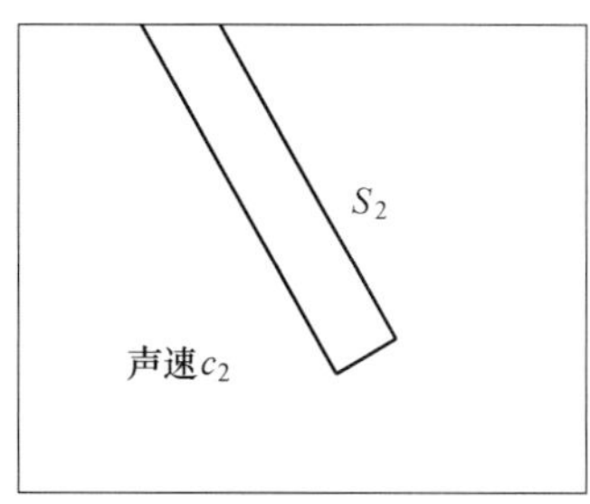

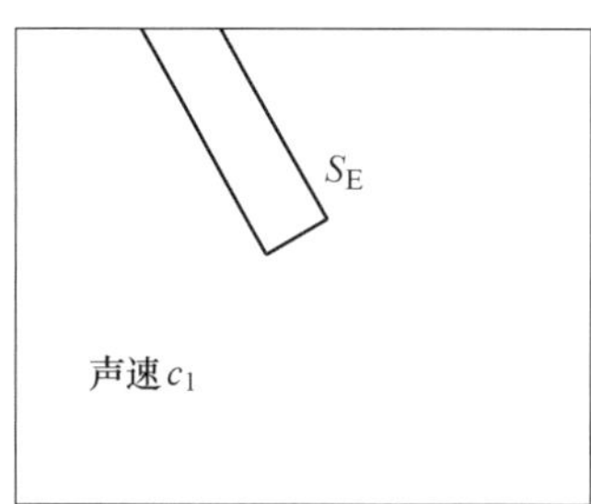

图 4-23 当量声程

声束从一种介质传播至另一种介质时，若其在第一个介质中传播的距离比总焦距短，则总焦距 F_d为两介质中声程（经声速比修正）的总和。焦距 F_d受两介质中的声速影响，可能比其在单一介质（无折射）中传播的声程长或短。如图 4-24 所示，实际近场和固体楔块材料中计算的近场不同，这种情况下聚焦位置的变化比较小，这是因为与水和钢中纵波声速相比，楔块中纵波声速和钢中横波声速的差异较小。

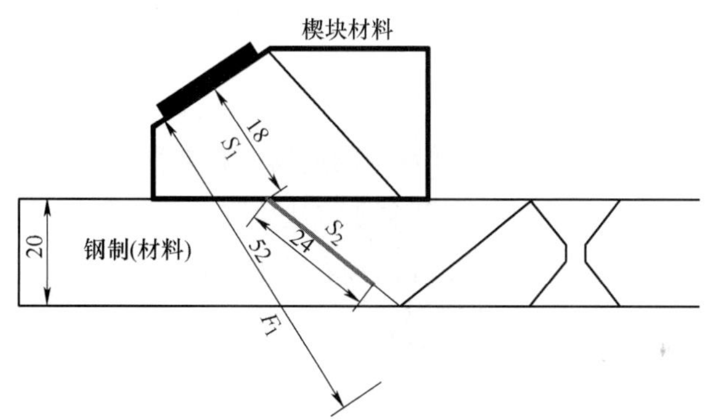

图 4-24 由于楔块材料导致的焦距变化

2. 由于被检工件表面曲率导致焦距变化

被检工件的表面曲率也会影响的聚焦。如果声束入射面内凹，则声束会比平面更快地聚焦；反之，声束入射面外凸，则声束可能会发散，不会聚焦。

假定声波在固体楔块材料传播，则总焦距为

$$F_1 = S_1 + S_E \tag{4-9}$$

式中 F_1——声束仅在第一种介质中传播时的焦距（mm）；

S_1——耦合介质（第一种介质）中的声程（mm）；

S_E——检测介质（第二种介质）中等效于楔块材料的当量声程（mm）。

将式（4-8）和（4-9）联立，得

$$S_E = S_2\left(\frac{c_2}{c_1}\right) = F_1 - S_1$$

$$S_2 = (F_1 - S_1)\left(\frac{c_1}{c_2}\right) \tag{4-10}$$

声束在两种材料中的总焦距为

$$F_d = S_1 + S_2$$

将式（4-10）的 S_2 代入，得

$$F_d = S_1 + (F_1 - S_1)\left(\frac{c_1}{c_2}\right) \tag{4-11}$$

式中 F_1——声束仅在第一种介质中传播时的焦距（mm）；

F_d——声束在两种介质中传播的总焦距（mm）；

S_1——耦合介质（第一种介质）中的声程（mm）；

S_2——检测介质（第二种介质）中的声程（mm）；

c_1——耦合介质（第一种介质）中的声速（mm/s）；

c_2——检测介质（第二种介质）中的声速（mm/s）。

需要注意的是，所有这些公式都是近似的。假设换能器的频率单一（中心频率），这些公式才是成立的，就像使用单一波长的激光束一样。但是，由于超声波探头总是具有一定的带宽（频带宽度），因此近场定位、焦点尺寸及检测区域等更倾向于范围描述，而非具体的尺寸或距离。

例 1：

一个 5MHz、直径 10mm 的探头，在水中的近场（自然聚焦）为 83mm（F_1）。使用该探头，对水下 50mm（S_1）远的钢制试块进行水浸法检测。已知水中声速 $c_1 = 1.5\times10^6$mm/s，钢中声速 $c_2 = 5.9\times10^6$mm/s，计算声束在两种介质中的总焦距：

$$F_d = 50\text{mm} + (83-50)\times\left(\frac{1.5}{5.9}\right)\text{mm} = 58.3\text{mm}$$

例 2：

一个 5MHz、直径 10mm 的探头，在声速 c_1 为 2300m/s 的楔块材料中的近场是 52mm（F_1）。楔块中的声程为 18mm（S_1），声束以横波形式在钢板中传播，声速 c_2 为 3200m/s（见图 4-24），计算声束在两种介质中的总焦距：

$$F_d = 18\text{mm} + (52-18)\times\left(\frac{2300}{3200}\right)\text{mm} = 42\text{mm}$$

4.6.4 聚焦增益

聚焦换能器通过声透镜或晶片曲率改变近场的位置，使其靠近换能器面。由于声束能量集变得集中，显著提高了聚焦声束的灵敏度和微小不连续的检出能力（灵敏度）。另外，聚焦可以抑制近场区内声压的变化，使声压变化平缓。

4.6.5 归一化焦距

归一化焦距是聚焦换能器的焦距和自然焦距的比值。它也称为聚焦系数，可以用来表示聚焦程度。

$$S_F = \frac{F}{N} \tag{4-12}$$

式中　S_F——归一化焦距；

F——焦距（聚焦距离）（mm）；

N——近场长度（mm）。

例如，可使用图 4-25 确定 2.25MHz、直径 10mm、焦距 100mm 探头的换能器其声束轴线上脉冲回波灵敏度的提高值。若该换能器的水中近场长度是 234mm，则归一化焦距是 0.42（100/234）。对于非聚焦换能器，焦距等于近场长度。因此，归一化焦距$S_F=1$。

从图中可以看出，灵敏度提高约 21dB。圆柱面聚焦（线聚焦）探头的聚焦增益约为球面聚焦（点聚焦）增益的 3/4。

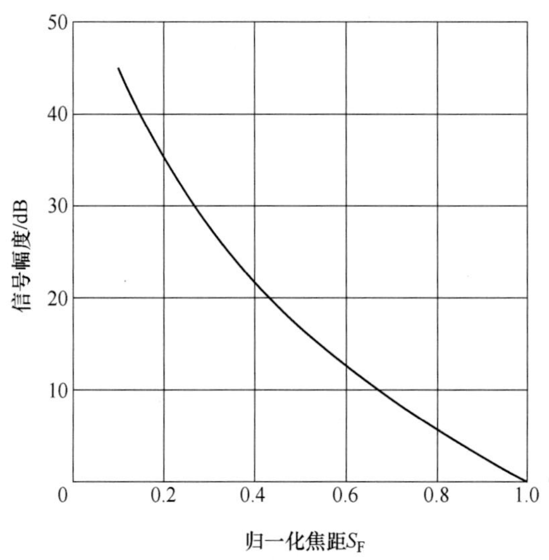

图 4-25　信号幅度随归一化焦距的变化

注：小缺欠的回波幅度比平底回波低。

4.6.6　声束尺寸

如归一化焦距所述，特定位置的声束直径影响了换能器的灵敏度。直径较小的声束，缺欠的反射总能量高于直径较大的声束。

圆盘形晶片的 -6dB 脉冲回波声束直径的计算式为

$$D_{B-6dB} = \frac{1.02Fc}{fD} \tag{4-13}$$

式中　D_{B-6dB}——-6dB 边界声束直径（mm）；

F——焦距（mm）；

c——材料声速（mm/s）；

f——频率（Hz）；

D——晶片直径（mm）；

1.02——圆盘晶片的 -6dB 声束扩散常数。

由于 $\lambda = c/f$，因此式（4-13）可变换为

$$D_{B-6dB} = \frac{1.02F\lambda}{D} \tag{4-14}$$

由于 $S_F = \frac{F}{N}$，且 $N = \frac{D^2}{4\lambda}$，则 $S_F = \frac{4}{D}\left(\frac{F\lambda}{D}\right)$，进而 $\frac{DS_F}{4} = \frac{F\lambda}{D}$

因此，式（4-14）可以写成

$$D_{B-6dB} = 0.255DS_F \tag{4-15}$$

对于平面换能器（非聚焦），令式（4-15）中的 $S_F = 1$。

从式（4-15）可以看出，自然焦距处（近场区）的声束直径约为探头直径的 25%。并且，由于聚焦（$S_F < 1$），声束直径会缩小。声束直径与近场长度中的聚焦程度成正比。例如，声束在近场长度一半处聚焦，则 $S_F = 0.5$。因此，该处焦点尺寸是近场点处的一半。

从式（4-15）可以看出，近场区的声束直径只与探头直径有关。5MHz、直径 10mm 的探头，近场区的声束直径为 0.255×10mm = 2.55mm。由于焦距为近场长度，$S_F = 1$，因此声束直径约为 2.6mm。

4.6.7 焦区

大多数超声波检测是在靠近近场或比近场稍远的区域进行的。检测时，靠近近场的前后区域也很重要，该区域称为焦区。

以声束中心轴线上最大声压处为基准，取其两侧声压各降低至一半（脉冲回波幅度 -6dB）的位置（Y_0点），连线即为焦区。图 4-26 描述了探头的焦区及其始点（12mm）和终点（43mm）以及探头直径。图片显示了沿声程方向声压下降位置的距离。需要注意的是，图 4-21b 和图 4-21c 中的图示针对只有发射声程的情况，因此使用脉冲回波幅度 -3dB，与脉冲回波幅度 -6dB 的情况相同。

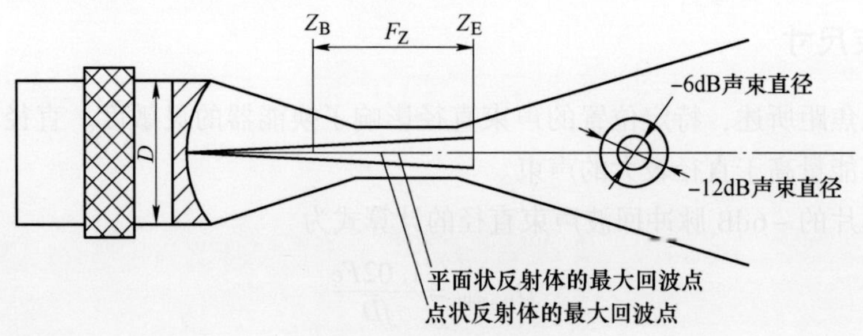

图 4-26　探头的焦区

注：Z_B 为焦区始点，Z_E 为焦区终点，F_Z 为焦区长度，D 为探头直径。

焦区长度可用式（4-16）计算

$$F_Z = NS_F^2\left[\frac{2}{1+0.5S_F}\right] \tag{4-16}$$

式中　F_Z——焦区长度（mm）；

N——近场长度（mm）；

S_F——归一化焦距。

$1+0.5S_F$为经验公式，表示焦区有1/3的长度在焦点之前，2/3的长度在焦点之后。

一个直径10mm、频率5MHz的探头，钢中声速为6×10^6mm/s，根据式（4-6）计算，近场长度（N）为20.8mm。由于非聚焦探头的归一化焦距$S_F=1$，通过式（4-16）计算可知焦区长度为27mm。

比较焦区长度的计算值与图4-21中的焦区（探头规格相同）长度。图4-21中所示焦区长度为31mm（12～43mm）。通过对比发现，由式（4-16）得到的近似值与从图4-21中得到的数值差异很小，仅为4mm。

图4-21的模型也显示了与近场相关的合理的焦区范围。这近似于1/3～2/3定则。意思是，焦区的1/3在理论计算的近场点之前，2/3在理论计算的近场点之后。

对图4-21中的探头施加聚焦，焦距$F=10.5$mm，得到不同的归一化焦距S_F：

$$S_F = \frac{F}{N} = \frac{10.5}{20.8} = 0.5$$

将近场长度N和归一化焦距S_F代入式（4-16），则

$$F_Z = NS_F^2\left(\frac{2}{1+0.5S_F}\right) = 20.8\times0.5^2\times\left(\frac{2}{1+0.5\times0.5}\right)\text{mm} = 8.3\text{mm}$$

使用1/3～2/3定则，将焦区长度除以3，再减去焦点位置，即为焦区始点：10.5mm－(8.3/3)mm＝7.7mm。由于焦区从始点开始计算，因此焦区终点为7.7mm＋8.3mm＝16mm。

将曲率半径（ROC）与焦区结合时，可通过图示发现焦区的缩短量。如图4-27所示，探头的曲率半径（ROC）为15mm，向钢中发射纵波，焦距为10.5mm，声速为5.9mm/μs。图中，非聚焦探头（平面）的近场N在21mm处；曲率半径15mm为几何焦距（F_g）；曲率半径15mm时，声学焦距（F_a）为10.5mm。

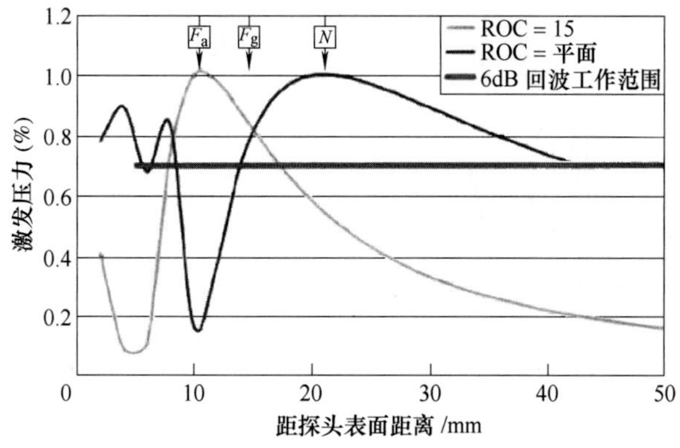

图4-27　曲率半径对探头近场的影响

单程（发射声程）声压 - 3dB（自然声场）与脉冲反射声压 - 6dB（反射声场）的情况相同，即降低至 70% 高度（代替使用脉冲回波幅度 - 6dB 评定方式所使用的 50% 波高）。可见，沿着声程的焦区为 8～16mm。常规焦区在发射声压峰值 70%（见图 4-27 中水平红线）以上的范围。非聚焦探头的焦区为 14～42mm。有关学者提出了几何焦点至声学焦点的修正公式。

非主动平面的聚焦阵元，除了具备使得线阵激发平面延迟时间的聚焦能力外，还可以提供附加的声束增强，以避免缺欠长度和高度定量过大的情况。

如果非聚焦探头存在最大自然焦距，探头的聚焦效应只会产生在小于近场长度的位置。

采用水浸探头时，通常规定其在水中的焦距。最常使用球面或圆柱面形状的晶片。有些探头生产厂家通过仿形或装备透镜聚焦的方式制造接触式探头。通常，应规定仿形探头的曲率半径。

探头的曲率半径具有几何焦点，位于仿形探头半径的中点。但是，这不是在水中的焦距，也不是其他介质中的焦距。

圆弧探头的焦距是传播介质中声速的函数。Ermolov 提出了相应关系函数（4-17），阐明了声束中心轴线上，衍射聚焦产生的近似位置。该近似值假定孔径角度小于 30°。

$$P = P_0 \left| \frac{2}{1 - \dfrac{x}{F}} \sin\left[\frac{\pi N}{2x}\left(1 - \frac{x}{F}\right)\right] \right| \tag{4-17}$$

式中　P——声束轴线上的点 x 的声压（dB）；

P_0——探头面的初始声压（dB）；

N——通过式（4-6）计算的近场长度（mm）；

F——几何焦距（mm）。

声学焦距与几何焦距的关系如图 4-28 所示。使用直径 12.5mm、5MHz 探头，向水中发射声束。几何焦距 F_g（曲率半径）是近场长度的一半时（见图 4-28 中 65mm），由公式推导出声学焦距 F_a 为 52mm（几何焦距的 80%）。常规焦区在发射声压峰值 70%（见图 4-28 中水平红线）以上的范围。

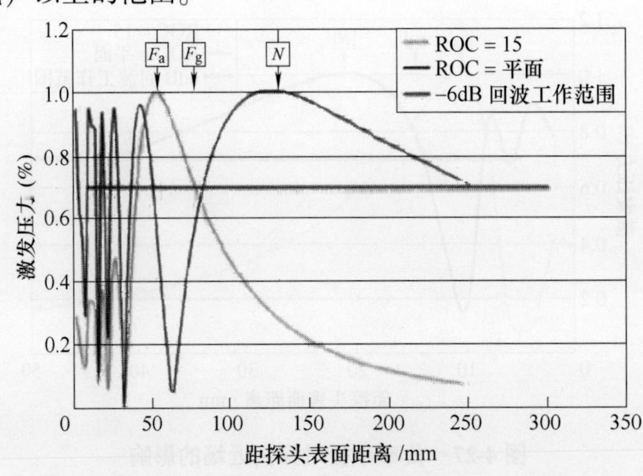

图 4-28　声学焦距与特定几何焦距的转换

相控阵聚焦法则通过费马定理计算在指定位置声束聚焦的延迟时间，其路径遵循费马定理的“最短时间原则”。根据斯涅尔定律，中心射线折射到达焦点，并根据焦点对阵列进行定位，然后计算用于聚焦的各个阵元的射线路径，这样可以实现各种几何聚焦。

4.6.8　声束扩散和半扩散角

所有换能器都存在声束扩散。也就是说，所有超声波声束都会扩散。图4-29为平面换能器的声束扩散原理。在近场区内，声束呈现变窄的复杂形状。在远场区内，声束发生扩散。

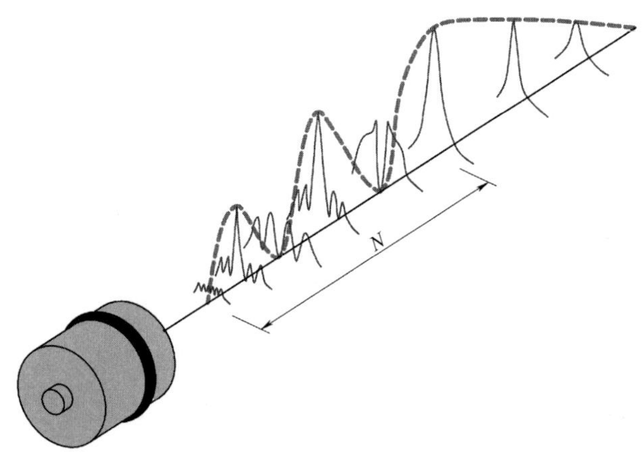

图4-29　声束扩散原理

如图4-29中所示的平面圆盘形换能器，其 -6dB 脉冲回波的声束半扩散角的计算式为

$$\sin\left(\frac{\theta}{2}\right)=\frac{0.51c}{fD} \tag{4-18}$$

式中　$\frac{\theta}{2}$——-6dB 的半扩散角（°）；

0.51——圆盘晶片 -6dB 声束半扩散常数（-20dB 声束半扩散常数为0.87）；

c——材料声速（mm/μs）；

f——频率（Hz）；

D——晶片直径（mm）。

从式（4-18）可以发现，可通过选择较高频率或较大晶片直径的换能器（或同时选择较高频率和较大晶片直径的换能器）来减小声束的扩散。

4.7　相控阵声束特性

前面的内容涵盖了超声波声场的基础，相控阵超声波声场也涉及这些概念。但对于线阵等常见的正方形或矩形阵元，其计算过程更加复杂。

有关学者于20世纪70年代求解了矩形探头的近似值，并指出，如果矩形探头的长宽比≤2∶1，则可以使用圆盘形换能器的公式近似计算矩形探头的近场长度。

其推导的近场长度计算式为

$$N=\frac{S}{\pi\lambda} \tag{4-19}$$

式中　S——探头接触面面积（mm^2）；

π——圆周率（3. 141592654）；

λ——脉冲波长（nm）。

下面，通过该近似计算在相控阵探头上的应用案例，比较一下面积相同的矩形探头和圆形探头的近场长度。

一个5MHz的线阵探头含有60个阵元，每个阵元长10mm，阵元间距为1mm，间隙为0. 1mm。已知聚焦法则：依次激发10个相邻阵元形成脉冲，以0°角入射至钢中（直接平面接触），计算近场长度。

这实际上是一个10mm×10mm的5MHz探头，与钢直接接触（钢中声速≈5900m/s）。

通过近似计算可得：

$$N=\frac{10\times10}{\pi\times1.2}\text{mm}=\frac{100}{3.8}\text{mm}=26.55\text{mm}$$

10mm×10mm区域与直径11. 3mm的圆形探头面积基本相等。对于直径11. 3mm的圆形探头，使用圆形晶片公式计算，所得近场长度为27mm。由此可见，表面积相当的探头的近场长度也相当。

4.7.1　矩形探头计算

矩形探头近似数据是在实验室测得的。通过点状目标测得的实验值和仿真模拟的数值十分接近。由于矩形和方形相差很远，当量面积近似公式不再适用。有关研究机构推导了近场的修正曲线，如图4-30所示。该曲线被EN 12668－2—2010《无损检测　超声波检验设备的特性和验证　第2部分：探头》引用。

使用一个尺寸为10mm×20mm、频率为5MHz的矩形探头向钢中发射纵波。沿着探头中心线构建具体的波幅曲线，声束形状为椭圆形，存在两个峰值。根据定义，近场位于声压最后一个极大值处，从该处开始，声压持续下降。因此，矩形探头的近场在第二个波幅下降点处。10mm×20mm、5MHz探头的声束轮廓如图4-31所示。

将光标放置在最后一个峰值（自此之后波幅持续下降），距入射表面85mm处。EN 12668-2—2010以测量的半扩散角为基础评定近场长度的测量值。由晶片尺寸和脉冲波长可以求出半扩散角。

对于圆形探头，半扩散角由式（4-20）求出：

$$\sin\gamma=k\frac{\lambda}{D} \tag{4-20}$$

式中　γ——半扩散角（°）；

k——－6dB声束半扩散系数，对于圆盘形晶片，$k=0.51$；

λ——波长（nm）。

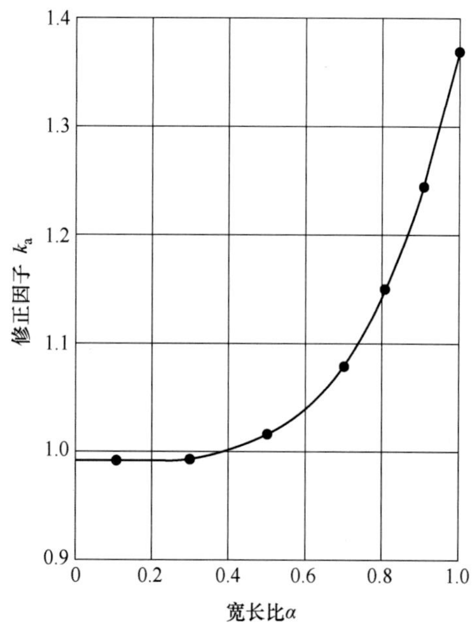

图 4-30　近场的修正曲线

注：k_a为矩形晶片的修正因子，α为宽长比。

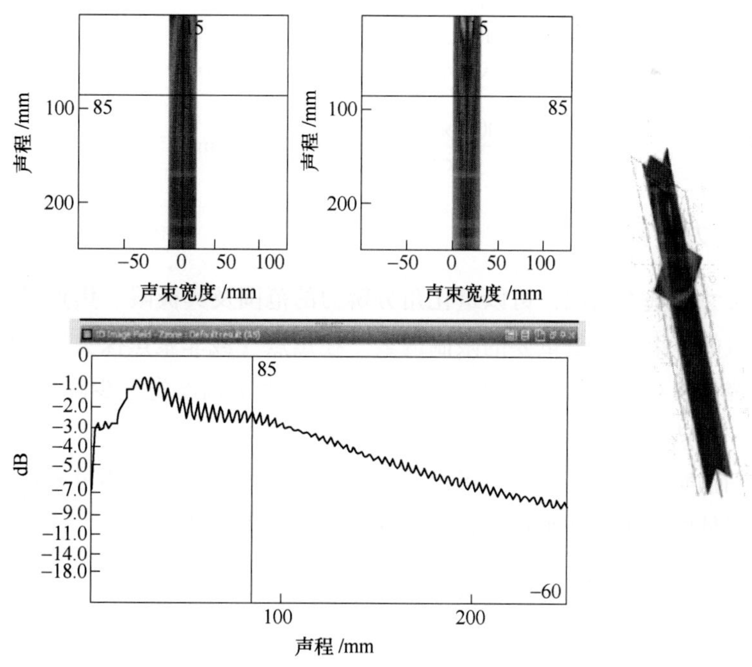

图 4-31　10mm×20mm、5MHz 探头在钢中的声束轮廓

对于矩形探头，由边长和波长可以推出半扩散角：

$$\sin\gamma = k\frac{\lambda}{L} \tag{4-21}$$

$$\sin\gamma = k\frac{\lambda}{W} \tag{4-22}$$

式中 L——矩形探头的长度（mm）；

W——矩形探头的宽度（mm）；

k——－6dB 声束半扩散常数，对于矩形晶片，$k=0.44$。

结合以上公式，通过重新调整参数、应用图 4-30 的矩形晶片的修正曲线，可以推出近场长度。

实际上，较长的边对近场长度起着主导作用。因此，在求解矩形探头的近场长度时，可以使用圆形探头的计算公式，并用矩形长边的边长替代圆的直径。

$$N_{矩形} = \frac{k_a L^2 f}{4c} \tag{4-23}$$

式中 k_a——由图 4-30 中曲线得到的修正因子；

L——矩形探头的长度（mm）；

f——探头标称频率（Hz）；

c——被检工件的声速（mm/μs）。

式（4-23）中没有直接使用矩形探头宽边的尺寸（W），该尺寸用于确定宽长比，再通过图 4-30 中的曲线，确定修正因子 k_a。

可以通过图 4-31 中的模型验证公式的有效性。该案例中宽长比为 0.5，$k_a=1.005$，则

$$N = \frac{1.005\times 20^2\times 5}{4\times 5.9}\text{mm} = 85.2\text{mm}$$

4.7.2 角分辨力计算

通过声束尺寸的基本知识，可以量化角分辨力的范围及其极限。焦点是分辨力最佳的区域，因此该点的声束尺寸是重要的限制因素。在焦点（或非聚焦探头的近场）处一个显示的幅度到达峰值；在声束传播至另一个显示时，该声束幅度先至少降低至峰值的一半、再上升至峰值，即认为该显示与其他显示分辨良好。

使用角度扫描实现声束移动时，可以通过确定焦点处的角度偏移量来评定分辨力。可以通过确定焦点处的声束尺寸来进行评定。偏移量是声束尺寸的一半，该处信号幅度比最高波幅降低 6dB。

确定角度偏移量，需要确定特定声程下的焦点尺寸。对于非聚焦声束，确定近场长度，即可由孔径估算焦点尺寸。

可以通过特定声程下的声束直径和近场长度确定半扩散角，进而估算声束的角分辨力，即

$$\tan\theta_{a}=0.5\frac{D_{B-6dB}}{F}$$

$$\theta_{a}=\arctan\left(0.5\frac{D_{B-6dB}}{F}\right) \tag{4-24}$$

式中 D_{B-6Db}——-6dB 边界声束直径（mm）；

F——焦距（mm）。

例1：

一个5L64探头，频率为5MHz、阵元间距为0.6mm、非主动孔径为10mm，使用16阵元，在钢中以纵波形式（声速5.9mm/μs）形成非聚焦声束（为-10°~10°小范围S扫描）。那么，焦点处的角分辨力多少？若声束在14mm聚焦，角分辨力是多少？

解：

步骤1 通过式（4-1）近似计算激发孔径

$$A=na+g(n-1)\approx np\approx 16\times 0.6\text{mm}=9.6\text{mm}$$

步骤2 探头的宽长比为

$$\alpha=\frac{A}{W}=\frac{9.6}{10}=0.96$$

步骤3 从图4-30中查出修正因子 $k_{a}=1.35$

步骤4 由于探头的有效尺寸是9.6mm×10mm，长边尺寸 $L=10$mm。将该值代入式（4-23），则近场长度为

$$N_{矩形}=\frac{k_{a}L^{2}f}{4c}=\frac{1.35\times 100\times 5\times 10^{6}}{4\times 5.9\times 10^{6}}\text{mm}=\frac{675}{23.6}\text{mm}=28.6\text{mm}$$

步骤5 非聚焦声束的焦距 $S_{F}=1$

步骤6 通过式（4-12）计算焦距

$$S_{F}=\frac{F}{N}，则 1=\frac{F}{N}，进而 F=N=28.6\text{mm}$$

步骤7 对于矩阵探头，用激发孔径（A）表示激发探头的直径，再通过式（4-15）计算钢中焦距为28.6mm处的-6dB声束直径（焦点尺寸）

$$D_{B-6dB}=0.255DS_{F}=0.255AS_{F}=0.255\times 9.6\times 1\text{mm}=2.45\text{mm}$$

步骤8 通过式（4-24）计算非聚焦声束的角分辨力

$$\theta_{a}=\text{acrtan}\left(0.5\frac{D_{B-6dB}}{F}\right)=\arctan\left(0.5\times\frac{2.45}{28.6}\right)=2.45°$$

步骤9 如果声束在 $F=14$mm 处聚焦，那么

$$S_{F}=\frac{F}{N}=\frac{14}{28.6}=0.5$$

$$D_{B-6dB}=0.255AS_{F}=0.255\times 9.6\times 0.5\text{mm}=1.22\text{mm}$$

$$\theta_{a}=\text{acrtan}\left(0.5\frac{D_{B-6dB}}{F}\right)=\arctan\left(0.5\times\frac{1.22}{14}\right)=2.50°$$

例 2：

一个 5L64 探头，频率为 5MHz、阵元间距为 0.6mm、非主动孔径为 10mm，使用 16 阵元，装备在折射斜楔上，斜楔内声程为 10mm，楔块声速为 2.3mm/μs，钢中声速为 3.2mm/μs。那么，焦点处的角分辨力是多少？如果声束在声程 80% 的位置聚焦，角分辨力是多少？

解：

步骤 1　通过式（4-1）近似计算激发孔径

$$A = na + g(n-1) \approx np \approx 16 \times 0.6\text{mm} = 9.6\text{mm}$$

步骤 2　探头的宽长比为

$$\alpha = \frac{A}{W} = \frac{9.6}{10} = 0.96$$

步骤 3　从图 4-30 中查出修正因子 $k_a = 1.35$

步骤 4　由于探头的有效尺寸是 9.6mm × 10mm，长边尺寸 $L = 10\text{mm}$。将该值代入式（4-23），近场长度为

$$N_{1矩形} = \frac{k_a L^2 f}{4c} = \frac{1.35 \times 100 \times 5 \times 10^6}{4 \times 2.3 \times 10^6}\text{mm} = \frac{675}{9.2}\text{mm} = 73.4\text{mm}$$

$$N_{2矩形} = \frac{k_a L^2 f}{4c} = \frac{1.35 \times 100 \times 5 \times 10^6}{4 \times 3.2 \times 10^6}\text{mm} = \frac{675}{12.8}\text{mm} = 52.7\text{mm}$$

步骤 5　非聚焦声束的焦距 $S_F = 1$，通过式（4-12）计算焦距 $F_{总}$

$$S_F = \frac{F_{总}}{N_{2矩形}}，则\ 1 = \frac{F_{总}}{N_{2矩形}}，进而\ F_{总} = N_{2矩形} = 52.7\text{mm}$$

步骤 6　楔块材料内的声程为 10mm；但是，需要通过式（4-8），将这个值转化为钢中的当量值：

$$\frac{S_{1钢当量}}{S_{1楔块}} = \frac{c_{楔块}}{c_{钢}}，则\ S_{1钢当量} = 10 \times \frac{2.3}{3.2}\text{mm} = 7.2\text{mm}$$

步骤 7　钢中焦距 F_1

$$F_{总} = S_{1钢当量} + F_1，则\ 52.7 = 7.2 + F_1，进而\ F_1 = 45.5\text{mm}$$

步骤 8　对于矩阵探头，用激发孔径（A）表示激发探头的直径，再通过式（4-15）计算钢中焦距为 45.5mm 处的 −6dB 声束直径（焦点尺寸）

$$D_{B-6dB} = 0.255DS_F = 0.255AS_F = 0.255 \times 9.6 \times 1\text{mm} = 2.45\text{mm}$$

步骤 9　通过钢中焦距（F_1 −45.5mm）可以计算该处角分辨力：

$$\theta_a = \arctan\left(0.5\frac{D_{B-6dB}}{F_1}\right) = \arctan\left(0.5 \times \frac{2.45}{45.5}\right) = 1.55°$$

声束以不同角度（存在微小的角度差）进入斜楔时，其钢中入射点会随之变化，因此声束不在钢中深度 0mm 的位置旋转，而是有些偏移，因此该分辨力为近似值。

步骤 10　如果声束在 80% 的自然焦距处聚焦，则钢中 F_2 为

$$F_2 = 0.8F_1 = 0.8 \times 45.5\text{mm} = 36.4\text{mm}$$

楔块材料内的声程为 10mm；但是，需要通过式（4-8）将这个值转化为钢中的当量值：

$$\frac{S_{1钢当量}}{S_{1楔块}}=\frac{c_{楔块}}{c_{钢}},\ 则\ S_{1钢当量}=10\times\frac{2.3}{3.2}\mathrm{mm}=7.2\mathrm{mm}$$

钢中总焦距：$F'_{总}=S_{1钢当量}+F_2=7.2\mathrm{mm}+36.4\mathrm{mm}=43.6\mathrm{mm}$

钢中近场长度：

$$N_{2矩形}=\frac{k_a L^2 f}{4c}=\frac{1.35\times100\times5\times10^6}{4\times3.2\times10^6}\mathrm{mm}=\frac{675}{12.8}\mathrm{mm}=52.7\mathrm{mm}$$

$$S_F=\frac{F'_{总}}{N_{2矩形}}=\frac{43.6}{52.7}=0.83$$

$$D_{B-6dB}=0.255AS_F=0.255\times9.6\times0.83\mathrm{mm}=2.03\mathrm{mm}$$

$$\theta_a=\mathrm{acrtan}\left(0.5\frac{D_{B-6dB}}{F_2}\right)=\arctan\left(0.5\times\frac{2.03}{36.4}\right)=1.60°$$

4.8 声束偏转极限

通过比较单晶和相控阵超声波探头的阵元可以得到声束偏转范围的极限。

首先，回顾一下之前所述的近场长度的近似计算。式（4-6）和式（4-7）为式（4-25）近似而得

$$N=\frac{D^2 f}{4c}或N=\frac{D^2}{4\lambda}$$

$$N=\frac{D^2-\lambda^2}{4\lambda}\tag{4-25}$$

假设晶片尺寸远大于波长，则 λ^2 可以忽略不计，进而得到式（4-7）。但单个晶片约为 1mm 时，与波长尺寸非常接近，不应忽视离轴效应。

相控阵超声波探头各个阵元的子波形成独立的波阵面。子波基本上呈圆形，因此在波阵面上偏离阵元轴线的声压基本不变。实际上，这可以通过估算单个阵元的近场长度来确定。

将相控阵超声波探头的典型数值代入式（4-25），例如，阵元尺寸 1mm，钢中声速 5900m/s，标称频率 7.5MHz，波长为 0.79mm，则近场长度为 0.12mm，而不是通过近似式（4-6）估算的 0.32mm。近场长度比脉冲波长短。

从正向移动到垂直时，倾斜因子会导致波阵面的声压降低。因此，某些情况下无法形成相长干涉，波幅较低。

若使用越来越多的阵元来合成声束，能量就集中在声束轴线上。相同频率下，大阵元发生这种现象的几率高于小阵元，这就限制了实现离轴偏转的相控阵阵元的尺寸。单个阵元的有效离轴波幅的降低率与阵列中单个阵元尺寸相关。因此，为了实现大角度偏转，需要使用小阵元。通常，设计者在设计特定应用的相控阵超声波探头时，应先确定偏转的最

大角度（θ_{rmax}），然后再确定单个阵元的宽度，以确保单个阵元的声束幅度在该角度的降低量不超过6dB。

通过式（4-26）确定最大阵元宽度（a_{max}）

$$a_{max} = \frac{0.44\lambda}{\sin\theta_{rmax}} \tag{4-26}$$

对于相控阵超声波换能器，可通过声束扩散公式推导特定条件下的最大偏转角度（-6dB）。显而易见，小阵元的声束扩散更严重，因此角能量更高。

对于宽度为 a 的阵元，最大偏转角度为

$$\sin\theta_{st} = 0.44\left(\frac{\lambda}{a}\right) \tag{4-27}$$

小孔径会提高换能器的最大偏转角度，但也会限制静态覆盖范围、灵敏度和聚焦能力。随着阵元尺寸减小，应同时激发更多的阵元以保持灵敏度（孔径尺寸）。

通过斜楔改变声束入射角的方式，可以在不依赖电子偏转的前提下，进一步改变偏转范围。

这些内容对操作者很有帮助，相关计算由生产厂家完成。通常生产厂家可能会提供推荐的偏转范围，若操作者不参照生产厂家的建议，可能导致分辨力降低，以及由于高偏转角度的不良干涉（栅瓣）造成干扰信号。有关学者通过图4-32描述了波长和阵元尺寸之比对声场扩散的影响。

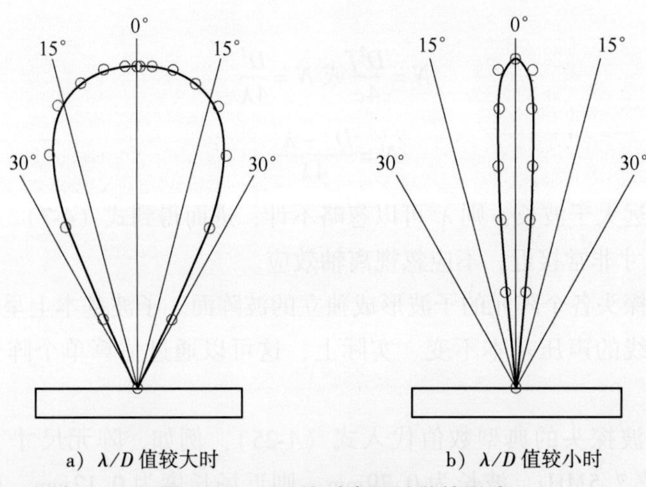

a）λ/D 值较大时　　b）λ/D 值较小时

图4-32　λ/D 值对声场扩散的影响

由此可见，选择合适的阵元宽度、间距和频率非常重要。阵元应足够窄小，从而产生有用的扩散；并且应充分靠近，以使相邻子波相互作用。虽然这样对偏转有利，但对声束尺寸不利，因此需要使用更多的阵元，以形成具有良好聚焦能力的声束。合成声束的最大阵元数量与仪器性能有很大关系。通常，可以单次激发8、16或32阵元（聚焦法则）。因此，如果单个阵元只有0.2mm宽、间隙只有0.1mm，则16阵元组的最大尺寸为4.7mm（探头尺寸比较小）。

通过以上公式计算声束扩散，可推导出有效声束偏转区域。例如，单个阵元为 1mm 宽、检测频率 5MHz 的探头与钢表面直接接触，半扩散角为 54°。将一组阵元放置在特定位置，偏转范围受阵元间隙和声束扩散的限制，如图 4-33 所示。

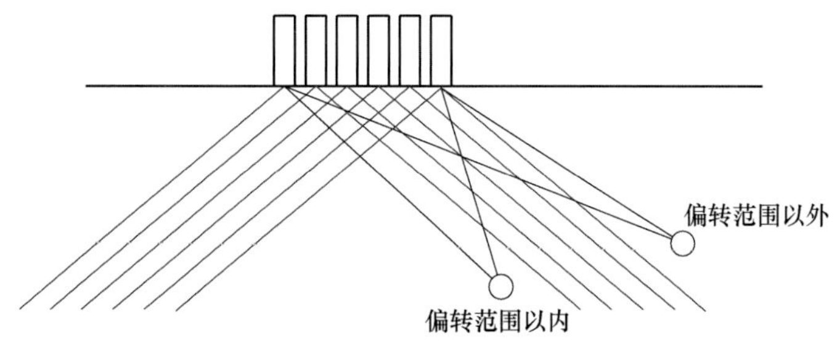

图 4-33　声束扩散对偏转的限制

4.9　灵敏度和信噪比（S/N）

通过依据增益对缺欠反射信号进行量化，或与参考基准作比较的方式，可以确定推荐的检测灵敏度。即，如果识别缺欠所需的增益在相控阵系统的动态范围内，则说明可以检出相关缺欠。为确定缺欠的检出能力及其尺寸、取向和（或）几何形状的相关性，通常要进行一系列的参数化研究。

相关显示的信号可能比较小。其他情况如电、串扰、材料晶粒结构、表面信号等造成的干扰信号视为噪声。为使操作者识别相关信号，相关反射体的反射应明显高于环境（背景）噪声。将信号与噪声的比值称为信噪比，通常使用 dB 作为单位。例如，将相关反射体的信号幅度调整至显示屏上特定高度，调整增益，直到环境（背景）噪声到达之前设定的相同高度。施加的 dB 值就是信噪比（S/N）。因此，良好的检测设置可以提供较高的灵敏度（与参考反射体相比的反射波幅），并且与环境（背景）噪声相比，相关反射的波幅较高（较高的信噪比）。

第 5 章　相控阵扫描显示和扫查方式

单晶探头扫查包括手工移动声束，以及通过某种扫查系统移动声束的方式。使用相控阵探头扫查，可以在原有设定的基础上，通过阵元的电子切换，进一步形成声束或实现声束偏转，从而提高声束的灵活性。将机械扫查和电子扫描相结合，可以提高相控阵探头检测效率，并且可以显著降低由探头意外倾斜或扫查过快引起的检测失误率。

目前，相控阵超声波检测通常配备了双轴机械扫查系统和各种聚焦法则，以尽可能实现对被检工件的快速完整检测。

5.1　聚焦法则设置

相控阵通过多路传输系统对各激发阵元间延迟的精准控制，完成聚焦法则的设置，这是相控仪器和常规超声波仪器最根本的区别。通过选择合适的延迟时间以及聚焦法则所需激发的阵元。通常线阵可以实现三种基本扫描方式：S 扫描（S-Scan、扇扫描或角扫描）、L 扫描（L-Scan、E-Scan、线性扫描、电子扫描或 E 扫描）、固定声束扫描。

5.1.1　扇扫描

以特定的激发序列（各阵元延迟时间递增）激发同一组阵元，可形成覆盖一定角度范围的声束，称为扇扫描或 S 扫描（有时称为角扫描），如图 5-1 所示。为便于对 S 扫描进行评定，可将成像覆盖于检测区域，或将检测模型导入 S 扫描图上。

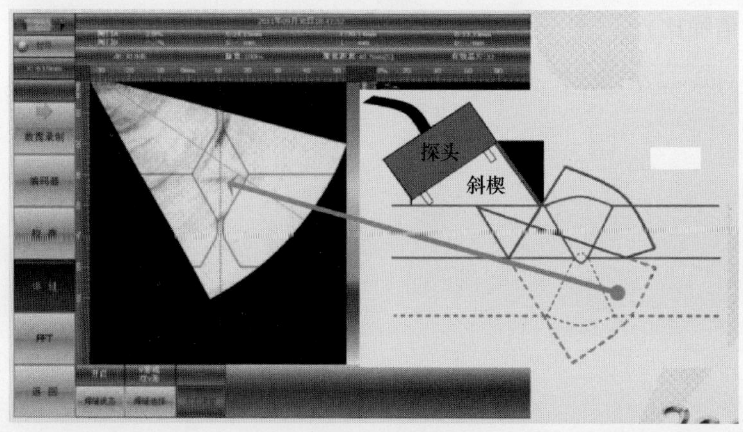

图 5-1　扇扫描

5.1.2　电子（线性）扫描

电子扫描（或线性扫描）是不通过机械移动，而使声束沿阵列轴线移动的能力，有时简称 E 扫描，如图 5-2 所示。

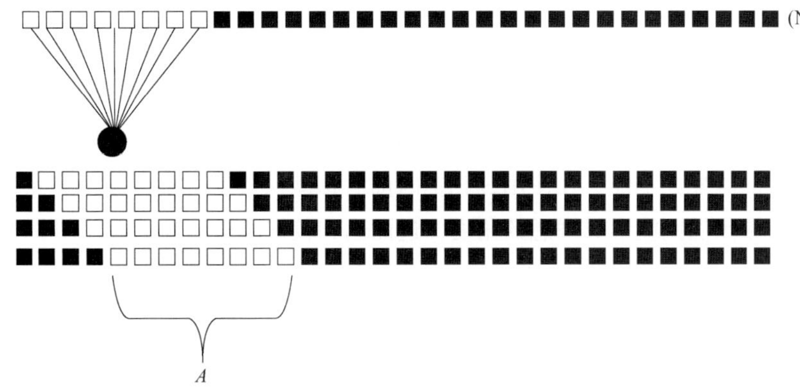

图 5-2　电子扫描

注：A 为激发孔径。

电子扫描通过对激发阵元进行多路传输控制实现声束移动。也就是说，不断重复聚焦法则，一次步进一个或多个阵元，在相邻的阵元组也使用相同的延迟设置。通过电子扫描技术，可以模拟沿轴线前后移动常规探头的效果。

影响扫描范围的因素有：阵元数量、采集系统的通道数量、孔径尺寸。

5.1.3　固定声束扫描

相控阵扫描仪器也可以对相控阵探头施加单一的延迟设置。这样，就像使用传统单晶探头检测一样，该方式称为固定声束扫描。固定声束扫描的应用场合主要有：

1）操作者根据情况进行手工超声波检测，而不是相控阵超声波检测。

2）使用特定角度的探头（焊缝检测通常用 45°、60°或 70°）进行检测，通过探头的旋转、环绕、倾斜等扫查方式，结合动态回波评定显示特征，并使用手工超声波检测验收标准对显示进行综合评定。图 5-3 描述了 60°聚焦法则检测 30°V 形坡口焊接接头的情况。

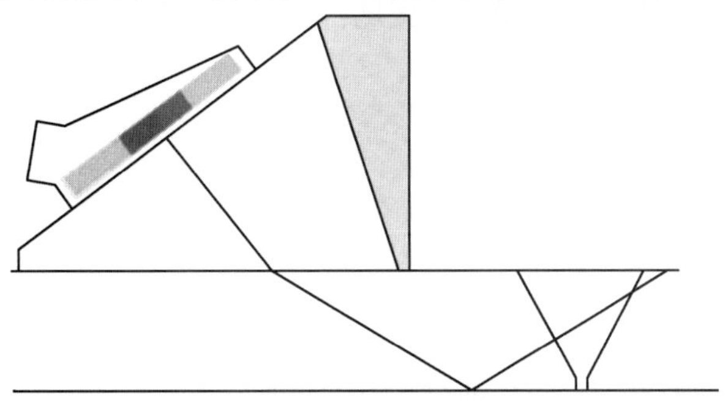

图 5-3　固定声束扫描示意

虽然该扫描方式没有利用相控阵系统的先进功能，但它仍然使用了多路传输的偏转技术。也就是说，探头可能装配在60°斜楔上，但扫描角度不局限于60°。另外，相控阵探头具有同时使用多个固定角度对工件进行检测的能力，即可沿焊缝同时实现45°、60°及70°的检测。

5.1.4 性能对比

每种扫描方法都有各自的优点和局限性。在焊缝检测中，S扫描可使探头在余高旁作轻微移动就能实现完整的区域覆盖，但折射角有可能不是最佳角度（声束可能和焊缝坡口面不垂直），因此坡口面上的平面缺陷检测效果可能不理想。S扫描具有较好的体积覆盖性，但角度和熔合线的匹配性不佳。在使用S扫描时前后移动探头，可确保扇形声束对准焊缝截面时，至少一个聚焦法则能形成理想的角度，进而达到较好的检测效果，如图5-4所示。

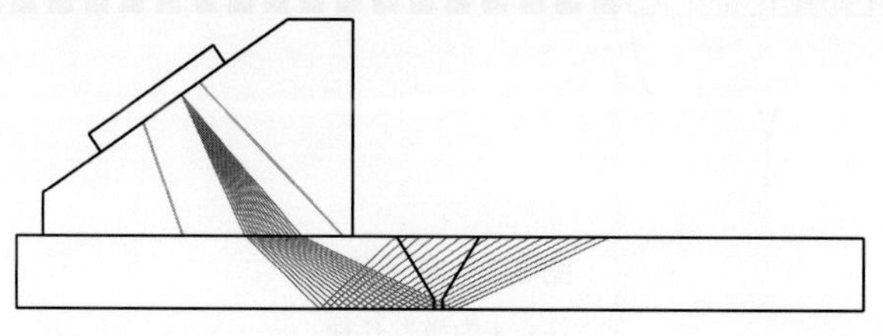

图5-4　扇扫描

如图5-5所示，将探头以固定距离放置在焊缝旁边，使用单一折射角进行电子扫描，类似手工扫查中探头的前后移动。但是，如果不移动探头，电子扫描的轨迹可能不足以覆盖被检焊缝整个截面。

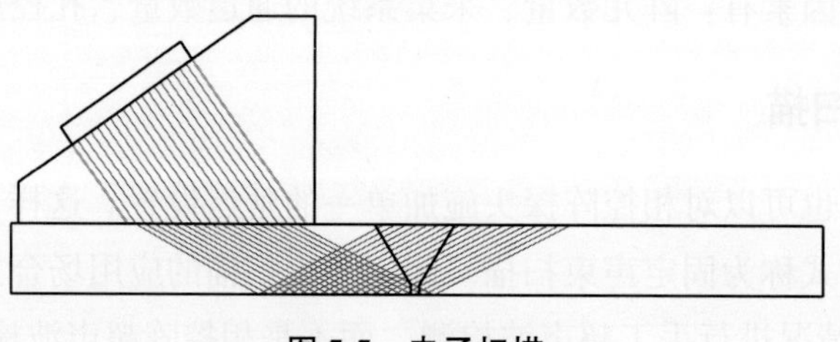

图5-5　电子扫描

将以上两个扫描方式相结合，即可显现声束控制的真正优势。扇扫描用于检测焊缝截面；线性扫描以相应余角检测其他区域，也包括上表面和下表面，这样可以实现焊缝的全面检测。由此，既能良好地覆盖焊缝检测区域，又能降低对显示定量不足的可能性。将两个扫描合二为一，可以对显示进行定量。

5.2 扫查方式

5.2.1 栅格扫查

使用探头进行某种移动时，可以通过相对于参考位置的移动方向确定其移动方式。使用单晶探头手工扫查焊缝时，通常沿着焊缝长度方向来回移动探头，声束方向与焊缝轴线近似垂直。如图 5-6 所示，该扫查方式称为栅格扫查。

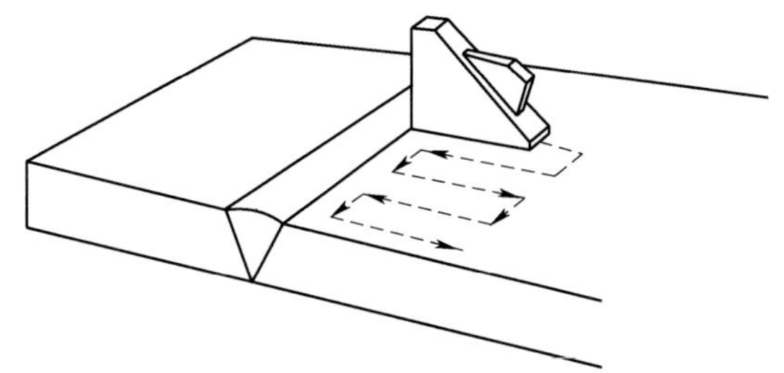

图 5-6　手工栅格扫查方式

5.2.2　斜向扫查

在某些情况下，探头的移动方向需要和焊缝长度方向呈一定角度，而非平行或垂直。这通常用于检测横向缺陷。这种扫查方式称为斜向扫查（标准中可能称为“横向扫查”，但它也包括不与长度方向倾斜，只针对横向缺陷的扫查）。或者，如果表面状态不适合扫查装置沿声束垂直或平行的方向移动，可以沿着斜向的路径移动。斜向扫查如图 5-7 和图 5-8所示。

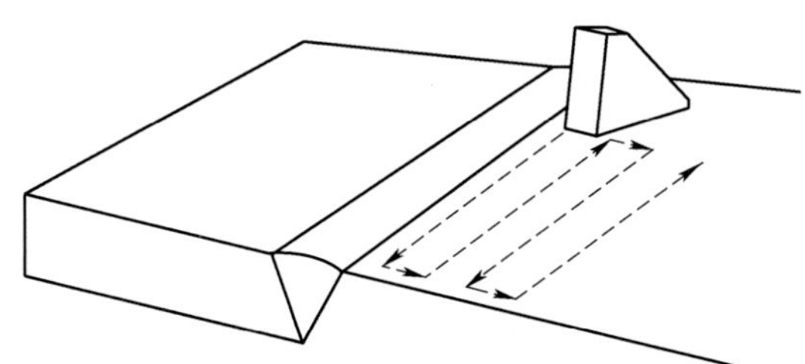

图 5-7　探头与焊缝长度方向呈一定角度斜向放置，平行于焊缝扫查

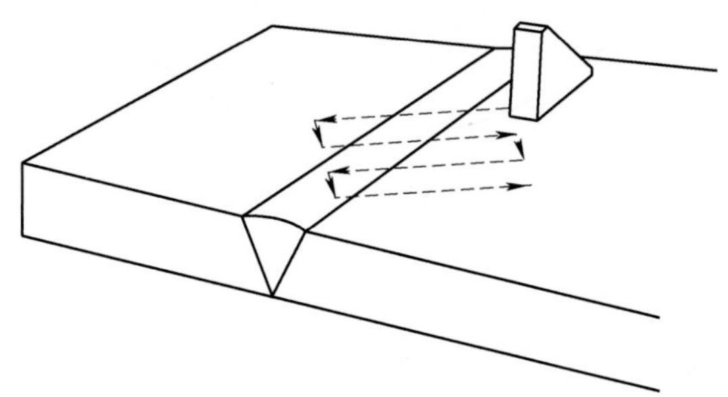

图 5-8　探头与焊缝长度方向平行放置，斜向扫查

5.2.3　螺旋扫查

对圆柱状或管状工件实施螺旋扫查时，旋转工件的同时向前移动探头，如图 5-9 所

示。螺旋扫查可实现高速扫查，扫查时沿工件平稳过渡至下一检测区域，而不是先扫查完一整圈区域再步进至下一区域。

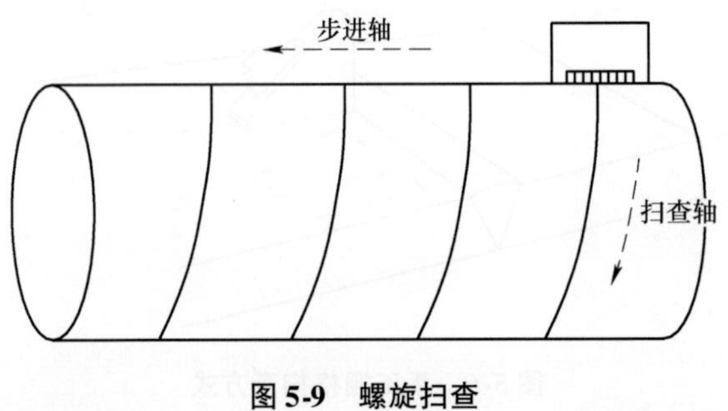

图 5-9　螺旋扫查

5. 2. 4　螺线扫查

盘形工件旋转时，探头从工件端部中心向外圆移动实施扫查，称为螺线扫查，如图 5-10 所示。该扫查方式可节省盘形工件的检测时间。

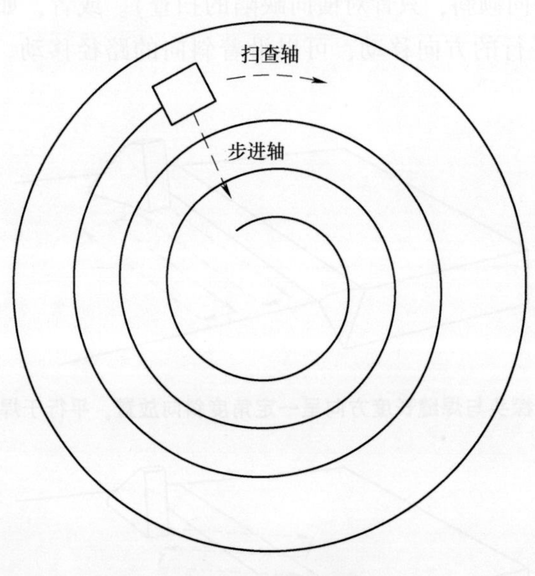

图 5-10　螺线扫查

5. 3　编码扫查方式

编码器是一种机械系统，可以跟踪工件上的探头位置，并向仪器传达信息。编码器可使操作者将扫查的位置数据和被检工件的位置联系起来。可用时间功能代替编码器，但需要匀速移动探头，以确保对显示精确定位和定量。

扫查时，有两种常规编码扫查方式，双向扫查或单向扫查。双向扫查优点是收集数据稳定，而单向扫查可使扫查方向得到的信号畸变达到最小。

5.3.1　往复扫查

通过机械化扫查装置（数据采集系统）收集信号时，软件通常设置为采集长距离连续扫查方向的数据。图 5-11 中描述了主“扫查方向”，沿焊缝向前移动探头的短步进称为“栅格步进”或“进位步进”，计算机收集扫查前后方向的数据，该扫查方式称往复扫查。

图 5-11　往复扫查

5.3.2　单向扫查

如果扫查时计算机只收集扫查方向前面或后面单向的数据间隙，该扫查称为单向扫查。单向扫查的优点是：可以通过单向收集数据来降低系统的机械间隙。图 5-12 描述了单向扫查在进位和扫查 – 返回时，不收集数据，只在反向“往复扫查”的长距离路径上收集数据。

5.3.3　沿线扫查（单轴扫查方式）

如图 5-13 所示，将探头以固定距离放置在焊缝一侧，设定聚焦法则使声束以合适的角覆盖检测区域，可以实现焊缝截面的完整检测。这是检测成品管道环焊缝的首选方法。

图 5-12　单向扫查

图 5-13　沿线扫查

5.4　声束控制组合技术

将相控阵超声波检测技术和机械化扫查相结合，可以形成如下组合形式：

1）聚焦 + 声束偏转。

2）沿线扫查 + 声束偏转。

3）固定角度 E 扫描 + 沿线扫查。

4）多个固定角度 + 沿线扫查。

5）多个独立聚焦面的 S 扫描组合 + 沿线扫查。

6）E 扫描 + 螺旋扫查。

7）自定义组合。

第 6 章　相控阵超声波检测仪器

本章内容介绍了相控阵超声波检测系统较为前端的参考信息，包括声束成形器在内的所有电路系统、模拟信号处理组件及模/数转换器（ADC）等。

6.1　概述

在相控阵超声波检测系统前端中，模拟信号处理组件是决定整个系统性能的关键。设计者很关注电噪声，这是因为一旦信号中存在噪声和畸变，基本无法去除。令人注意的是，超声波系统与雷达或声呐系统很相似：雷达工作频率为 GHz 范围，声呐工作频率为 kHz 范围，超声波工作频率则是 MHz 范围，但系统原理基本相同。实际上，雷达设计者提出了声束控制的概念，这是相控阵的原型。

图 6-1 为相控阵超声波检测系统简图。在长电缆（通常为 2m）的端部有个换能器。电缆由 48 ~256 个小的同轴电缆组成，是该系统最昂贵的部件之一。由于电缆电容在换能器上加载，导致了信号损失。根据换能器和工作频率，可预估损失为 1 ~3dB。对于大多数系统，都可以连接多个探头，这样检测人员可以选择合适的换能器实现最佳成像。通过高压（HV）继电器来选择阵元，这些高压继电器为系统带来了除电缆电容之外的高电容。

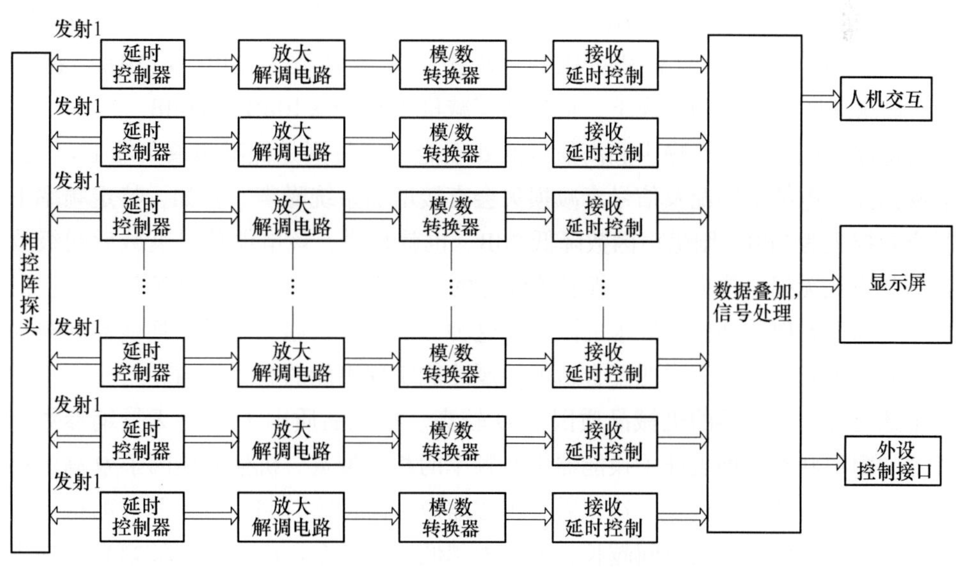

图 6-1　相控阵超声波检测系统组件

一些阵列系统通过高压多路转换器/多路分配器（HV Mux/Demux）降低发射和接收硬件的复杂性，但会降低仪器的灵活性（大多数工业相控阵超声波检测设备使用的是 HV Mux/Demux）。最灵活的系统是相控阵数字声束成形（DBF）系统，所有换能器均可进行相位和波幅控制。由于其需要对所有通道进行电子控制，因此造价高昂。

首先，在发射端，通过发射器（Tx）声束成形器确定延迟模式和脉冲序列，设定所需的焦点。然后，通过高压发射放大器激发换能器，放大声束成形器的输出信号。通过数/模转换器（DAC）控制放大器，来提升发射脉冲能量传输效果（变迹法）。

其次，在接收端，通过 T/R 开关（通常是二极管电桥）阻塞高 Tx 电压脉冲，随后是低噪声放大器和可变增益放大器（VGA），可实现时间校正增益（TCG），有时也具有变迹功能（空间开窗以降低声束旁瓣）。时间校正增益由检测人员控制，用于保持图像一致性。放大后，可以模拟形式（ABF）或数字形式（DBF）实现声束成形，如现代系统多为数字形式成形。有些连续波（CW）多普勒处理医用系统使用的是模拟形式成形。

最后，将接收器（Rx）声束处理为灰度等级或彩色图像。

6.2 超声波采集模式

工业系统仅使用 B 模式（处理 A 扫描信号），而医用系统主要有三种超声波采集模式：B 模式（灰度等级；2D）、F 模式（彩色血流或多普勒成像；血流）、D 模式（频谱多普勒）。

医用超声波的工作频率为 1 ~ 40MHz，工业无损检测仪器超声波的工作频率通常为 0.5 ~ 15MHz。但这并不绝对，在研究及特殊应用时，若需要提高探头超声波频率获取高分辨力，则可使用高频率至 60MHz。但是，不能一味通过提高超声波频率来提高分辨力，这是因为频率升高，信号的衰减更剧烈。水中的衰减系数为 1dB/cm/MHz，在频率为 10MHz、检测深度为 5cm 的情况下，信号的衰减量为 $5 \times 2 \times 10\text{dB} = 100\text{dB}$。

前端电路需同时具备低噪声和高信号的处理能力（特别是低噪声放大器 LNA），才能弥补衰减损失。电缆不匹配及信号衰减损失会直接增加系统噪声。譬如，特定频率下电缆的信号衰减损失为 2dB，则噪声因数降低 2dB。也就是说，该电缆信号衰减后初级放大器的噪声因数应比无损电缆低 2dB。规避该问题的一种方法是在探头上加装放大器，但受尺寸、功率及高压发射脉冲保护要求的限制，这种方法难以实施。此外，换能器和被检工件之间的声阻抗差较大，也需要匹配合适的层厚才能实现声能的有效传输。

除上述之外，换能器的机械品质因子 Q 较高。机械品质因子 Q 是无量纲参数，表示了换能器的阻尼状态，即表征了换能器中心频率的相对带宽。机械品质因子 Q 高的换能器阻尼较低，振动持续时间更长，这就需要阻尼缩短脉冲持续时间。发射脉冲的持续时间决定了轴向分辨力：脉冲持续时间越长，分辨力越低。阻尼会造成声能（波幅）的损失，因此需要更高的电脉冲来提供足够的能量。通常，相控阵探头的阻尼使信号持续 1 ~ 2 个周期（60% ~ 90% 带宽）。

6.3　发射器类型

发射器主要有脉冲、脉冲波多普勒（PW Doppler）、连续波多普勒（CW Doppler）三种类型。无损检测中只使用脉冲类型。也就是说，单个“尖峰电压”提供了最佳的轴向分辨力。但是，由于换能器具有带通频率响应，因此使用与换能器脉冲响应匹配最佳的发射脉冲，比发射单个脉冲更有意义。综合便捷性和成本因素，往往是一个载波周期。

6.4　图像形成

图 6-2 显示了不同类型的图像是如何生成的。图中矩形框里带有扫描线的图片是在显示屏中看到的真实图像。矩形框左边表示了常规换能器的机械运动，有助于理解图像的生成（线阵换能器不移动也可得到相同的图像）。例如，线形扫查时，换能器沿水平方向移动，每条扫描线（图像中的扫描线）对应了一个脉冲，不同深度的反射信号（A 显）经转换后显示在显示屏上。图像采集时常规换能器的移动方式决定了图像的形状。这也对应了线阵换能器的形状，也就是说，线形扫查对应了平直的阵列，而弧形扫查对应了凹面阵列。

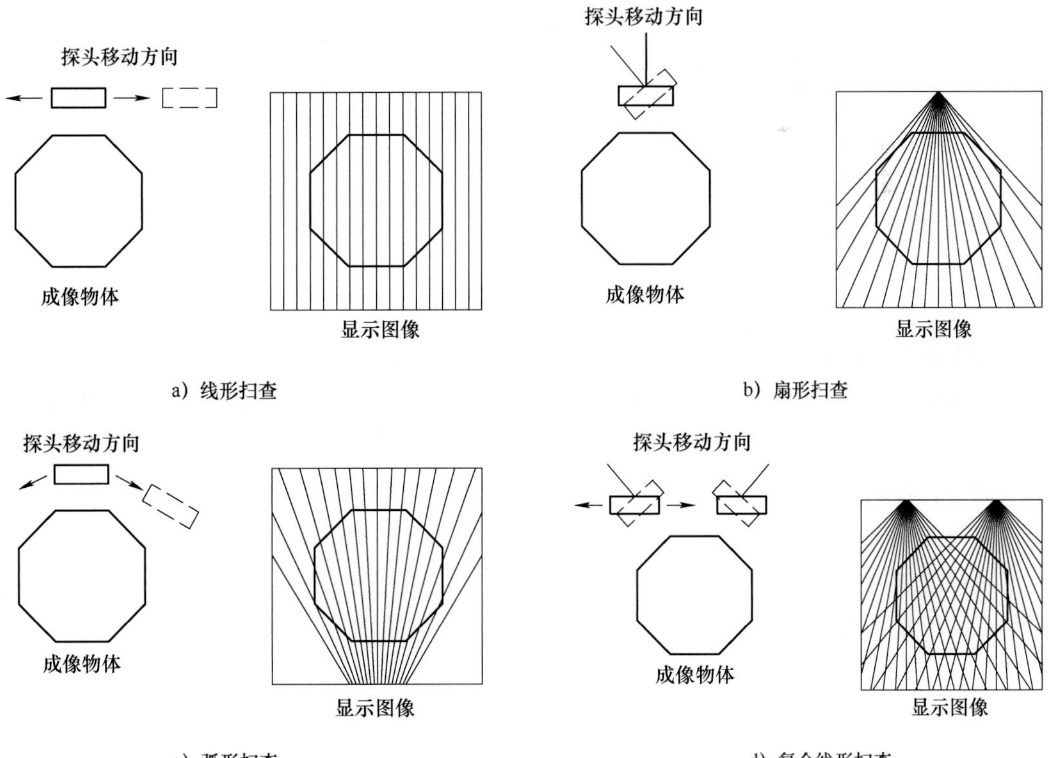

图 6-2　B 型超声波检测图像成形

从常规换能器系统到电子系统的转变也可通过图 6-2 中的线形扫查来解释。如果将常规换能器分成许多个小换能器，一次激发一个晶片，从反射体获得的反射信号可以形成矩形框中的图像，电子系统使得换能器无须移动即可实现成像。由此可见，弧形扫查对应了凹面线阵，扇形扫查对应了凸面线阵。

上面的示例描述了常规换能器移动或单个线阵扫描产生的 B 型超声波检测成形图像。正常的“相控阵”同时激发多个阵元形成扫描线，这样可以改变系统孔径。类似光学，改变孔径可改变焦点的位置，使图像变得更清晰。

图 6-3 显示了线扫和扇扫是如何实现的。图 6-3a 的线扫会依次激发一组阵元，每次会形成一条扫描线（声束）。扇扫相控阵则同时激发所有阵元。指向阵元的线表示了脉冲的延迟轮廓，延迟轮廓确定了脉冲扫描线的方向。如图 6-3 所示，暗线表示了典型脉冲模式的扫描线。

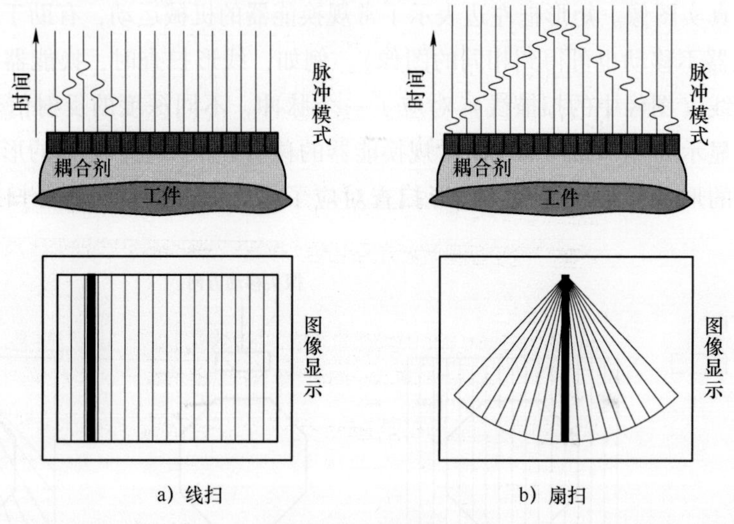

a）线扫　　b）扇扫

图 6-3　延迟模式

如图 6-4a 所示，如果延迟模式线性相位呈渐变趋势（锥弧），并且相位呈曲率状态，则扫描线呈一定角度。图中显示了单个阵元的三个不同时间延迟模式下的焦点：延迟轮廓越平直，焦点到阵列面的距离越远。为方便说明，将所有延迟模式显示在整个宽度的阵列上。通常，若焦点靠近阵列面，则孔径会缩小，如同图中 $F(R_3)$。图 6-4a 显示了线性相位变化（锥弧）产生的声束偏转。线件相位锥弧的曲率使声束聚焦。

可以通过模拟延迟或数字存储（数字延迟）确定时间延迟形式，而时间延迟形式确定了焦点的位置。为提高聚焦分辨力或扇扫中相邻声束的角度差，模拟延迟上需要有更多的分接头（信号控制连接），而延迟存储器也应具备更高的数字存储能力。提高分辨力的方法有两种：一是在模/数转换器上使用更高的采样速度，提高数字存储能力；二是增加延迟中分接头（连接点）的数量。现有大多数系统，通过成像最高频率确定模/数转换器采样率，采用升频调相来改善声束，进而提高分辨力。

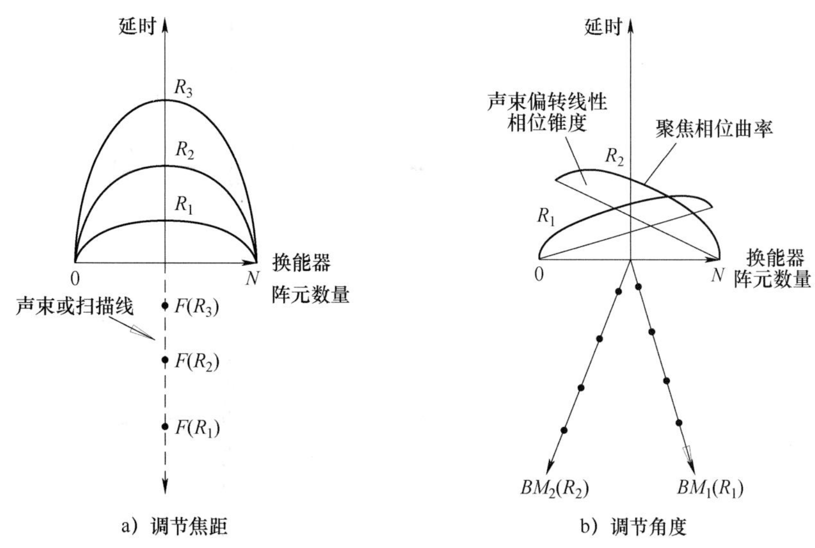

图 6-4　通过修改延迟法则调节焦距和角度

以上内容可参照图 6-5 ~ 图 6-7 进行理解。聚焦声束的主要术语如图 6-5 所示。换能器阵列孔径决定了横向及垂直面的分辨力。一维换能器的阵元高度确定了垂直孔径，而横向孔径可以动态变化。但是，换能器前面的透镜可以改变垂直孔径。垂直于换能器面的轴向分辨力受脉冲宽度影响——脉冲宽度越窄，轴向分辨力就越高。

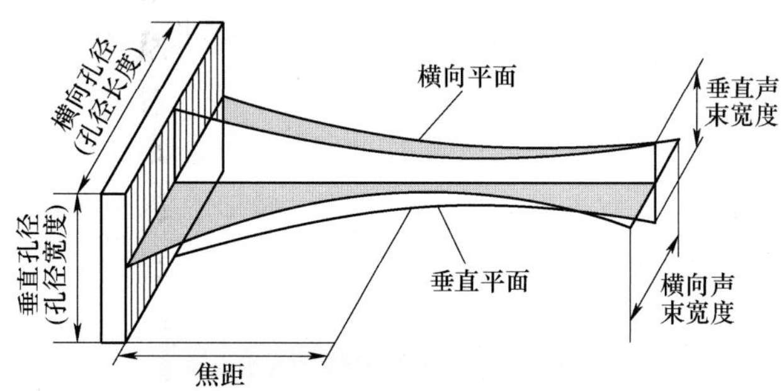

图 6-5　一维阵列聚焦声束

图 6-6 和图 6-7 进一步描述了图 6-3 的内容。需要注意的是，线扫时聚焦面和阵列面平行，而扇扫时聚焦面是曲面。

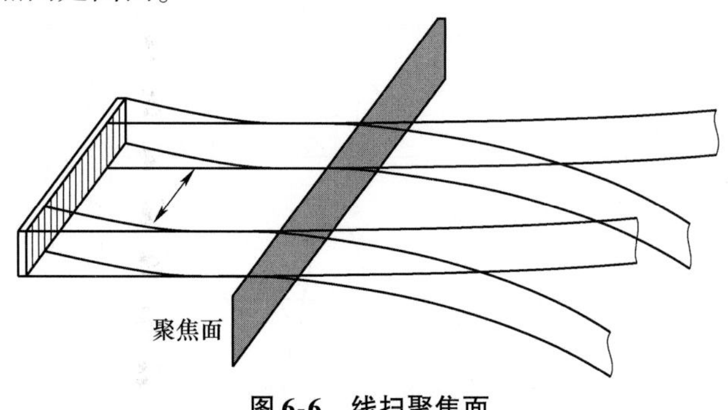

图 6-6　线扫聚焦面

注：图中箭头表示波阵面的扩散形式。

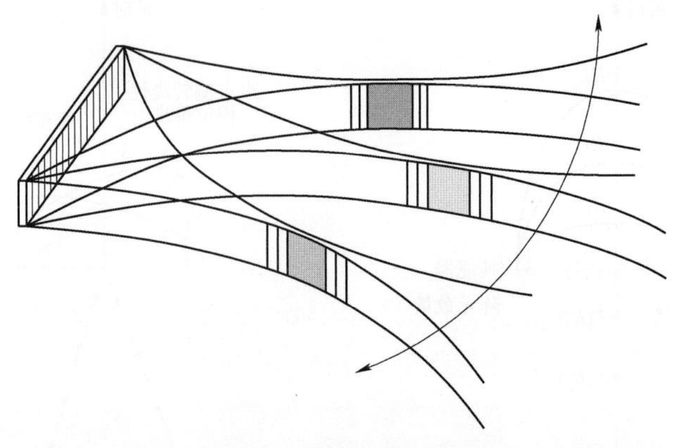

图 6-7　扇扫圆弧聚焦面

注：图中箭头表示波阵面的扩散形式。

6.5　变迹

超声波换能器在空间（孔径）上加载一采样区域。如果采用相同的脉冲同时激发换能器的所有阵元，会形成空间矩形窗口。为了降低旁瓣，需通过诸如汉明窗、汉宁窗等变迹功能控制脉冲形状。主要目的是使能量聚集于中心声束，这样可以提高换能器的指向性。由此带来的问题是：主声束变宽，横向分辨力降低。实际上，变迹处理虽然降低了旁瓣，但也降低了聚焦能力。

如图 6-8 所示，换能器下的三个区域表示了换能器面通过的电压。矩形窗表示了换能器各个阵元的外加电压相同。汉明窗表示了外部阵元施加的电压呈下降趋势。空间响应表示了主声束能量强、旁瓣较小的探头前面的反射波幅。

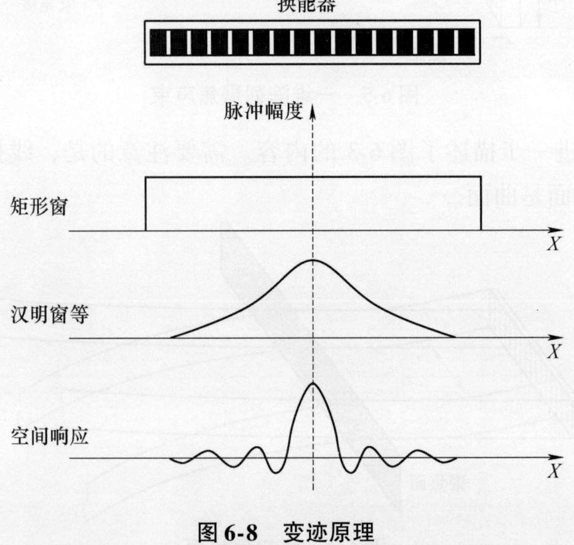

图 6-8　变迹原理

6.6　模拟与数字声束成形对比

图 6-9 和图 6-10 分别为模拟声束成形（ABF）系统和数字声束成形（DBF）系统的示意图。ABF 系统和 DBF 系统都需要通道至通道的良好匹配，其主要区别是声束成形的方式不同。ABF 系统使用模拟延迟和求和法则，而 DBF 系统对信号的采样尽可能与换能器阵元保持一致，以实现数字化延迟与求和。在 ABF 和 DBF 超声波检测系统中，特定焦点的接收脉冲存储在各个通道，并排列求和。这样，由于各通道的噪声互不相关，可以得到一定的空间处理增益。需要注意的是，ABF 成像系统只需一个高分辨力高速模/数转换器，而 DBF 系统需要多个高分辨力高速模/数转换器。

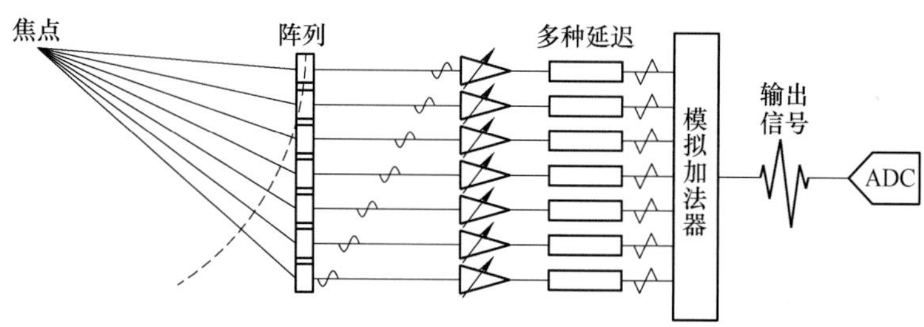

图 6-9　ABF（模拟声束成形）系统示意图

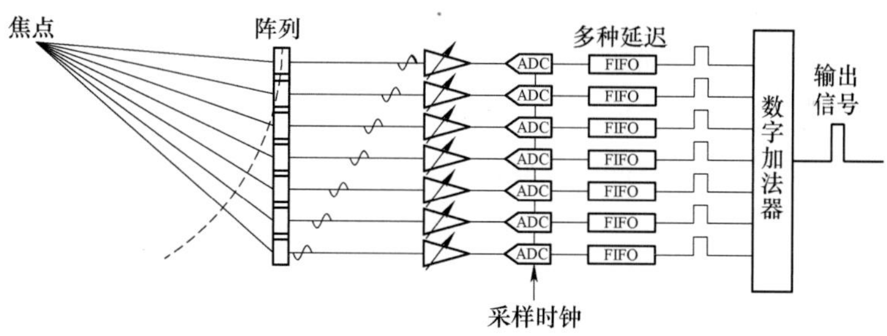

图 6-10　DBF（数字声束成形）系统示意图（FIFO：先入先出缓存器）

6.7　相控阵超声波检测仪器进展

自 2000 年以来，相控阵超声波检测仪器迅猛发展，工业元件采用了医学仪器的大量先进成果，其发展趋势为仪器微型化，便于现场检测携带。便携也意味着可以通过电池供电。为了降低电量损耗、延长电池更换后的工作时间，要求便携仪器通常为 16 个或 32 个发射 - 接收阵元，可以设置任何聚焦法则。对于软件和硬件需求较低的情况，甚至可以取消内部冷却风扇（进一步降低电池的电量消耗）。

所有相控阵超声波检测仪器的共同之处是需要将仪器与探头相连。虽然相控阵探头可以发射不同形状的声束，但一个探头肯定是不够的，使用者需要在工具箱中配备多个探头，如不同频率、不同阵元尺寸、不同阵元数量、液浸式、接触式、一维线阵、二维阵列等。通常，探头端为硬连接，仪器端连接多为插针连接器。图 6-11 为典型工业相控阵连接器。

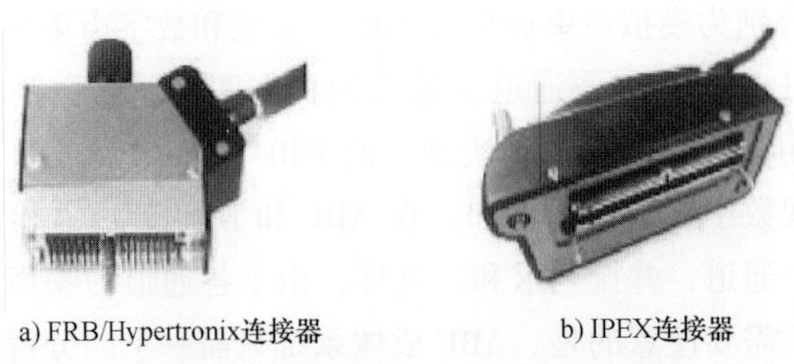

a) FRB/Hypertronix连接器　　b) IPEX连接器

图 6-11　相控阵探头专用多插针连接器

6.8　设备硬件基础

6.8.1　脉冲发生器和接收器

几乎所有相控阵超声波检测仪器都具备多个阵元，阵元数量为 2 的指数，比如 8、16、32 或 64。根据设计方案，通过阵列控制器控制一组相似硬件。相控阵超声波检测仪器的阵列控制器具有很多通道，通道数为 2 的指数，各个通道类似独立的脉冲发生器 - 接收器。阵列探头和常规探头的区别如下：将阵列中的各个阵元连接至阵列控制器的单个通道上，阵元间保持较小的时间差，依次发射或接收信号。通过设定阵列控制器，使得各个通道以特定时间运行，可将发射脉冲或接收信号以特定方式合并。阵列探头可以通过这种方法模拟常规探头。

阵列控制器的各个通道必须包含独立的数字式脉冲发生器 - 接收器所需的所有电子元件。因此，其造价远高于单通道脉冲发生器 - 接收器。另外，系统应具有可用于计算聚焦法则及运行阵列控制器的软件。这需要将计算机做成控制器，或将计算机与外部控制器相连。

虽然相控阵超声波检测仪器中可能包含 8、16、32、64 个或更多的脉冲发生器 - 接收器，但往往将其连接至接线板上，以便激发更多阵元。脉冲发生器 - 接收器的数量有效限制了单个聚焦法则使用的阵元总量。例如，一个 32/128 相控阵超声波检测仪器具有 32 个脉冲发生器和 32 个接收器，可扩展为最多 128 个通道。在单个聚焦法则中，有效用于声束成形的脉冲发生器 - 接收器数量仅为 32 个（当然，检测人员必须选择与电子元件特性匹配的探头）。在 16/64 阵元系统上无法使用 128 阵元的相控阵探头，因为只有 64 个阵元有效。

一对 60 阵元探头可用于 32 : 128 阵元系统，两个探头需要的总通道数仅为 120 个，会空置 8 个通道。这些空置的通道可用于单晶探头，例如，TOFD 探头组、特定的串列探头或横波探头。

相控阵脉冲发生器 - 接收器是微型化的杰出案例。脉冲发生器 - 接收器由印刷电路板、内置电子元器件和常用的 TCG、门电路、A/D 转换器及时间延迟电路构成。所有这些电气零件，比人的手指还小。

脉冲发生器 - 接收器的质量对超声波检测得到的信息有很大影响。以下将阐述其中一些设置及功能。

无论换能器的脉冲参数是否通过数字控制，脉冲自身都是模拟信号。与之相似，来自反射体的超声波振动作用于换能器，产生的电压也是模拟信号。

1. 脉冲发生器

实际上，虽然压电换能器振动所需的是交变电压，但是脉冲电压的特性决定了换能器的振动，这与推秋千上的人相类似。如果外力频率与受迫振动物体的固有频率一致，就可以获得最大幅度；反之，幅度较小。超声波检测时，不一定总能达到最大波幅位移。需要精确定时（如对薄壁材料测厚）时，脉冲宽度越小越好。因此，可以制作一个环形探头，通过合适的脉冲特性抑制其振动。

如图 6-12 所示，用于超声波检测仪的三种常见脉冲形式为：尖脉冲、猝发脉冲和方波脉冲。

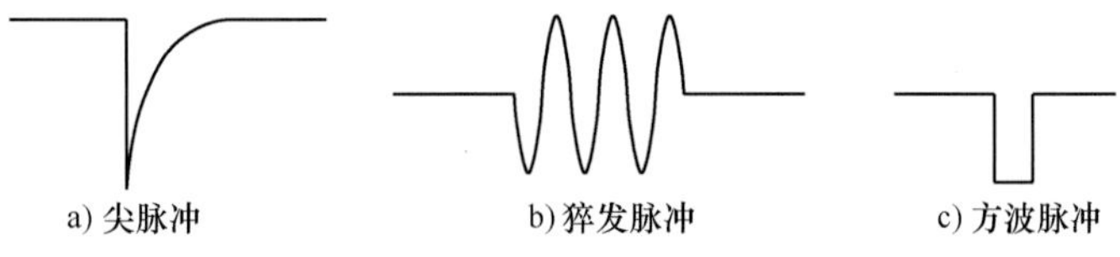

图 6-12　脉冲类型

（1）尖脉冲发生器　尖脉冲发生器的工作原理是：电容放电时，电压快速施加在换能器上，使其振动。阻尼电阻（电感）可提高电压衰减率，这可以有效控制闭环时间。尖脉冲发生器电路如图 6-13 所示。

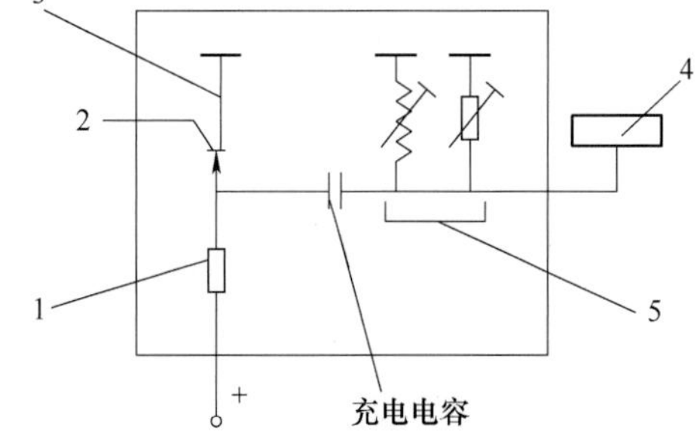

图 6-13　尖脉冲发生器电路

1—充电电阻　2—直流电源　3—晶闸管　4—换能器　5—调谐电路（带阻尼电阻）

（2）猝发脉冲发生器　利用猝发脉冲发生器，通过调节外加电压频率，可使换能器输出能量达到最大。如图 6-14 所示，通过波形发生器的斩波电压，可以选择不同形状、频率及宽度的脉冲。

猝发信号通常包含几个周期，主要通过干涉法确定声速。由于猝发脉冲可以获得非常高的频率，因此可用于声显微镜，该领域的频率范围为 GHz 级。

（3）方波脉冲发生器　实验室大多采用方波脉冲发生器。与尖脉冲发生器类似，方波脉冲发生器给电容充电，电容对换能器放电。在一段可控时间内保持电路开关闭合，然后使脉冲电压迅速归零，这样会使换能器产生两段相位相反的位移。因此，通过控制电压的

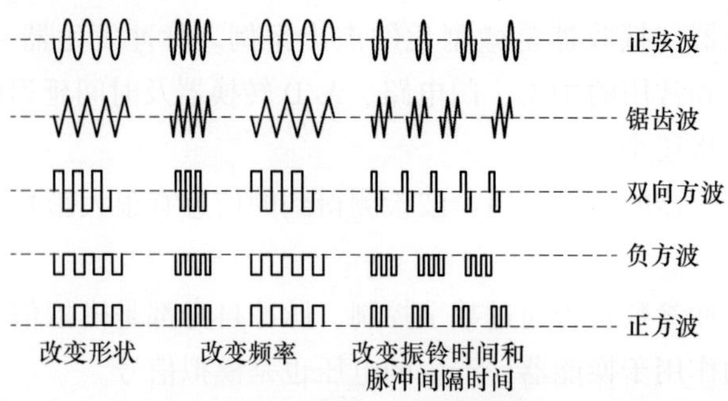

图 6-14　猝发脉冲发生器波形

恢复时间，可使前一段脉冲在返回探头的过程中与后一段脉冲发生相长干涉。

由于脉冲电压和脉冲宽度是可以调节的，因此方波脉冲发生器可有效优化换能器性能。通过选择最佳的脉冲宽度可以获得相长干涉，这样探头所需的外加电压较低，因而降低了噪声电平。若以高于最大输出的频率激发脉冲，则频带宽度变宽，而低频部分减少。若以低于最高波幅的频率激发脉冲，则机械阻尼增加，信号陡直且平滑，持续振动时间较少。方波脉冲发生器如图 6-15 所示。

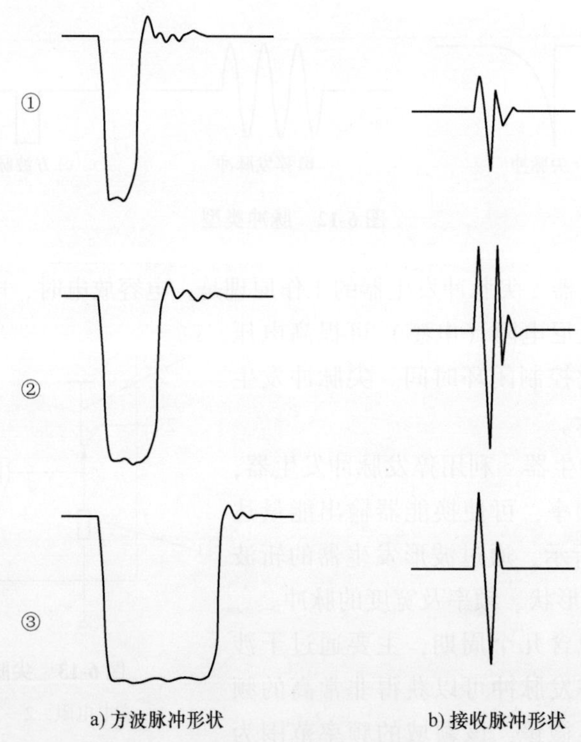

图 6-15　脉冲宽度对激发换能器的影响

注：①为脉冲宽度时间 12. 5ns，②为脉冲宽度时间 25. 5ns，③为脉冲宽度时间 51. 2ns。

图 6-15a 为方波脉冲形状，图 6-15b 为接收脉冲形状。

第一种情况，脉冲持续时间较短，为 12. 5ns，外加电压为 −500V；共聚物换能器标称频率为 30MHz，镜面反射体，其信号幅度较低，意味着换能器输出没有达到最大。但是，该信号的优点是，激发的换能器不存在低频部分，频带宽度较宽。

第二种情况，调节脉冲持续宽度增加至 25.5ns，使换能器达到最大输出。外加电压为 -550V，比第一种情况略高（第一种情况，电压为达到特定脉冲宽度的最大值）。

虽然该信号中可能包含低频部分，但接近共振频率的输出变高，因此频带宽度有所降低。

第三种情况，调节脉冲宽度增加至 51.2ns，而外加电压与第二种情况基本相同。换能器输出降低了，振动持续时间也减少了。由此可见，在高于共振频率的条件下增加脉冲宽度，可以提高抑制换能器振动的阻尼。

从图 6-15 的第二种情况可见，探头的固有频率与其标称频率明显不同。脉冲宽度与其固有频率的半周期匹配时，输出达到最大幅度。这意味着，图中所示探头的固有频率实际为 20MHz，而非 30MHz。真正的 30MHz 探头，其最大输出下的脉冲持续时间为 16.7ns。第一种情况（脉冲持续时间 12.5ns）和第三种情况（脉冲持续时间 51.2ns）表示了频率接近固有频率一半和两倍时对脉冲宽度的影响。调节脉冲宽度，使之超出该范围，通常会导致输出幅度明显下降。

通过方波脉冲发生器可以明显降低输出。首先产生负向（或正向）电压，最大电压的持续时间基本等于压电晶片固有周期的一半。其次对电压进行换向，则电压先变为 0，再反向达到最大值。按照这个方式进行周期变换，得到图 6-15 中所示的双向方波脉冲。

通过可视化显示，可以清晰观察脉冲宽度对脉冲调谐的影响。图 6-16 为 ϕ12.5mm、频率 7.5MHz 球面探头（曲率半径为 150mm）的光弹影像。通过尖脉冲发射器（无脉冲宽度调谐）激发脉冲，得到了 700V 外加电压的脉冲可视化影像。图 6-17 焦点处的光强度与前者差不多（光强度已质点位移成正比），但外加电压比前者的一半还低（180V）。将可调谐脉冲宽度与相位干涉相结合，可以增加被检材料中质点的位移（约为未调谐尖脉冲发生器激发脉冲的 3 ~4 倍）。

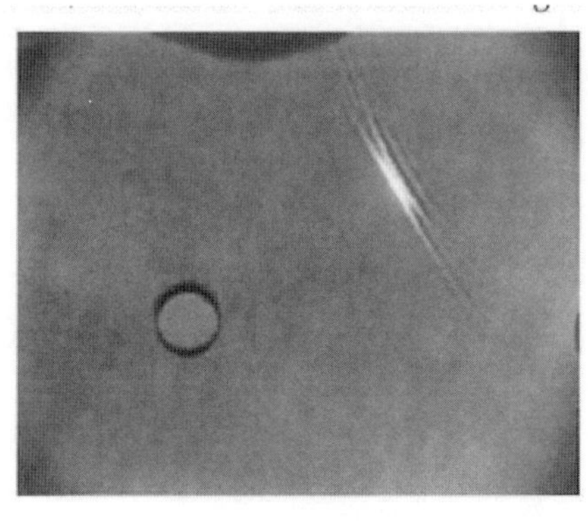

图 6-16　尖脉冲（外加电压 700V）
激发单晶换能器

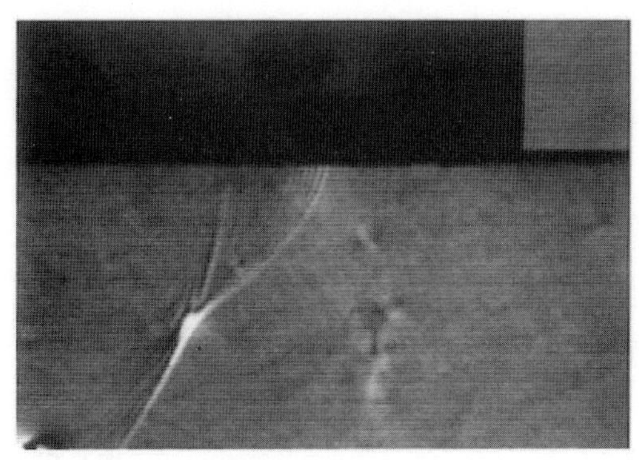

图 6-17　调谐脉冲（外加电压 180V）
激发相控阵（16 阵元）

对于相控阵系统，宜选择与阵元匹配的脉冲宽度。对于方波脉冲，最佳的脉冲宽度是周期的一半。例如，对于5MHz的探头，一个周期的时间为200ns，因此脉冲发生器激发的脉冲持续时间为100ns。

对于相控阵探头，另一个需要关注的脉冲持续时间，即响铃时间。由于相控阵脉冲由相邻波阵面的相长干涉形成，单个子波之间是否匹配尤为关键。如果脉冲只有单向峰，则很容易测定相长干涉交叉点的时间。如果在主脉冲后还有几个周期的脉冲，则随后的相位变化会降低波的最高声压。为了有效降低脉冲宽度，相控阵探头通常带有特定阻尼，以产生80%或更高带宽的脉冲（1~2个周期）。

（4）带宽　前面的内容涉及了带宽的概念。带宽这个术语描述了可放大的脉冲发生器和接收器的频谱。虽然探头的频率是特定的（如标称频率），但实际上，除非探头采用正弦模式激发连续波，否则其频率不可能是单一的。相反，在标称频率附近存在一定的频带。

两个基本术语可以描述换能器带宽：宽带换能器的频率范围很宽，而窄带（或调谐）换能器的频率范围很窄。

可以通过快速傅里叶变换（FFT）来评定脉冲频率相关的指标，它显示了各个频率关于能量的相对分布。带宽的FFT分析通常通过最高波幅下降6dB法评定。带宽的选择直接影响了检测结果，窄带的检测灵敏度高，宽带的检测分辨力高。为了有效测定相位干涉的时间，相控阵探头通常宜具有80%或更高的带宽。通过分析脉冲的频率信息可以确定带宽为

$$BW=[(f_u-f_l)/f_c]\times 100 \tag{6-1}$$

式中　f_u——峰值下降6dB的高截止频率（Hz）；

f_l——峰值下降6dB的低截止频率（Hz）；

f_c——中心频率（Hz）。

图6-18描述了窄带换能器（见图6-18a）和宽带换能器（见图6-18b）的频率分布。图6-18a为对称曲线，而图6-18b为非对称曲线。图中的f_p表示了峰值频率。需要注意的是，峰值频率可能并不是中心频率。

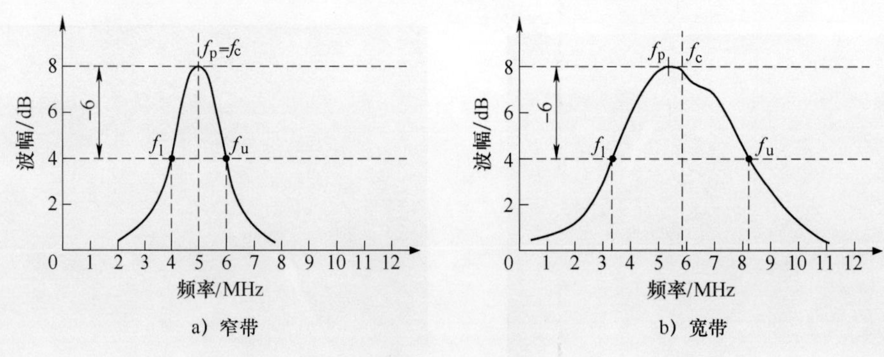

图6-18　换能器带宽

图6-19通过信号形状描述了探头的相对带宽。脉冲标称频率为5MHz，包含5个周期，带宽为33%；而包含1.5个周期的脉冲，其带宽为80%。

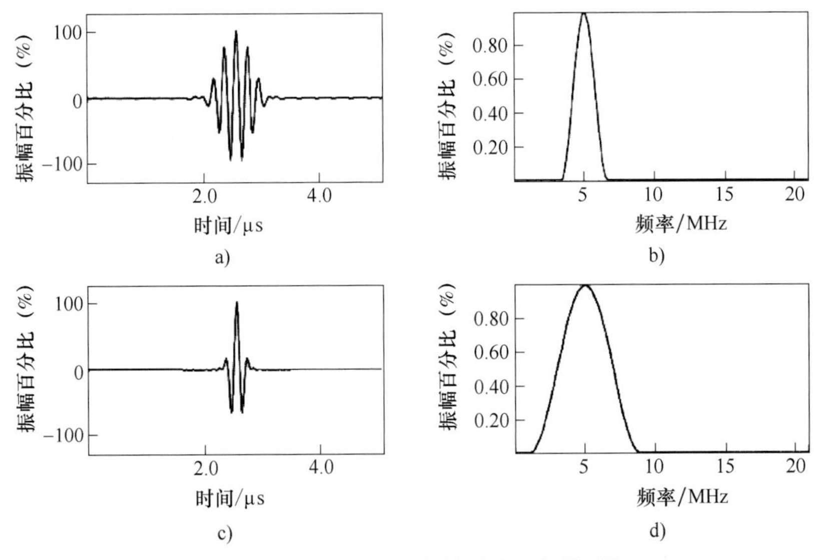

图 6-19　带宽与信号形状的对比（振铃时间）

有关标准规定，宽带换能器带宽应至少为 15%。因此，无损检测使用的基本都是宽带换能器，宽带换能器和窄带换能器只是相对概念。

2. 接收器

脉冲发生器施加在探头上的电压通常为 100 ~ 1000V。但是，接收信号极小（通常为 0.001 ~ 0.01V），这会产生一些问题。其中一个问题是在脉冲反射模式下，传输到接收器的脉冲电压的冲击；另一个问题是需要将缺陷反射信号放大，但不能放大噪声。后者相对复杂，因为接收信号的频率可能与发射脉冲的频率不同。

从脉冲反射模式转换为发射 - 接收模式后，两组件（脉冲发生器和接收器）之间不再是电路连接，如图 6-20 所示。

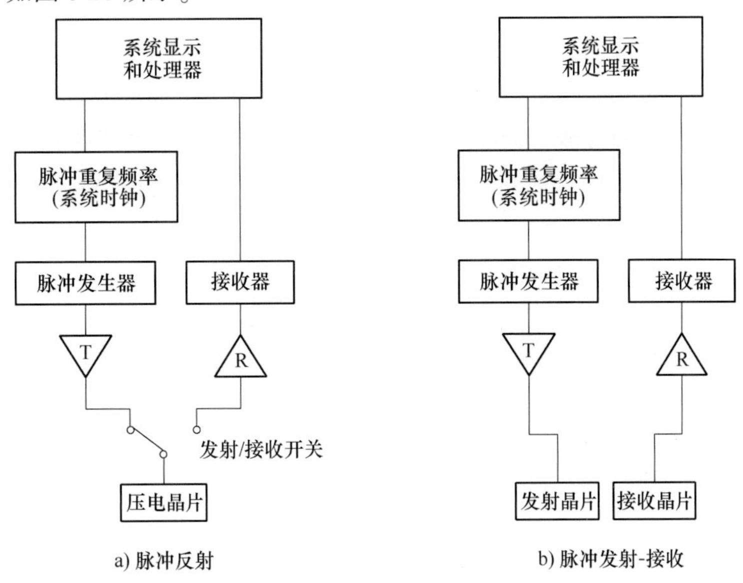

图 6-20　脉冲反射（PE）**与发射 – 接收**（TR）**连接的对比**

为了获得可以显示及处理的信号，必须放大来自换能器微小振动的接收信号。放大处理包括：滤波过程和衰减。

第一阶段为电路保护，在脉冲反射模式下保护前置放大器不受脉冲发生器电压的影响。前置放大器可使用晶体管类型的放大器，提供 20～40dB 的增益。前置放大器的频率响应通常为宽带。有的内置了高通滤波，可以通过消除探头的一些径向模态分量及线路干涉，改善信噪比。前置放大器带宽通常为 1～15MHz，检测人员不可调节。

信号从前置放大器出来后，通过宽带衰减器。衰减器可以避免后续电路达到饱和，并且可以校准调整信号高度。衰减通常包含粗调（20dB）和精调（1dB）开关。有些便携式仪器的前置放大器的放大率很大，因此即使衰减调到最大值，板材检测的直声束信号也不会降低到满屏高度以下。

需要注意的是，在进行信号分析时，饱和是不利条件。缺陷信号常常需要进行幅度评定，但在较高的增益下自动采集数据时，缺陷信号可能会超过满屏刻度的 100%。这通常表示信号的真实幅度未知，也就是说，此时检测人员只知道波幅超过满屏刻度的 99.9%。当需要相对于参考基准的绝对波幅时（例如，确定缺陷信号为参考基准的 140%），可能需要降低放大率，以避免出现饱和信号。另外，使用饱和信号也无法进行后处理分析。

经衰减器衰减的信号传递至射频放大器（可以是线性放大或对数放大）。超声波检测仪器中最常应用的是线性放大器。使用线性放大器时，信号幅度与接收电压成正比。而接收器增益控制步进单位为 dB，因此增益提高 6dB 使信号高度加倍。有效放大范围约为 34dB（增加 34dB 可使信号从 2% 满屏高度升至 100%）。使用对数放大器时，dB 坐标呈线性，因此增益每增加 1dB，信号幅度约增加满屏高度的 1%。也就是说，对数放大器的动态范围约为线性放大器的 6.3 倍。一些对数放大器的动态范围可以超过 100dB。

3. 滤波器（宽带和带通）

可以对射频放大信号进行频率过滤。通常，带通滤波器用于消除高频或低频波源的噪声。通过中心频率对滤波器进行归类，检测人员可以选择适合的滤波器。通常使用探头的标称频率设定带通滤波器，也可以使用宽带滤波器。与最佳带通滤波器相比，使用宽带滤波器时，信号幅度无明显改变，而噪声却增加了（见图 6-21）。通常带通滤波器应成对使用，低通滤波器约为探头标称频率的 2 倍，而高通滤波器设定为探头标称频率的一半。

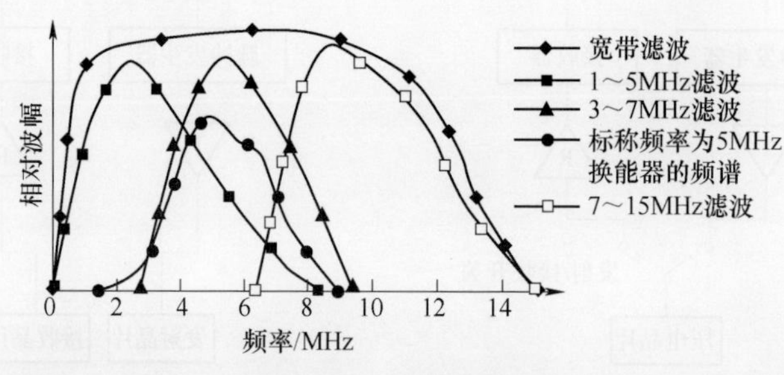

图 6-21　接收器滤波

当信号从主接收器放大器出来后，可进行进一步处理，包括：视频平滑、闸门、TCG/TVG。

4. 视频平滑

通过视频平滑处理工艺，可使检波 A 显信号变成平滑的曲线。该处理过程可以消除全波或半波检波显示的“凸起”，并有效降低数字化频率和数字化处理过程中产生的幅度误差。视频平滑处理效果如图 6-22 所示。

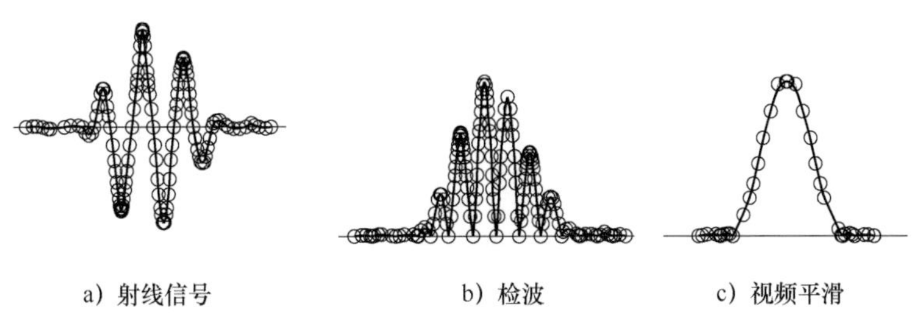

图 6-22　视频信号平滑处理

5. 闸门

可以在显示屏上呈现信号的时域信息，而时域信息的准确性对于超声波数据的计算机成像至关重要。闸门套住的区域就是信号监视的范围，可对闸门套住的区域设定报警或记录阈值。闸门套选区域出现信号时，就可以显示出该信号的时间或幅度信息。闸门对于自动化检测系统也至关重要，通常使用辅助手段控制闸门的位置。闸门拉制包括起点和终点调节、阈值设定（信号达到该阈值时报警或记录）及正负设定。如果使用正闸门，信号必须超过设定的最小阈值才会报警。如果使用负闸门，闸门内的信号必须降低至阈值以下才会报警。缺陷信号幅度显示通常采用正闸门。对于负闸门，如果耦合信号低于给定阈值，则会发射信号触发警报（如声音或图示）。

图 6-23 表示了具有 3 个有效闸门的数字式 A 型显示。闸门套住区域的数据采集选项可能包含时间、幅度和波形。选择时间或幅度时，通过闸门的垂直高度（幅度）设定阈

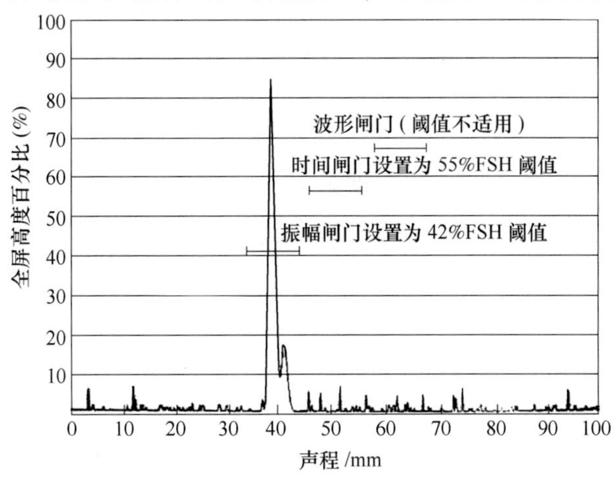

图 6-23　闸门显示

值。选择波形信息时，不会出现幅度阈值，而会采集特定时间间隔内的所有波形。

6. TCG（时间校正增益）/**TVG**（时间可调增益）

为使出现在不同深度的相同尺寸的缺陷，在显示屏上的显示相同，需要设置不同的增益水平。现代化相控阵系统可以根据声波传播的时间差异调节放大率，即可以进行时间校正增益（TCG），又称为时间可调增益（TVG）。根据时间或距离调节放大率，可使不同距离的相同反射面的信号幅度相同。与距离波幅校正（DAC）曲线相比，TCG可使警报阈值位于全屏同一高度。

图6-24描述了使用横孔反射制作TCG的情况。TCG的增益点连线位于A型显示的底部。绿色曲线表示了声束经过三个横孔时的回波动态。中间圆弧的棕色轨迹为检波A型显示信号。可以看出，处于不同距离的相同尺寸的反射体，其幅度相同。

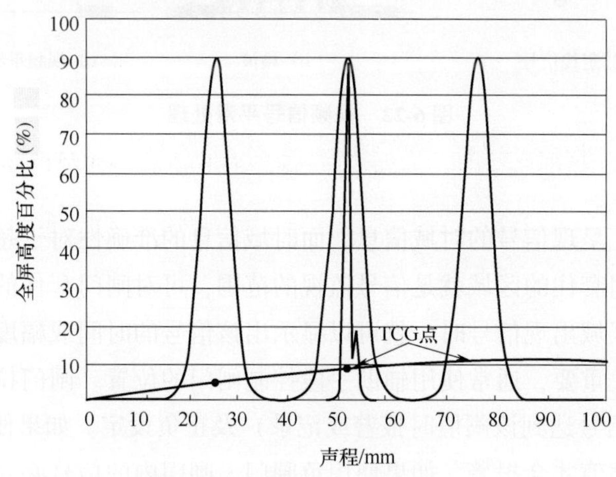

图6-24 信号的时间校正增益

6.8.2 数据采集和自动化系统

实验室用超声波仪器常常配备较复杂的硬件和软件，作为数据采集系统，主要用于科学研究、精确评定材料特性，也可以是工业成品系统的一部分。自动化检测系统中详细描述了实验室用仪器和数据采集系统的许多功能，这些概念可以应用到一些无损检测方法中，因此下面介绍一下相关内容。

收集物体或状态的信息通常称为数据采集。通常是一个参数相对于另一个参数的信息，例如，监控温度是相对于时间的信息。检测人员可以通过手工记录文本实现数据采集。在上面的示例中，检测人员可以观察温度计（模拟式或数字式），并记录不同时间间隔的温度值（除非和其他参数相关联，否则，记录单个参数没有意义）。

如今的科学和工程应用中，需要采集很多信息来保证精确性。通过计算机可以轻松完成多个样本。将计算机引入数据采集，可以实现自动处理，不仅可以使用计算机采集数据，也可用它来挑选和分析数据。

自动化系统的优点包括：准确性（精确度）、再现性（可重复性）、可行性、安全性、一致性、速度快和成本低等，具体如下：

（1）准确性（精确度）　如果检测人员可以保证操作稳定性，将测量误差控制在0.5～1.0mm，则手工检测效果良好。然而，自动化系统定位误差通常在微米（10^{-6}m）级内。

（2）再现性（可重复性）　由于测量条件及准确性受控，因此检测结果再现性（可重复性）佳。例如，周期性在役超声波检测过程中，通常前 3 年的定位稳定性在 1mm 以内。

（3）可行性　有些检测只能通过自动化设备完成。例如，加拿大重水铀反应堆染料通道的内部检测。

如果检测结果不变，则自动化系统的精确性、一致性和再现性等优点可以有效节约不需要的重置成本。相反，通过自动化系统的精确性检出微小的差别，可能会查出部件的相应问题，进而避免因失效而导致的风险，并节约由此产生的成本。而手工扫查可能发现不了这微小的差别。

（4）安全性　自动化系统检测的最大优点是安全性佳。检测环境不佳时需要使用远程检测系统。例如，如果存在 γ 场，核反应堆中无法进行手工检测。对检测人员的其他不利条件是：极端高温、极端低温、深水及腐蚀性环境。

（5）一致性　自动化系统宜在尽可能受控的条件下运行。因此，需要严格限制客观条件，这样可以避免人为因素造成的问题。例如，对被检工件的多个反射体进行波幅评定。

（6）速度　自动化系统每天可检测很多（成千上万）工件。例如，螺栓涡流自动检测可以实现每小时 25 000 个。手工检测远达不到这个速度。

（7）成本　虽然自动化设备有附加成本，但总的检测成本实际上降低了。例如，自动化检测速度块，节约了人力，提高了效率，很快就能收回成本。

（8）系统组件　通常，自动化无损检测系统包含：中央控制系统（通常是计算机）、传感器和附加装置（无损检测设备）、移动传感器的部件、采集和显示输出的装置等，具体如下：

1）计算机。计算机是整个系统的中心，其形状尺寸具有多样性，主要有两种类型：模拟型和数字型。模拟型计算机较为古老，现在应用较少。它采用硬连线控制，通过电流和开关实现逻辑功能。现在通常只使用数字型计算机。

2）传感器。传感器是无损检测设备的一部分。无损检测技术人员应充分了解无损检测设备功能。自动化系统的一个重要功能是如何使用仪器产生的信号。有些装置可以对无损检测仪器进行输入，这样可以帮助实现仪器功能的控制工作，即实现远程控制。

3）运动控制。可以使用很多方法实现运动控制，像开关驱动电动机一样简单。其中可能包含复杂的闭环系统，通过反馈监测系统测量力矩，实现位置和速度的控制，这样可以避免检测工具由于过度使用而损坏。监控系统应能实现位置信息的有效显示，通常由步进电动机的计数来实现，或者使用位置编码器实现精确控制。

4）数据显示。数据显示输出是表示检测结果的一种方式。这可能像无损检测仪器输出电压一样简单，显示随时间变化而产生的位置变化线（条状记录器）。数据显示也可以是复杂的数据点，显示已采集和处理波形的位置信息。

计算机采集的信息可以进行如下处理：降噪（例如，信号平均处理）、增强相关信号（波幅着色或信号处理）、结构特性校正（例如，SAFT）。

（9）仪器输出　无损检测可以测量的物理特性包括：温度、pH 值、声压、距离、声速、质量、光能、声能和电能等。使用传感器将这些特性转换成电学参量：电压、电流或电阻。这些传感器也称为“换能器”（从一种形式的能量转化为另一种形式的能量）。

电学数据可以视作“信号”或“波形”，通常是随时间变化的电压。信号可以是模拟的或数字的。模拟信号是连续的，可以在任意短时间间隔内变成任意量。计算机更常用数字信号，在特定的时间间隔内呈离散分布。如果数字信号幅度间隔较小，且时间间隔小，则合成的数字波形和模拟波形非常接近。

图 6-25 表示了计算机将连续模拟信号转换为数字信号的过程。图 6-25a 是原始输入，波幅连续变化。从图 6-25b 可见，转换过程中必须设定补偿，以确保数字信号高于模拟信号的最低值。图中信号的垂直刻度为 16 位（从最低至最高）。垂直刻度为 2 的指数（例如 2^6、2^7、2^8、2^9），256 最常见。横轴上为时基样本，各个时间间隔上均有单个样本。该值为峰值或平均值。在特定时间间隔内，所对应的最接近的整数值为该点的赋值。图 6-25c 表示了由模拟信号转换而成的数字信号。左侧的幅度轴为参考基准，各个样本底部的位数表示了它的幅度。这些位数转换为二进制编码，通过计算机识别。例如，样本显示垂直位

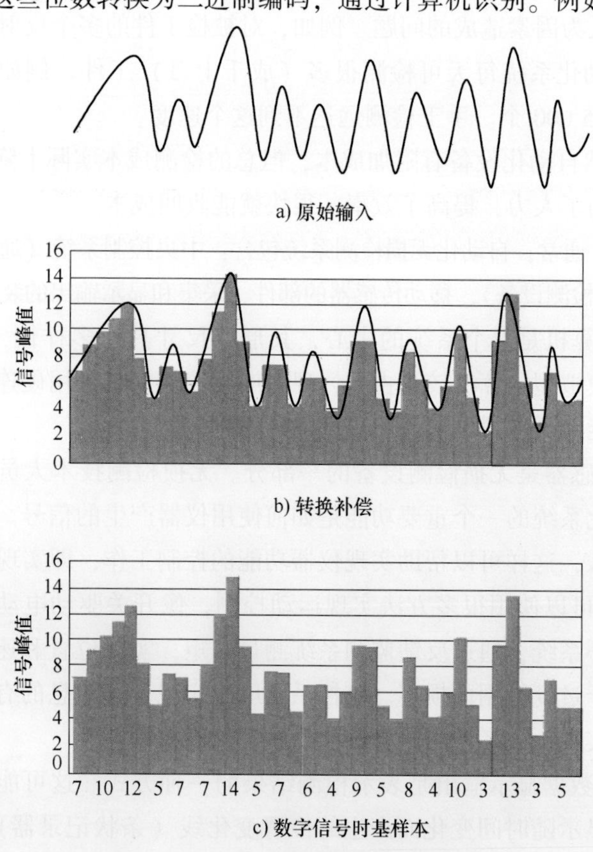

图 6-25　模拟信号向数字信号转变的形状

数 3，表示 0011，4 位表示 0100，7 位表示 0111。

将模拟信号转变为计算机数字信号的处理过程称为数字化。实现该处理过程的电子设备称为模/数转换器（ADC）。实现该转换功能的电子设备通常装配在印刷电路板上，像卡片一样插在计算机上，因此该硬件通常称为 AD 卡。转换而成的数字信号由已知范围的数值（比例因子）组成。将数字信号分开的固定时间间隔，称为采样间隔。

与其相反的处理过程为数字信号转变成模拟信号。实现该处理过程的设备称为数/模转换器（DAC）。很多人都了解这个过程，CD 或 DVD 光盘可以通过这个过程将音频信息通过扬声器播放出来（扬声器输出的声波就是模拟的）。

6.8.3　运行（自动化和半自动化系统）

1. 电动机控制

传统超声波检测系统主要为手动功能，可能不需要检测人员手持探头，但仍需要其沿着工件推动检测系统。由于没有固定的导向机构（譬如磁吸或机械固定导轨），检测系统容易出错，而且与电动机系统相比，要求操作该系统的检测人员具有更高的技能水平。

图 6-26 描述了带有位置编码器的手持式扫查器，含探头支架（固定 4 个探头，PA 和 TOFD），使用弹簧加载开口环夹连接轮组，轮组位于焊缝两侧。轮组环固定探头，使其与焊缝中心线保持一定的距离。

如今，利用电动机控制推动探头的方式应用越来越普及。首先，电动机系统显著提高了检测的可重复性。工件可以执行同样的设定，放置在相同位置，并以相同速度驱动。唯一的变量是工件的状态。其次，电动机驱动显著降低了检测人员的失误率。这是因为在检测过程中，检测人员不用动手检测。此外，大多数电动机控制系统使用内置编码系统实时跟踪检测系统的位置，这样检测人员可以更精确地控制位置。另外，检测人员在危险环境下（例如，靠近工件移动区或辐射区）的时间大大降低了。最后，电动机系统对探头施加的压力及方向恒定，因此可以保持扫查过程的一致性。管道圆周焊缝专用检测系统就是针对相控阵超声波检测、采用电动机控制系统的特殊应用案例。

如图 6-27 所示，安装在导带上的扫查器被固定在管道上，用于焊接枪头定位的导带也可用于无损检测系统。该系统还应用了多个探头和耦合系统。

图 6-26　手持式扫查器

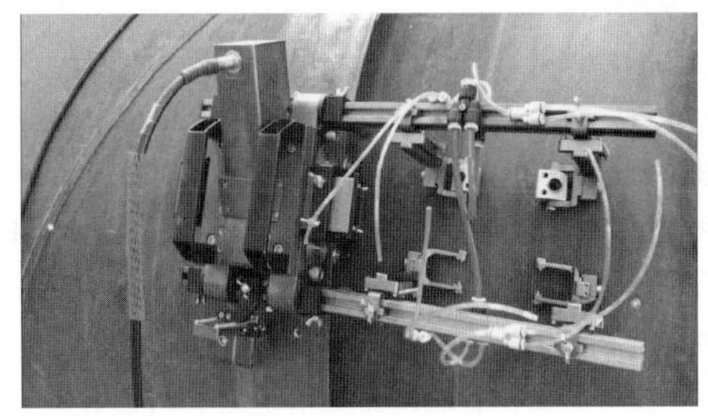

图 6-27　电动机系统

图 6-28 所示为一种远程操控扫查器，可沿铁磁性材料表面平移仪器、摄像机或检测设备，通过三块稀土磁体，使爬行器可以垂直、水平或反转爬行。三轴计算机驱动系统可使仪器沿自身轴线旋转 360°。

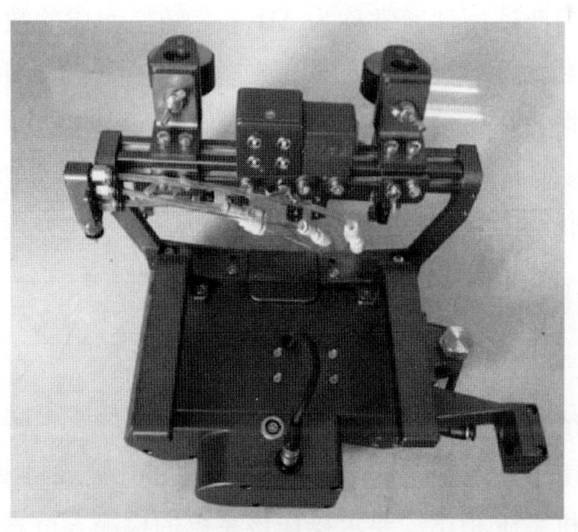

图 6-28　电动机远程操控扫查器

全球超声波检测技术不断发展，人们在不断研究复杂结构的检测系统，如机器人和多轴关节的应用，会再次改变超声波检测技术机械化的未来，不仅可以实现非平行扫查功能，保证检测人员安全，也能最高限度地保持精准性和扫查数据可重复性。

2. 编码器

虽然有些设备可以根据时间来采集和显示信号，即检测人员可选择每秒采集和显示 A 扫描数据的数量，但这种显示通常仅限于静态评价，因此使用这个系统来采集整个扫描过程的数据时，需要以特定的速率平稳匀速扫查；或者无须对缺陷定量，只用于缺陷定位。虽然检测人员可以通过相控阵 S 扫描或 E 扫描获取不断校正和更新的截面信息，但还需要通过传统方法（尺子和笔）来确定显示位置和长度。

为了能够通过已采集数据测量长度和位置（而不是通过在被检工件上标记的方式），需要引入一种标记探头轨迹坐标的方法，即使用位置编码器。编码器有很多形式，但操作原理相同。

编码器的形式已存在多年，但不是针对位置的编码器。最早的编码器系统非常简单，用来确定速度等基本信息。最知名的是航海速率（节，海里/小时）确定方式：一条长绳被抛到船的一侧，绳子上每 7in（1in = 25. 4mm）打一个结，绳子末端有一个标准的重量和形状的浮子，计算在 30s 内通过检测人员手指的结数。将数据记录在表格中，即可计算得到航海速率（海里/小时）。这种条件下，打结的绳子与时间直接相关，起到编码器的作用（见图 6-29）。

最原始的位置编码器是用于上下调整起重机臂的简易棘轮，如图 6-30 所示。在棘轮上附加简易计数器，计数器读数与从起重机中抽出的绳子长度有关。

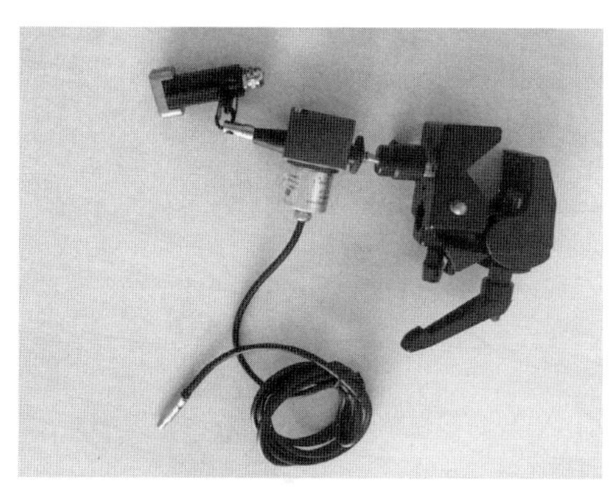

图 6-29 线轴计时装置

图 6-30 棘轮

现代化技术的应用提高了编码系统的精准性，并减小了它的尺寸。另外，编码器很少是完全机械化的，主要是非接触系统。编码器基本分为两种类型：光电编码器和磁编码器。

（1）光电编码器 旋转式光电编码器是使用光线检测旋转轴速度、角度和方向的传感器。线性编码器通过读取线带（非磁盘）提供线性运动的信息。光电编码器使用光线（非接触）检测位置，因此可从根本上避免接触磨损，并且数据输出较为稳定（无接触起伏）。光电编码器的精准性与编码盘一样好。编码盘的图案是通过精密数字绘图仪绘制的，并通过冲压系统或激光剪切而成。冲压系统或激光通过闭环精密视觉系统进行定位。

光电编码器的光源通常是点状 LED 光源，而非传统 LED 或灯丝。大多数光电编码器是透射式，光穿过编码盘（或编码带），校准为平行光线。使用集成相位传感器检测图案成像，并将其转换为晶体管-晶体管逻辑（TTL）数字正交输出。反射式编码器通过反射编码轮反射准直光线。将反射式编码器的所有电子元件安装到编码轮的一侧，则其设计方案比透射式编码器更紧凑。图 6-31 所示为带有线性光电编码器的三轴滑动机构，可以提供 X 轴、Y 轴、Z 轴的位置信息，精确到 1μm。

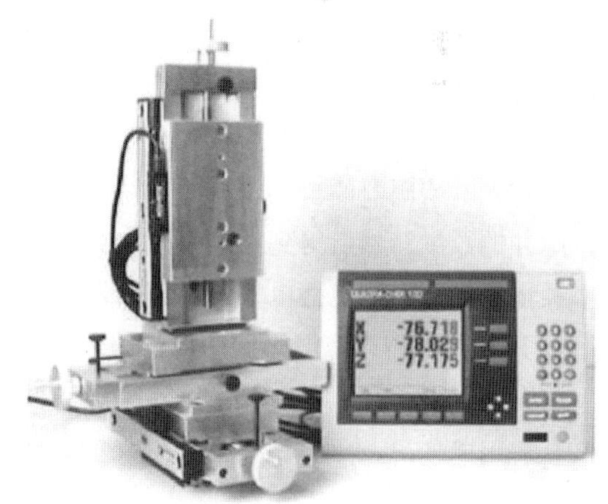

图 6-31 光电编码器

图 6-32 所示为编码器组件，通过光电二极管产生正交输出，使编码器可同时显示距离和方向。这种情况通过脉冲之间的相位差异确定方向。

大多数增量式编码器的第一组脉冲和第二组脉冲在相位上有一定偏移，以此表示编码轮旋转一圈所用时间的单脉冲。如果通道 A 脉冲在通道 B 脉冲之前，转轴沿顺时针转动，

图 6-32　光电编码器组件

如果通道 *B* 脉冲在通道 *A* 脉冲之间，则转轴沿逆时针转动。旋转一圈会出现通道 *C* 脉冲。图 6-33 为正交编码器的脉冲形式，该编码器以通道 *C* 为参考脉冲，提供方向信息。

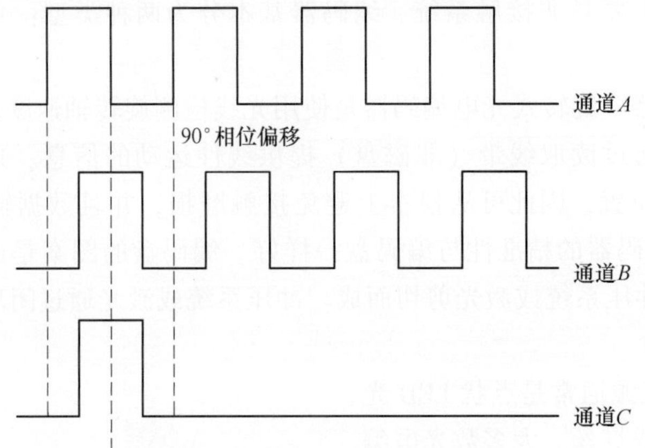

图 6-33　光电编码器的正交脉冲形式

带有光电编码器的自动化扫查系统需要进行校准，这需要将扫查器移动特定距离，并计算脉冲的数量，然后得到校准系数（每毫米的脉冲数量）。

其他位置编码器包括电位计和解析器。

（2）磁编码器　磁编码器的定位原理与光电编码器相同，但使用的是磁场，而不是光线。磁编码器中，一个很大的磁性轮绕着一盘磁阻传感器旋转。如同光电编码器，圆盘绕面罩旋转，使光线以预定的图案成像。磁编码轮通过磁场强度在传感器中形成预定的信号。

通过信号调整电路输送磁信号。轮杆上的磁极组数、传感器个数及电路类型共同确定了磁编码器的分辨力。

使用磁性元件产生信号的最大优点是不受苛刻环境（包括尘沙、潮湿、极端温度及振动）的影响。图 6-34 和图 6-35 所示为磁编码器组件和装配模式。

图 6-34　磁编码器组件

图 6-35　磁编码器装机模式

（3）光电编码器与磁编码器的对比　虽然两种形式的编码器都使用了旋转轴，但确定使用类型时可能需要关注以下几个方面的问题。

通常，光电编码器的精准性更好，这是因为与磁编码器相比，光电编码器每单位分辨力包含的脉冲数量更多。但是，光电编码器通常更脆弱，容易导致三种形式的损坏：振动或冲击；压力、油、灰尘导致的承压失效；密封不良导致进水。

虽然磁编码器的成本通常更高，但通过合理使用，可以进一步降低成本，尤其是应用环境较严苛时，使用磁编码器更好。另外，由于磁编码器更加耐用，因此通常具有更高的使用寿命。

（4）新成果　近年来开发了其他类型的编码器。有些研究方向可以用激光编码器记录距离。激光旋转式编码器使用光衍射干涉方法，将导体激光作为发光元件。其通常比传统光电编码器更小，图 6-36 所示为佳能激光编码器。

使用超声波和红外线检测仪来测量距离时，探头上有三个距离传感器和一个发射器，可以在扫查时产生探头的同位图，而探头和传感器之间无机械连接。超声波距离传感器如图 6-37 所示。

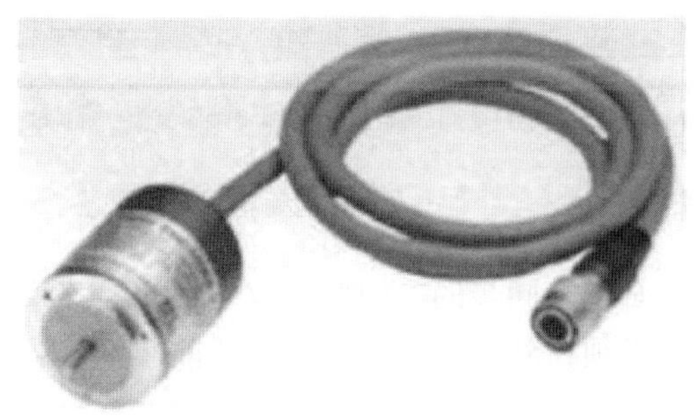

图 6-36　佳能激光编码器

图 6-37　超声波距离传感器

6.8.4　扫查和数据采集

1. 异步与同步系统对比

大多数使用传统单晶探头进行脉冲反射检测的超声波检测人员对脉冲重复频率

(PRF) 比较熟知。该值表示超声波检测仪器在特定时间内激发探头的脉冲数量。多通道系统可能使用多个探头，而相控阵系统需要控制聚焦法则，因此脉冲重复频率控制系统需要较高的时钟频率以确保采用允许的采样间隔激发所有通道。如图 6-38a 所示，如果该系统中编码器定位脉冲与超声波脉冲相互交错，则称超声波脉冲重复频率与定位脉冲是异步的。

使超声波脉冲与编码器定位脉冲同步，可以确保所有通道均以采样间隔激发。使用该系统，唯一的限制因素是计算机的吞吐率。图 6-38b 描述了同步多通道时序。

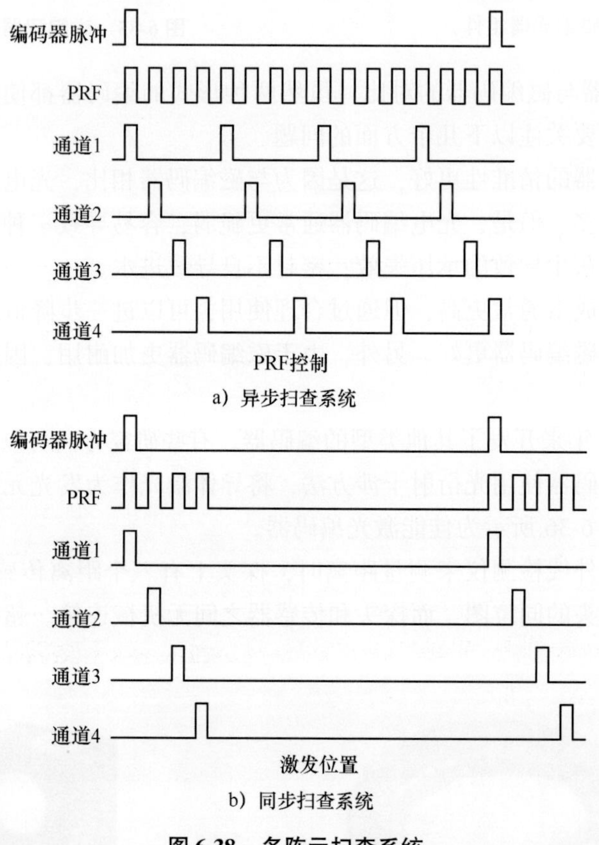

a) 异步扫查系统

b) 同步扫查系统

图 6-38　多阵元扫查系统

如果使用相控阵系统激发超声波脉冲，则系统必须是同步的。因此，首先将相控阵系统的各个超声波通道视为特定的聚焦法则。其次，必须在激发下次编码器脉冲前激发所有聚焦法则。

异步扫查系统的数据采集经常使用计算机算法。在编码器脉冲之间，先选择超声波检测仪器闸门内的最大值、最小值或平均值，然后将该值传输到计算机中进行数据显示（并存储）。由于同步扫查系统对各个通道只触发一次（除非使用平均值），因此可以显示经传输记录的单个门控值。

2. 计算机处理能力

如果 B 扫描的闸门很大，计算机处理信息的能力可能存在速度限制。如果计算机在采样间隔时没有足够时间进行处理，B 扫描结果会出现空行，表示数据点的缺失。相似地，如果以过高的运行速度进行 C 扫描，也会产生数据缺失。

3. 扫查速度

虽然计算机处理能力使扫描速度受限，但其不是唯一的限制因素。即使采用计算机进行数据采集，仍然存在另一个限制因素——脉冲重复频率。记录设备（如条状记录器）的响应次数可能需要多个脉冲信号，以确保显示真实的最大幅值。探头必须在反射体附近，以使记录设备有足够的时间响应。这在一定程度上由声束尺寸、校准反射体或最小反射体的尺寸决定。虽然静态校准可能会显示达到所需信号幅度的增益设定，但是如果以过高的速度进行动态校准，记录的波幅会小于静态校准时的波幅。可以通过很多资料查出扫查速度的经验值、规范或规程，也可根据探头或声束尺寸及脉冲重复频率规定设定最大扫查速度。

扫查速度是系统运行的最大速度，控制了扫查工件所需的最短时间。超声波数据采集系统中经常使用经验法则。这需要各个通道在等于声束 -6dB 尺寸的距离内至少发射三次超声波脉冲。实际上，有些规程或标准是通过式（6-2）进行确定的：

$$V = \frac{W_c p_{rf}}{3} \tag{6-2}$$

式中　V——扫查速度（mm/s）；

W_c——由设计要求确定的至换能器的特定检测距离的（-6dB）最小宽度（mm）；

p_{rf}——各个换能器有效脉冲重复频率（Hz）。

该示例需要在 -6dB 声束宽度内发射三次脉冲。

在使用多路转换器对多个探头排序的系统中，应将脉冲重复频率除以探头总数。虽然多个晶片的脉冲重复频率为 2kHz，但当系统中使用 20 个探头时，各个探头的有效脉冲重复频率仅为 100Hz。如果 -6dB 声束宽度为 3mm、有效脉冲重复频率为 100Hz，则最大扫查速度不宜超过 $3\times100/3$(mm/s) = 100(mm/s)。

式（6-2）可用于确定异步扫查系统的扫查速度。对于同步扫查系统，通过在 -6dB 声束宽度内包含三个样本，可以获得相同的效果。因此，对于同步扫查系统，如果声束宽度≥3mm，则每秒 1 个样本就可以达到这个要求。

通过改进技术可以降低对脉冲重复频率的关注程度。通过数据采集系统的数字控制，激发阵元采集、显示及存储接收信号的全部过程均可由计算机控制。计算机通过主时钟对所有行为进行排序控制。例如，使用一组相控阵探头对管道环焊缝进行检测，很多功能是在扫查过程中执行的。将焊缝垂直地划分成若干区域，声束指向各个区域（焊缝两侧的覆盖是对称的）。带状图显示了各个区域闸门内的波幅和时间，以及几个用于采集全脉冲回波波形和 TOFD 全波形通道内的信息。没有独立的脉冲发生器不断对数据采集系统进行脉冲发射。相反，扫查的所有行为已进行了排序控制，扫查器前行时，编码器按 1mm（通常）进行指示。由于扫查器由电动机推进，即通过电动机控制单元和通信线路控制，通信线路由控制计算机上的电动机控制，使编码器旋转，所产生的脉冲表示单位距离内的规定脉冲数量。

编码器指示1mm间隔，所有功能按顺序进行：记录编码位置（以规定原点为基准进行校准，单位为mm或in）。首先加载首个相控阵聚焦法则，按正确的顺序和延迟激发发射器阵元。然后，接收器接收发射信号脉冲，并对适当的通道采用正确的接收器增益。另外，计算机会采集时间闸门内的时间信息及波幅闸门的波幅信息，并存储波幅和时间。然后，所有通道重复以上步骤（改变适当通道的波幅和时间至存储波形）。存储波幅、时间和波形及耦合数据，在显示器上打印一行显示数据，等待来自编码器的下1mm步进脉冲，再重新开始所有功能。

许多功能基于编码器始脉冲。有些系统的扫查速度约为100mm/s，这意味着在1mm内完成所有步骤所需的行为序列每秒重复100次，计算机在短时间内所能做的事情仍然是有限的，如果扫查速度太快，则无法完成1mm间隔内所需的所有功能，那么该步骤的所有信息就会丢失，在显示屏上即显示黑线。如图6-39所示，当扫查速度过快，C扫描中会出现相同的效果（丢失数据表示为黑线或点）。

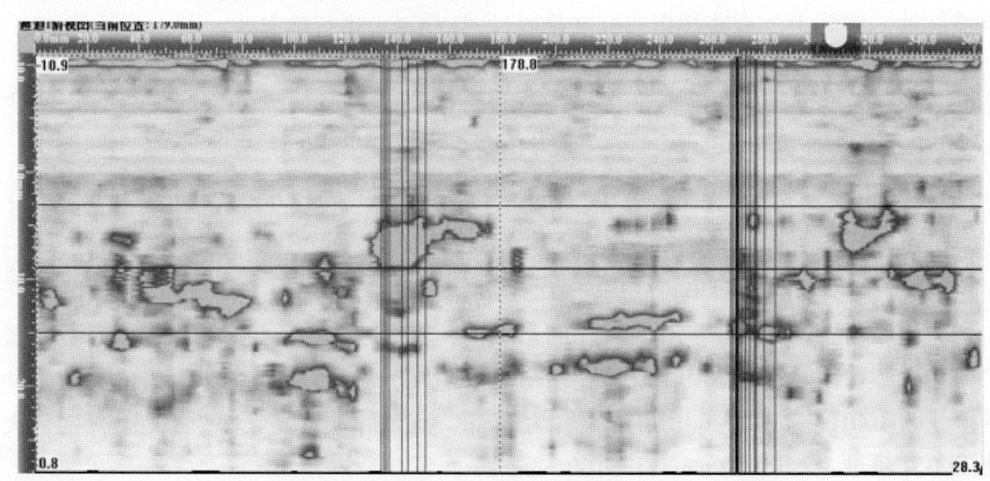

图6-39 丢失数据点

4. 采集率

可以通过采集率来评估扫查时不丢失数据点的能力。通常规定为每秒所采集的A扫描信号总数。当采集简单的波幅或时间数据时，这个概念就不适用了。在单一位置的闸门内的波幅样本只需要2bit的存储空间（1bit为位置数据，1bit为波幅数据）。但通常通过如下因素确定最大采集率：所采集的A扫描长度、数字化频率、数据压缩（如使用）、仪器脉冲重复频率设定、平均化（如使用）。

5. 数据处理

数据采集系统的附加功能之一是可以对所存储的信号进行后处理。自从数字存储技术出现以来，已经衍生出几种技术来增强数据信息的采集。该过程通常称为数字信号处理（DSP）。

数字信号处理（DSP）的效率取决于采集信号的质量。采集信号质量的决定因素包括：换能器和数据采集系统的匹配性、采样周期、信号量化水平、校准、材料衰减。

对信号中有用频带的任何不必要的干扰均视为噪声。噪声可能有几种来源：换能器自身、仪器、散射导致的伪显示、几何结构的反射和波形转换，以及周围环境的电噪声。

缺陷可能产生在由几何结构形成的应力集中区域或化学物质滞留的区域，有可能导致腐蚀、开裂或兼而有之。相反，几何结构可能会被误判成缺陷。B 扫描、C 扫描或其他图像显示可使缺陷为“大图”显示，这时微小的变化也可以变得很明显，而这些在静态 A 扫描显示时可能不明显。

尽管成像可以改善检测效果，但噪声产生的伪信号可能依然会掩盖缺陷。为了增强相关信息以抑制噪声的掩蔽效应，人们开发了各种技术。数字信号处理通常可以分成两类：一维和二维。一维处理用于采集波形，可以是滤波或频谱分析；二维处理涉及增强图像的空间结构（见图 6-40）。

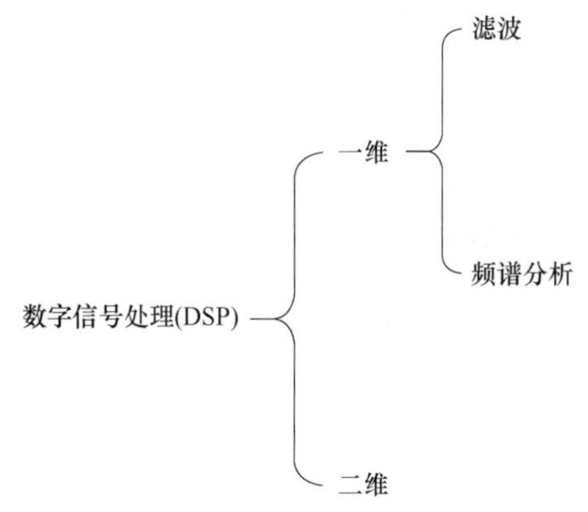

图 6-40　数字信号处理

一维数字信号处理涉及单个的波形信号。一维数字信号处理包括：波幅分析、快速傅里叶变换、信号平均处理、滤波、提高信噪比的信号平均处理。

6. 一维信号处理

（1）软件增益　应用于波形信号的最简单处理过程称为“软件增益”。它可对 A 扫描显示的每个点进行放大（或降低）。图 6-41 中，对参考灵敏度下最高信号为 76% 的范围，采用 A 扫描描述了 S 扫描。

通过提取包含全部波形扫描的有限信息，可以得到其他扫描显示类型。其中一个是回波动态显示。绘制扫描路径上的 A 扫描信号的最高波幅，可以得到波幅和扫描位置的关系，进而反映显示的“动态回波”。通过采集 B 扫描数据得到的回波动态如图 6-42 所示。当声束移至反射体时，可以看到各个横通孔信号幅度的变化。实际上，该显示在自动化超声波检测技术中称为区域鉴别技术，而回波动态显示被称为“带状图显示”。

（2）快速傅里叶变换　可以通过缩小信号关注区域的闸门范围及分析频率信息来表示所谓的“F 显示”。图 6-43 显示了该过程，并再次使用了中心孔。B 型显示的蓝线（见图

6-43a）选择了想要的 A 扫描信号（见图 6-43b），闸门设置在横通孔信号上（绿色垂线为闸门区域）。然后，软件会计算 A 扫描的频率信息。由图中可见，中心频率为 4.33MHz（即使发射频谱中心频率为 5MHz）。

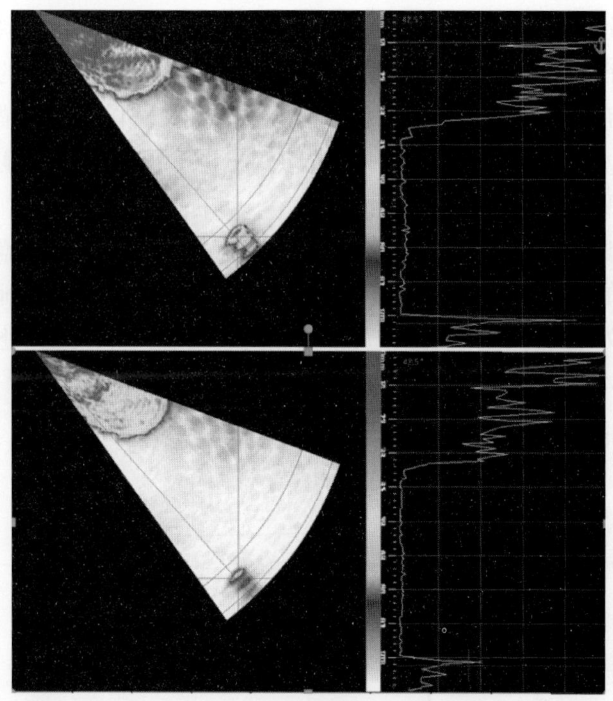

图 6-41　回波动态显示

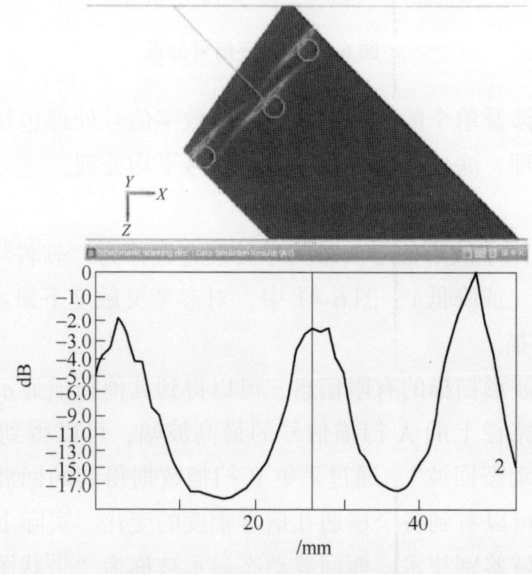

图 6-42　相控阵回波动态显示

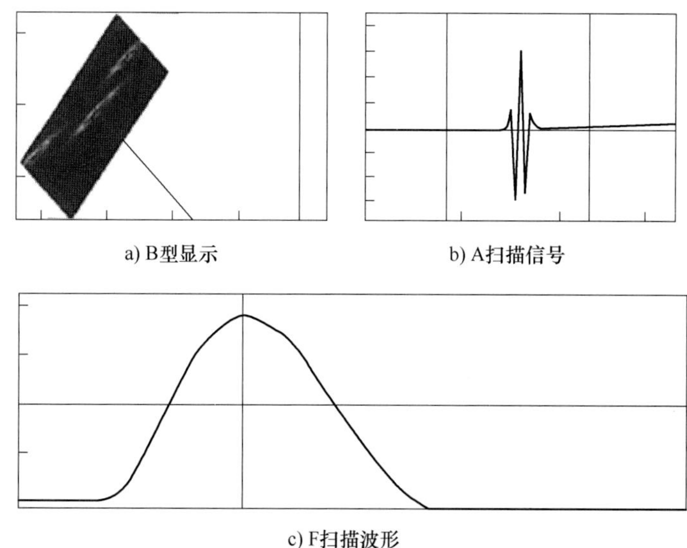

a) B型显示　　b) A扫描信号

c) F扫描波形

图 6-43　快速傅里叶变换（F 扫描）

（3）信号滤波　激发换能器时，会产生基频（标称频率）。它是一个频带，是探头晶片振动时产生的频率。可是，由于被检工件的材料特性，有些频率的衰减远大于基频，并产生噪声。当噪声在超声波相干信号的较高或较低频率出现时，可进行带通滤波进行处理，这会选择性去除 A 扫描中的伪信号。图 6-44 描述了该处理过程。

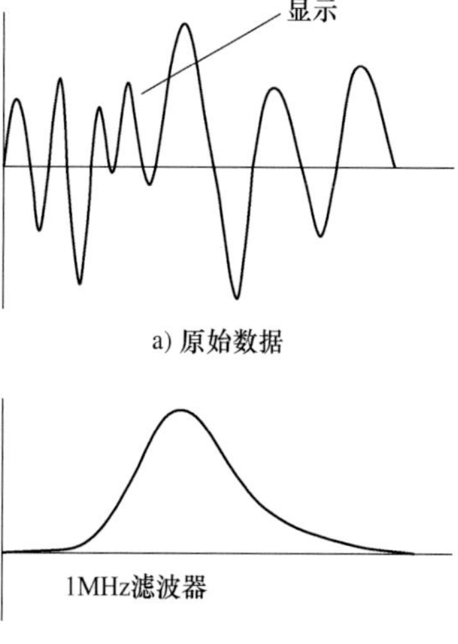

a) 原始数据

b) 滤波处理

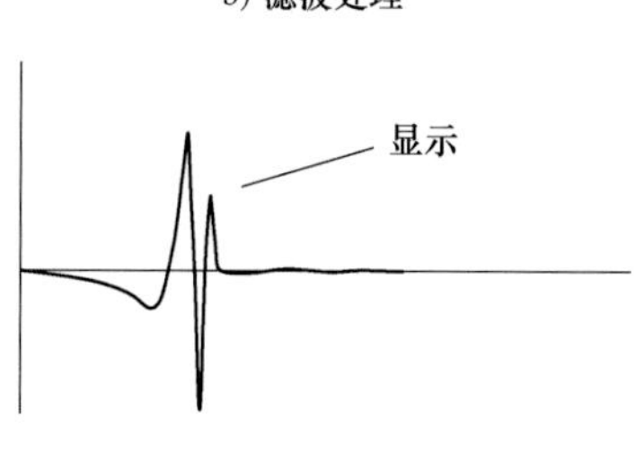

c) 增强信号

图 6-44　通过数字信号处理滤波

（4）信号平均　信号平均是一种简单的信号处理形式，可以通过信号平均将缺陷信号从背景噪声中提取出来，这是因为缺陷信号是相干的，而噪声不相干。叠加 n 次的相干重复信号会变为原来的 n 倍，而叠加 n 次的噪声将变为原来的$\sqrt{n}$倍。经过 n 次迭代后，平均波形的信噪比提高了，这种简单的平均效果如图 6-45 所示。

7. 二维数字信号处理

二维数字信号处理（DSP）技术用于增强空间信息。同样，二维数字信号处理（DSP）技术适用于 B 扫描和 C 扫描图像。需要注意的是，形成 B 扫描和 C 扫描图像所包含的信息不比 A 扫描多。但是，B 扫描和 C 扫描图像可以表示空间关系，而单一的 A 扫描显示难以表示。

波幅平均有时用于 C 扫描显示，这可以使图像边缘平滑，消除单个峰值。网格的平均值（3mm × 3mm，5mm × 5mm，7mm × 7mm 等）位于其中心。平均值可以是线性的，也可以是加权的。图 6-46 为图像滤波的示例，使用串列法扫查三个平底孔。每隔 0.5mm 网格光栅扫描，闸门区域的波幅采样间隔为 0.5mm。图 6-46a 为原始图像，图 6-46b为 5mm×5mm 非加权平均进行间隙补偿修正后的图像。

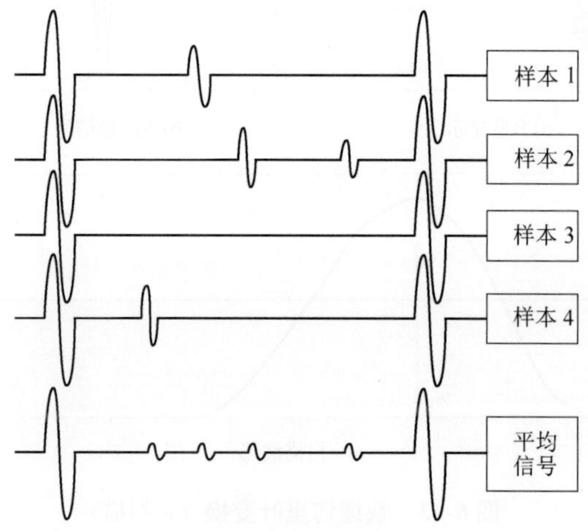

图 6-45　信号平均

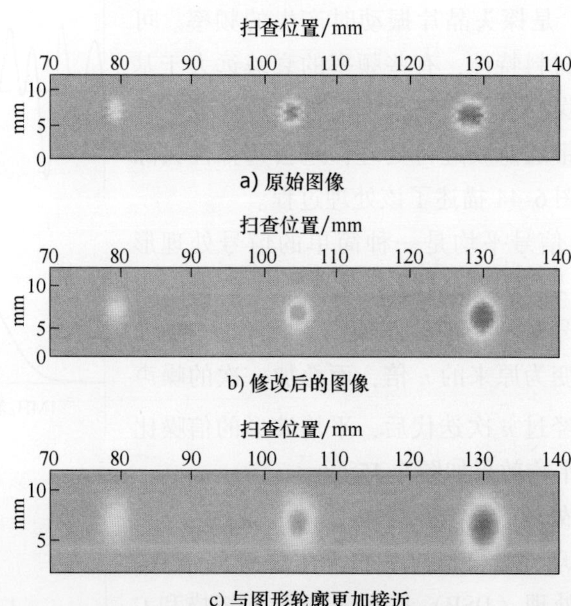

图 6-46　空间数字信号处理（网格平均）

9mm×9mm 卷积滤波器可使图像进一步平滑，与平底孔反射体的圆形轮廓更加接近（见图 6-46c）。

合成孔径聚焦技术（SAFT）：最常见的 B 扫描数字信号处理技术就是合成孔径聚焦技术（SAFT）。超声声束从一个点到另一个点的传播时间是探头位置和反射体深度的双曲线函数。已知双曲线函数公式，就可以将 A 扫描信号转化为时间并做加成。当存在缺陷时，声波发生相长干涉，形成较强的信号。当不存在缺陷时，发生相消干涉，形成较弱的信号。SAFT 可以在二维或三维处理中使用，但是三维处理需要相当长的时间。

8. 其他数字信号处理技术

（1）数据压缩　数据压缩是一种后处理功能，可以消除时基线上各波形的一些波幅数据点。使用软件识别信号的主要信息，这样就可通过较少的点来重构信号，同时保留信号沿时基线上位置和波幅的主要特征。图 6-47 所示为数据压缩处理前后的状态。

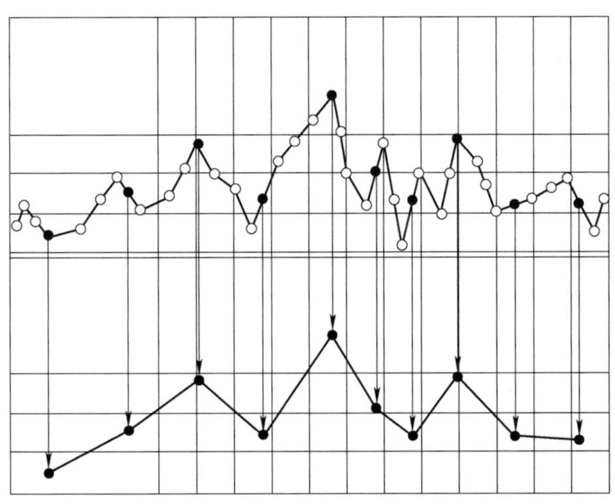

图 6-47　数据压缩（压缩比 4：1）**的 A 扫描显示**

（2）角度校正　角度校正也是一种后处理功能。采集的数据其角度和时间通常是呈线性的（实际上像 B 扫描）。S 扫描采集原始数据处理前后的状态如图 6-48 所示，将图像以多角度扇形呈现。数字信号处理算法用于校正可能产生的角度位移。在线性时基显示（未校正图像）上采集数据。由于探头不动，可以计算 S 扫描聚焦法则产生的圆弧上的缺陷位置。角度校正时，将声源置于一点，以相对于探头位置的角度和深度校正位置显示信号。

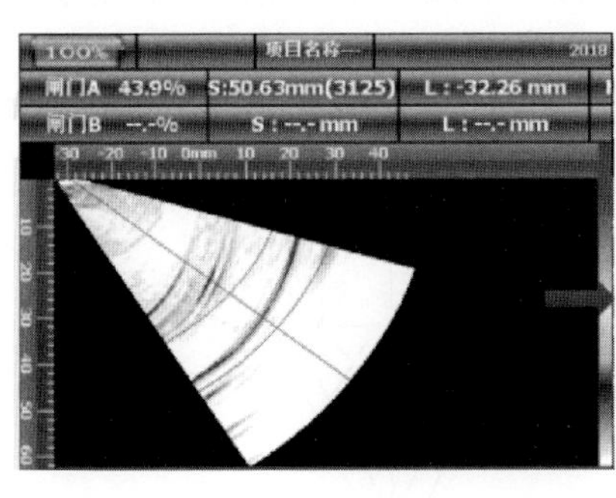

a) 未校正

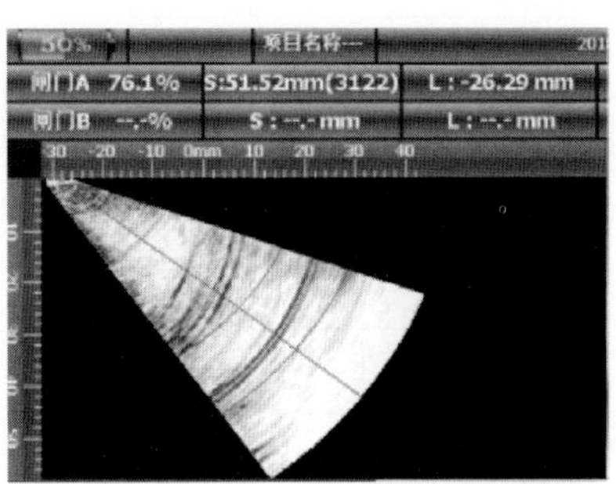

b) 角度校正

图 6-48　未校正 S 扫描和角度校正 S 扫描

（3）分离谱数字信号处理技术　分离谱数字信号处理技术可以降低噪声，适用于粗晶结构。电噪声是随机的，可以通过简单平均适当滤除。粗晶结构噪声是特定模式的，难以通过平均去除。在分离谱数字信号处理技术中，可通过快速傅里叶变换将采集信号转变为频谱。然后，通过选择滤波频率区域，将频域以特定方式进行滤波。该处理过程如图 6-49 所示。

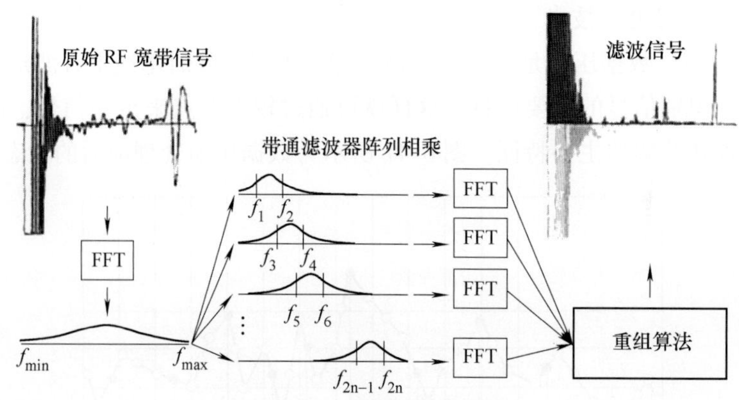

图 6-49　分离谱滤波处理技术

9. 动态深度聚焦

在相控阵超声波检测中，需要特别关注的数字信号处理技术是动态深度聚焦（DDF）。DDF 是在接收模式下，对发射聚焦法则确定的声轴线上不同深度进行聚焦的计算机算法。

在确定发射聚焦法则后，相控阵超声波检测人员需要确定聚焦的最小深度和最大深度，接收聚焦法则将进行聚焦修正，同时会形成处理过程的顺序和步骤。

检测人员可以使用两种接收聚焦设置：最佳分辨力和均匀分辨力。后者可使接收模式下的接收孔径自动调整换能器激发孔径，以此确保在深度范围内声束宽度恒定。

如果检测人员选择最佳分辨力，则在接收模式下，对于所有聚焦深度低于发射焦点深度的最大孔径均减小。

如果检测人员选择均匀分辨力，则在接收模式下，对于所有聚焦深度低于最大深度的最大孔径均减小。该设置使接收模式下所有聚焦深度的最大孔径相同。最佳分辨力和均匀分辨力这两种设置的区别如图 6-50 所示。

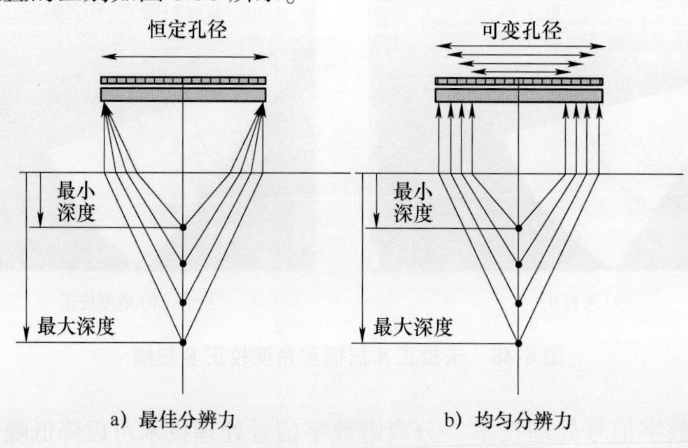

图 6-50　动态深度聚焦

在不影响检测速度的前提下，动态深度聚焦显著降低了声束扩散对信号响应的影响。对于发射模式下的每个延迟法则，通过接收模式的所有聚焦法则，动态重构信号。全重构信号可使待检试件的整个厚度方向均具有最佳分辨力。动态深度聚焦技术的优点是，在发射和接收单个信号所需的时间内即可完成对整个截面的检测。动态深度聚焦可与电子扫描结合使用，生成高分辨力的图像。

动态深度聚焦前后的图像如图 6-51 所示。

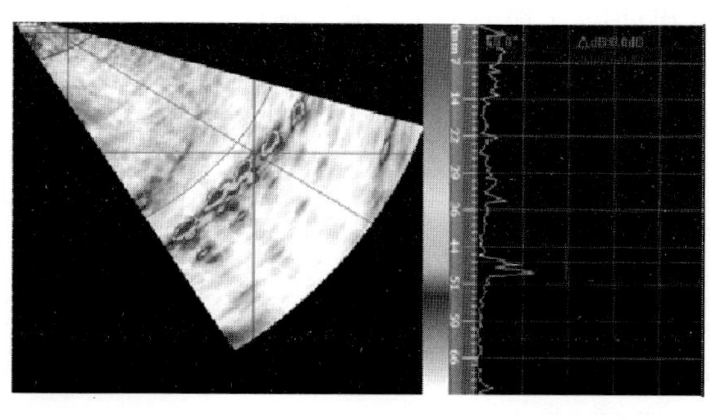

a) 处理前

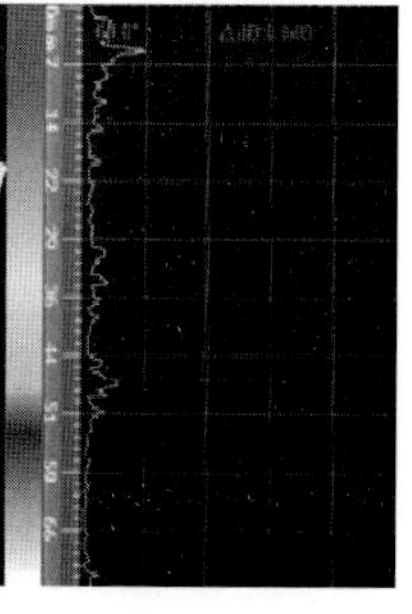

b) 处理后

图 6-51　动态深度聚焦对扫描的改善作用

6.8.5　扫查装置

反射体位置信息需要靠扫查装置提供。需要注意的是，若不清楚试件中反射体的位置，则该反射体基本没用。反射体的位置对于确定其是缺陷或工件结构的反射至关重要。若焊缝中存在潜在缺陷，则反射体的位置可辅助对其进行评估和定性。手工扫查经常采用简单直尺在表面相关位置进行测量，而在自动化扫查中，通常采用步进设备进行测量。

当工件经过探头时，能精确记录的相对位置很少。管道检查站通常配有带状记录仪（或等效的电脑显示器）。显示定位可以通过进给速度和带状图上的显示位置来实现。在管材加工厂，可以通过报警和喷漆标记提醒检测人员何时何处信号突破阈值。喷标装置位于探头下侧，根据报警时间、延迟时间及管道通过探头的速度确定实施操作。

当探头在固定的工件上移动时，需装配几种机械化装置。为使参考位置固定，需要使用探头支架。可以通过某种形式的编码器和手工移动的探头来提供位置信息。或者，可以通过电动机驱动扫查器的移动，同样，编码器可以提供位置信息。

机械扫查的局限性：并非所有检测都需要机械化。某些情况下，手工检测技术的性价比更高（若资金允许，所有的人工扫查都可以在一定程度上实现机械化）。

需要注意的是，机械化系统可能存在某些局限性。最常见的局限性是扫查速度。即使计算机和超声波系统可以在较高的扫查速度下产生并采集数据，而机械方面也可能达不到相应的扫查速度。对于较长的扫查架，可能会产生振动，并使探头振动，从而降低耦合质量。在较高的扫查速度下，像焊接飞溅这样的小缺欠更容易造成更大的破坏。

相控阵超声波检测系统保持了手工操作的灵活性。检测人员可以拆除扫查器，使用探头进行手工扫查（如环绕缺欠扫查和旋转扫查等），依靠回波动态评定缺欠的形状特征，进而判定缺欠性质。

6.8.6　扫描显示和扫描装备

1. A 扫描

沿时基线的回波幅度的即时显示称为 A 扫描。这是所有超声波检测仪器均可提供的图像。垂直的位移可以是双向的（射频显示）或单向的（检波后）。水平轴代表了所经过的时间或传播距离（见图 6-52）。

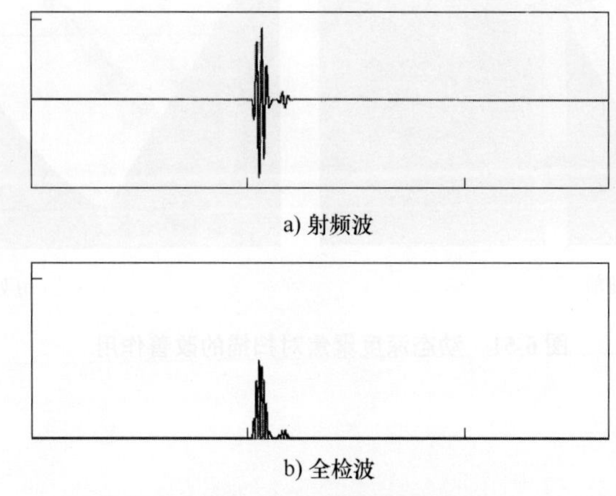

a) 射频波

b) 全检波

图 6-52　A 扫描显示类型

2. B 扫描

在显示中增加探头移动动作时，会形成其他的显示类型。令其中一个轴代表传播时间，另一个轴代表探头在试件表面的移动位置，就形成了 B 扫描，如图 6-53 所示。用以采集信息的闸门的长度决定了显示的总时间。灰度和颜色可以用来表示波幅（如果采集的是射频信号，则要同时表示相位）。

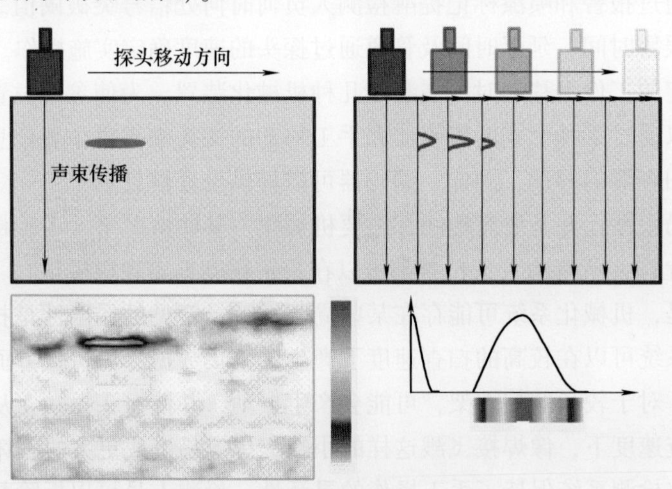

图 6-53　B 扫描的形成（未修正）

注意：B 扫描的传统定义是指试样的截面显示，与探头相对于声束方向的移动无关。大多数 B 扫描采用 0°纵波入射，试件的顶部和底部可通过入射界面信号和底面反射信号来表示。如果是斜入射声束，以其中一个轴表示时间或距离，另一个轴表示探头位移，则也是一种合理的 B 扫描。

3. C 扫描

采集闸门区域的最高波幅，并执行光栅扫描，就形成了 C 扫描。在这种情况下，用两个轴表示探头的位置，即形成了俯视图（见图 6-54a）。在相控阵超声波检测中，可以在一个方向上使用电子扫描，而在另一个方向上进行机械移动（见图 6-54b）。

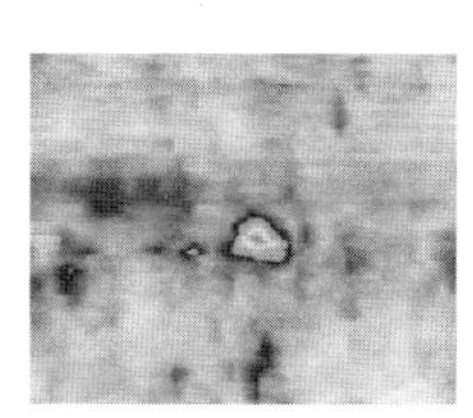

a) 俯视图

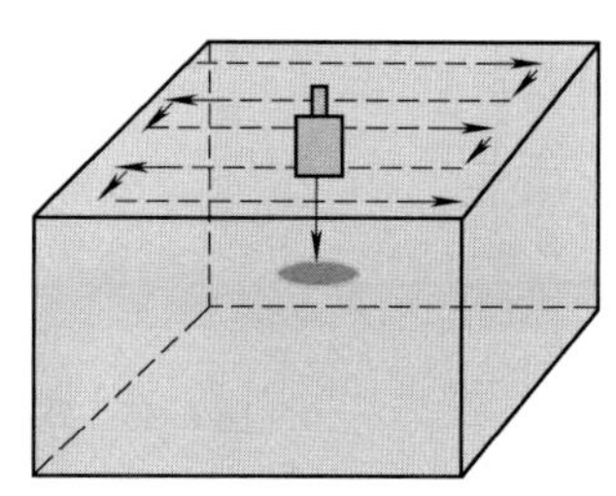

b) 三维图

图 6-54　C 扫描的形成

波幅可以表示为灰度或颜色，此时，显示屏高度划分为多个区域，各个区域分别代表不同颜色，比如 0 ~ 20% 蓝色，21% ~ 50% 绿色，51% ~ 80% 橙色，81% ~ 100% 红色。或者，对于 C 扫描而言，也可以及时显示信号的位置，使用不同的颜色或灰度表示声程（或深度）。

4. 其他扫描显示类型

在传统的 A、B、C 扫描的基础上加入一些改变，可引入其他显示类型。

（1）D 扫描　在一发一收模式下使用两个探头，在一段时间内采集信号，并根据探头移动绘制结果，这就是 TOFD 显示的原理。将 A 扫描波幅对应于特定灰度，并在扫描的每个位置整齐排列，构建一个显示，这是 B 扫描的一种形式。但对于有些 TOFD 检测人员而言，当扫查方向与焊缝长度方向平行时，更习惯称之为 D 扫描（需要注意的是，该术语需要依靠焊缝长度方向作为参照）。而垂直于焊缝长度方向 TOFD 探头扫查称为 B 扫描（即平行于声束方向扫查）。

（2）深度编码 C 扫描　如果俯视图的显示超过阈值（通常为满屏高度的 5%），并且每增加 20% 的深度就用不同的颜色表示，就可以得到缺欠的深度分布，称为深度编码 C 扫描（见图 6-55）。

图 6-55 为陶瓷盘的深度编码 C 扫描显示。使用 0.1μm 闸门监控小反射体的位置。灰度较淡表示反射体较远，灰度较深表示反射体较近。闸门起始位置设置为入射面，则盘背面为浅灰色圆圈。圆圈顶部灰度较深的区域表示厚度变薄区域。在 9.1mm 处取垂直部分，在 8.9mm 处取水平部分。C 扫描图像的左侧和上侧显示了这些截面。位于垂直线上较低的四个反射体之间的距离在垂直截面上明显不同，而在水平方向上却相当一致。

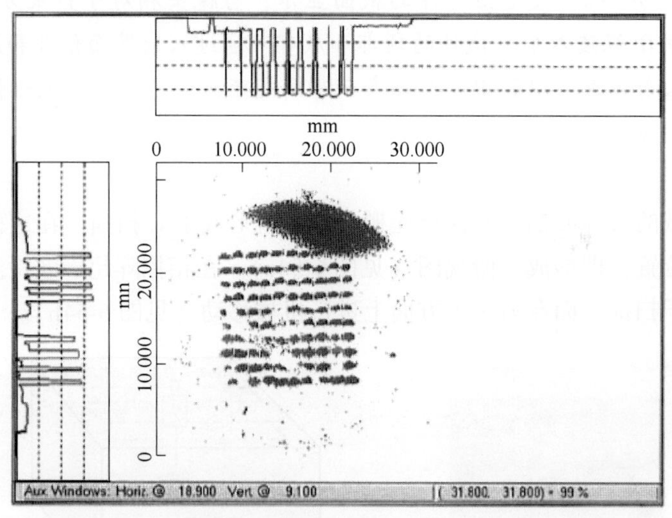

图 6-55　深度编码 C 扫描

(3) E 扫描和 P 扫描（合并扫描数据） 在 B 扫描和 C 扫描中，都是以单个面进行波幅信息采集的。如果将用于 C 扫描的光栅扫描与用于 B 扫描的逐点 A 扫描捕获相结合，就可以获得检测体积内的所有可能信息：可以得到栅格上各点的闸门时间内的波幅信息；由于时间等效于距离，因此可以得到检测体积内各点的波幅信息。虽然这非常消耗内存，但它提供了充足的信息，可以在层析可视化技术中应用。

例如，使用一个或多个角度的声束从两个侧面检查一个试件，使一个或多个声束中心轴线通过每个体积单元（体元），并捕获所有的 A 扫描全波形，当采集足够的数据时，软件基本上可以在三维中重建该试件。细节信息使得试件可以垂直分解体积，这样就可以得到传统的“顶视－侧视－端视图”。从某种角度而言，这合理地解释了这些显示的其他术语。根据视图类型（有时也根据软件制造商），可称之为 E 扫描（端视图）和 P 扫描（投影面视图）。图 6-56 显示了软件是如何从顶视、侧视和端视位置提取数据并生成投影面

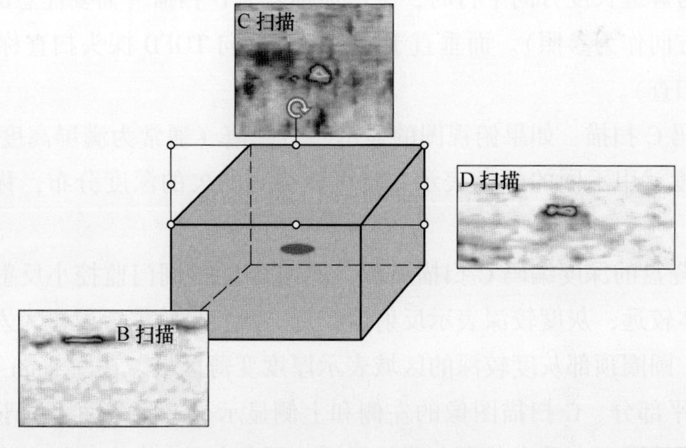

图 6-56　投影扫描术语

的。要在三维中重建体积，需要使各个方向的声束路径穿过各个体元，并将该体元中任意一条声束轴线的最大波幅分配到网格点。

（4）相控阵 S 扫描和 E 扫描　由于声束潜在的动态特性，相控阵提供了新的扫描显示类型。除了标准显示，相控阵还可以实现多角度的扇形扫描（S 扫描）。图 6-57 所示为典型的 S 扫描显示，声束从 40°～75°，同时三个横通孔的反射波幅也进行了颜色编码。在图 6-58 中，使用一系列 45°声束（12 阵元形成的声束）扫查同样的三个横通孔，从第 1 个阵元开始，依次步进 1 个阵元，直至第 64 个阵元，对合成的显示进行折射角的修正，从而得到真实 B 扫描（真实深度显示）。

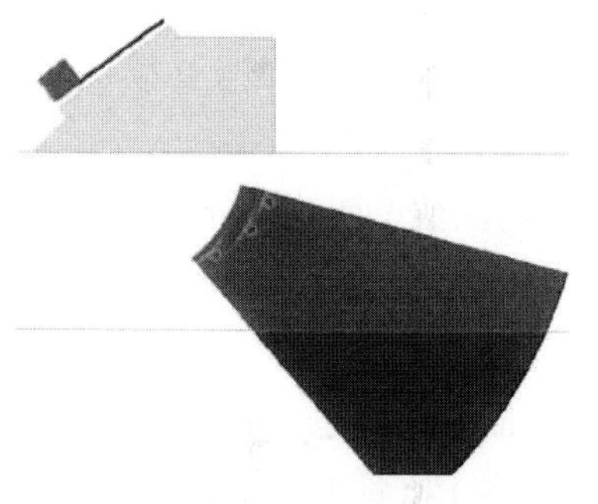

图 6-57　相控阵 S 扫描

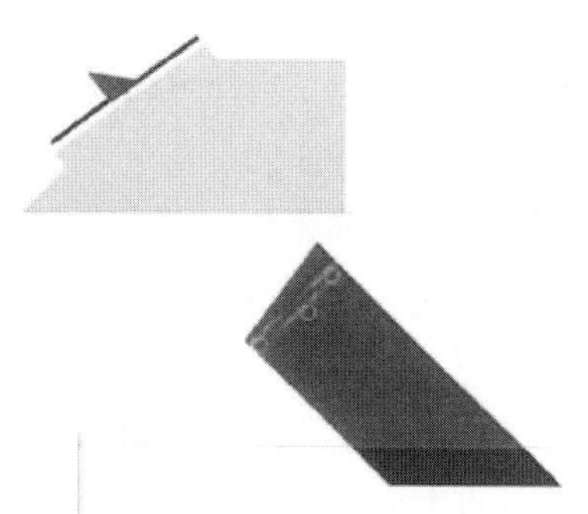

图 6-58　相控阵 E 扫描（真实 B 扫描）

（5）数据显示透视　在相控阵超声波检测中，确定定向的透视图是正确分析的关键。图 6-59 描述了立方结构的三个视图，表示了超声波数据、内部缺欠和探头扫查轨迹之间的联系。

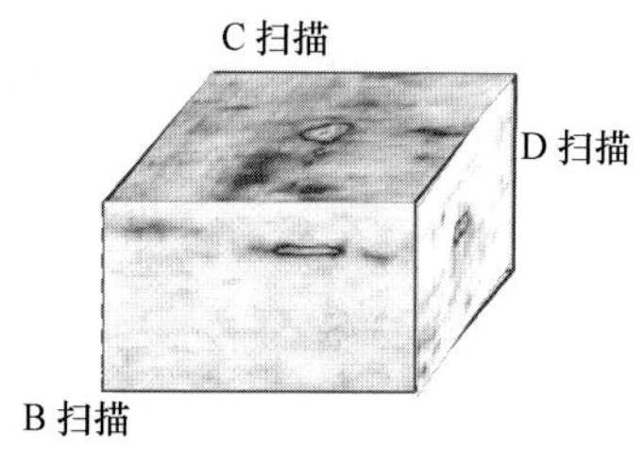

图6-59　透视图

6.8.7　存储和数字化

1. 位深度和采样率

在模/数转换的描述中，通常需要注意，垂直增量范围通过 8bit 或 256 级垂直（分辨力）实现。这就是 8bit 数字化。与垂直采样分开的是模/数转换器的“采样率”，这会将捕获和数字化的 A 扫描数据进行特定时间间隔的采集和转换。如果模/数转换的采样率为 100MHz，则每 0.01μs 进行采样（用 1 除以数字化率，例如，对于 100MHz，则为1/100 000 000）。在脉冲反射技术中，钢中横波分辨力为 0.016mm，纵波分辨力为 0.03mm。瞬时（时间）分辨力也决定了模拟信号转换的质量。图 6-60a 中表示了 10MHz 探头的模拟信号。100MHz 的数字化采样率对模拟信号进行了较好的复制（见图 6-60b），但 20MHz 的采样率无法还原初始的模拟信号（图 6-60c 中的点无法真实还原模拟信号的轮廓）。

建议最低采样率为所使用探头标称频率的 4 倍。这样，数字信号波幅与初始模拟信号的偏差就在 3dB 内。如果采样率为所使用探头标称频率的 5 倍时，则偏差就小于 1dB。例如，在对波幅要求比较苛刻的场合，对于 10MHz 探头，模/数转换率至少为 50MHz。同

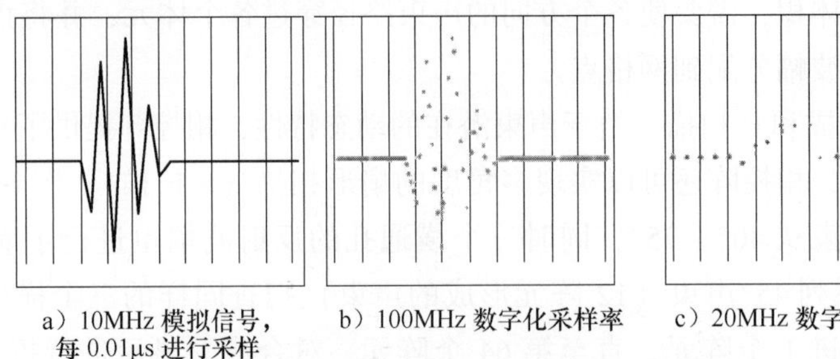

图 6-60　数字化对示波屏波形质量的影响

样，检测人员会发现，当模/数转换率较高时记录的信号质量与初始信号（模拟）更接近，这样可以改善信号特征。

然而，时间（或距离）分辨力仅仅是模/数转换率的函数，而波幅分辨力是模/数转换率和采样等级数（如位数）的函数。对于超声波数据采集系统，目前最常见的是 8bit 采样。

重要的是，数字化波幅影响动态范围。如前所述，最常见的是 8bit 数字化。波幅评定精度基于垂直方向的采样区段数量。术语“bit（位、比特）”源于数据的二进制处理。在计算机术语中，1 个字节有 8bit（位、比特）。这里的 1bit（位、比特）有两种可能，即“0”或“1”。当二进制值（或2）提升至 8 的几次幂时，就称为 8bit（位、比特）。如果提升至 10 的几次幂时，就称为 10bit（位、比特）。基于计算机的超声波系统已经增加了所使用位数的采样，而高端设备有时使用 12bit 数字化。位的大小是垂直（波幅）范围可以划分的样本数量，如：

8bit = 2^8 = 垂直采样 256 个样本

10bit = 2^{10} = 垂直采样 1024 个样本

12bit = 2^{12} = 垂直采样 4096 个样本

2. 射频和检波数字化

射频波形和检波波形显示如图 6-61 所示。

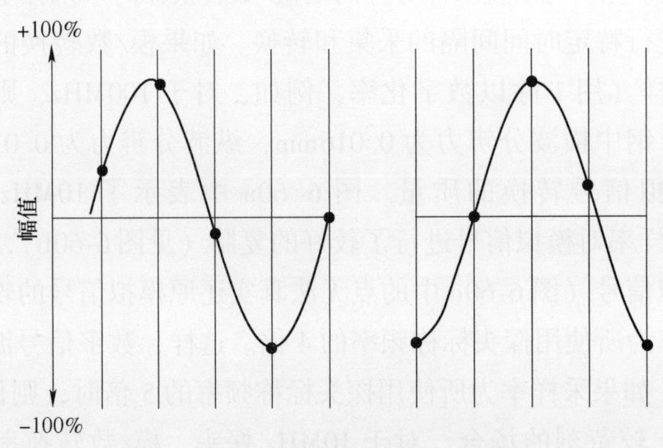

图 6-61　8bit 数字化对动态范围的影响

信号波幅通常通过 dB 来描述，如式（6-3）

$$dB = 20\lg\left(\frac{h_1}{h_2}\right) \tag{6-3}$$

其中，h_1 和 h_2 分别为两个信号的相对波幅。

对于 8bit（位、比特）模/数转换器的检波信号，将所有负电压均移动为正，并使零位置于底部，因此动态范围为$\frac{1}{256}$或 $20\lg\left(\frac{1}{256}\right) = -48dB$。

显示屏上的最小百分比间隔为$\left(\frac{1}{256}\right)\times 100\% = 0.39\%$

对于射频信号，相同的 8bit（位、比特）模/数转换，不存在正负转换，信号有正也有负。动态范围取决于零位至最大位移（即 128）。

因此，动态范围为$\frac{1}{128}$或 $20\lg\left(\frac{1}{128}\right) = -42dB$。

注意：波幅的一半降低为 6dB，因此将点数减少 2 倍会使得动态范围降低 6dB（即 48 − 6 = 42）。显示屏上射频显示的最小百分比间隔为 0.8%。使用较大的位数时，应特别关注。

幅度≥100%的信号无法赋予真实值，简单的理解就是信号“饱和”。模拟机和数字机都有此问题。波幅是重要参数，检测时需要明确其数值。也就是说，在这种情况下需要重新检测，以评定波幅与参考基准的相对关系。在一个 8bit 数字整流信号中，一旦信号电平超过 256。信号电平如果超过 256，幅度可能是满屏高度的 101%或超过 500%，没有办法确定具体的饱和程度。

在 10bit 的数字化率下，可以将任何信号的垂直范围划分为 1024 个等间隔部分。这样，当采集的信号接收增益很低时，附加电子增益即可。波幅分为 1024 个部分，其分辨力是 8bit 系统的 4 倍。也就是说，可以在 20%的参考基准上校准（代替 8bit 系统的 80%），采集所有低于该波幅的 A 扫描信号。10bit 显示的信号，若达到满屏高度的 25%，相当于 8bit 显示的 100%。因此，当使用 10bit 的数字化系统时，出现饱和信号的概率将大大降低。使用与 8bit 系统相同的动态范围评定，10bit 系统的检波信号动态范围为 60dB。

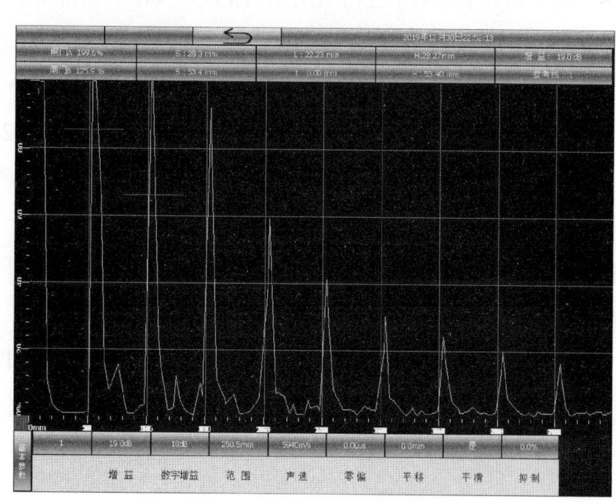

图 6-62　9bit 数字化率显示的动态范围

动态范围有两种评定方法。其中一个方法使用标准显示，显示屏上的 100%电平为信号幅度的最大位移。接着，在波幅刻度的较低点设定参考基准，可以读取波幅刻度；另一个方法如图 6-62 所示，使用闸门测量波幅，即使显示屏不再显示信号电平的变化，检测人员也可以直接读取波幅的数值。例如，9bit 数字系统中，波幅的闸门输出表示最左端信号的波幅是200%，位置为10mm 处。另一个信号有一个单独的闸门（绿色），该信号也使显示饱和，但不会使闸门电平饱和。该信号处于20.03mm 处，波幅为176.1%。

3. 文件大小的计算

数字化A 扫描是构建B 扫描的第一步。但是，每个样本都应保存在计算机存储中。因此，更长的扫描长度、更长的闸门时间就需要更大的存储空间。

文件大小（F_S）的计算按式（6-4）计算：

$$F_S = tf_sBlS \tag{6-4}$$

式中 t——超声波在材料中来回传播的时间（s）；

f_s——数字化率或采样频率（Hz）；

B——A 扫描每个采样点的幅值的位数（位）或（bit）；

l——扫查距离长度（mm）；

S——每1mm 传播距离采集的A 扫描信息数量。

例如，使用4MHz 接触式直声束探头扫查50mm 厚板，简化B 扫描，需要用闸门套住整个显示厚度。使用推荐的最小模/数转换率16MHz。当然，还应考虑到，纵波在厚50mm 工件上传播一个来回代表100mm 的等效时间，因此超声波波传播100mm 的时间是

$$t = \frac{50 \times 2}{5.9}\mu s = 16.9\mu s$$

模/数转换率16MHz 时，数字化率或采样频率f_s（样本/μs）为

$$16000000\frac{样本}{s} = 16\frac{样本}{\mu s}$$

因此，闸门时间为16.9μs 时，各个A 扫描记录的样本数量为16×16.9=270.4 个。

各点处的波幅信息位数B，即A 扫描每个采样点的位数为1 位（8bit）。

如果要采集焊缝及热影响区的0°B 扫描，则需要在焊缝纵向中心线两侧各50mm（即l=100mm）范围内进行充足的扫查。如果每隔0.5mm 采集A 扫描，则每1mm 传播距离采集的A 扫描数量为2。

将以上数值代入式（6-4），即可得出文件大小：

$$F_S = tf_sBlS = 16.9 \times 16 \times 1 \times 100 \times 2B = 54080B(-54KB)$$

要为深度编码的C 扫描和D 扫描、E 扫描和/或P 扫描生成完整的扫描，需要在单个进程中执行多个这样的扫描。在这样的条件下，即使用1mm 光栅步进扫描100mm×100mm 的小正方形，仍然会产生5.4MB 的数据量。因此，在采集信息时应小心确认其必要性。

在多通道系统中采集B 扫描（或D 扫描）和TOFD，即使是平行于焊缝长度方向（非光栅扫描）的简单线扫，其文件大小也会很快达到数十或“几十”。

第 7 章　相控阵超声波检测系统校准检查

在无损检测工业领域中，相控阵超声波检测并不是新技术，但随着近年来相控阵超声波检测技术的迅猛发展，常规超声波检测设备的设置调节已不再适用于相控阵超声波检测设备中，因此在使用相控阵超声波检测技术时，不能按照常规设备的规范要求进行设置。

手工超声波检测评定的参数包括：探头尺寸、声速入射点、折射角。当使用相控阵超声波检测时，这些参数发生了变化。一个探头可设置几个尺寸（孔径）。当采用单探头做线扫描或扇扫描时，出射点随不同聚焦法则移动。因为声束角度可以改变，所以没有在斜楔上专门标注声束的折射角。另外，仪器的线性也有所不同。在常规超声波检测设备中，设备需要进行线性检查。在相控阵超声波检测设备中，有一组放大器，以及累加放大器，均需进行线性检查。

本章将讨论相控阵超声波检测系统的校准检查项目，这些项目可以评定系统是否符合预期要求，并监控其变化。目前，有专项标准明确了相控阵超声波检测系统某些参数的评定步骤。ASTM E 2491—2013《相控阵超声波检测仪器和系统性能评定的标准指南》提供了不使用特殊的电子仪器来评定相控阵超声波检测系统的方法。EN 12668 - 1—2010《无损检测 - 超声波检测设备的表征和验证　第 1 部分：仪器》提供了更多的评定方法。它们也是超声波检测系统常用的方法。更多评定的方法，需要根据仪器制造厂家建议的步骤进行，因此，一些评定方法需要使用电子评定仪器。本章介绍的内容仅限于检测人员使用简单的试块和反射体对设备性能的评定。

相控阵超声波检测系统的校准和校验包含三个方面：仪器校验、探头校验以及仪器和探头组合性能校验（声束轮廓）。

注：根据标准评定性能的过程通常被视为校准过程，这要求我们进行比较的标准具有可追溯性和准确性。例如，校准试块的声速、材质、尺寸和衰减参数都应与国际标准进行比较、确认。

7.1　仪器线性校准

在输出 A 扫描坐标的仪器上进行仪器的线性检查。A 扫描坐标可以看作是一个简单的 $X-Y$ 图，其中 X 为横轴（时间），Y 为纵轴（波幅）。关于“显示的线性”的说法有点过时，在最初的模拟阴极射线管（CRT）仪器中显示生成的机械特性就决定了对显示线性的要求。使用电子枪（阴极发射器）向荧光屏发射电子，当电子击中荧光屏时，磷光涂层可以成像为一条线。其基本原理如图 7-1 所示。

阴极射线管中最关键的部分就是偏转板。偏转板对齐布置，确保光束相对于射线管显

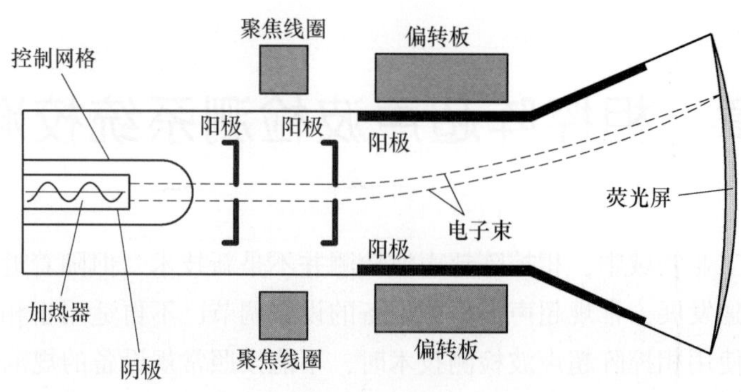

图 7-1 阴极射线管（CRT）

示屏上的栅格线成正比的线性移动。仪器应定期校准以确保其显示的线性。现代超声波仪器使用数字电子技术，用内置的计算机时钟建立时间间隔，用计算机位深将振幅、波幅、刻度等分（例如，8bit 或 256 级波幅等级）。数字仪器的显示不再依赖于偏转板的对齐状况。相反，显示是由计算机通过模/数转换器（ADC）“构造”出来的，并将其在计算机（仪器）显示器上“绘制”出来。

因此，在现代设备中不需要特别关注仪器的显示线性。但是，在一些标准中，仪器的线性评定仍然是标准化步骤，需要定期校准。

仪器线性校准的另一项内容是放大器精度评定。放大器通常分段构造，粗调放大器的步进值为 20dB，信号经粗调放大器传输至可变增益放大器。众所周知，放大器会周期性发生故障，因此定期校准有助于确定其特性。

7.1.1 时基线性（水平线性）

对“显示”的时基线性进行评定是一种过时的评定方法，在阴极射线管中，当时用于显示时基的磁偏转板常常不稳定，也很容易被电子撞击后偏斜。尽管这是当时的典型问题，但在数字显示中仍需进行时基线性的校准。相控阵超声波检测仪器上也可进行时基线性校准，并且只需使用一个通道进行校准即可（因为“显示”效果适用于所有通道）。

为评定时基线性，应将相控阵超声波检测仪器调节为 A 扫描显示。选择任意纵波探头或 0°的纵波聚焦探头，调节相控阵超声波检测仪器显示范围，使其可以显示已知厚度试块的 10 次底面回波。通常可以使用 IIW 试块的 25mm 厚度区域进行时基线性的校准，具体如下：

1）将相控阵超声波检测仪器的模/数转换率设置为至少 80MHz。

2）如图 7-2 所示，将探头与试块耦合，使 A 扫描显示 10 次清晰的底面回波，显示软件用于评定两个相邻底波信号之间的时间间隔，确保第 1 次反射回波显示在水平刻度的第一个显示点位置，第 10 次反射回波出现在水平刻度的最右侧边缘。（**注：**所显示的刻度没有 10 条格线，因此检测人员应将多次反射回波分布在整个水平显示范围内）。

3）如果想在时基线上精确地显示“距离”值（即检测人员正在使用距离而不是时间

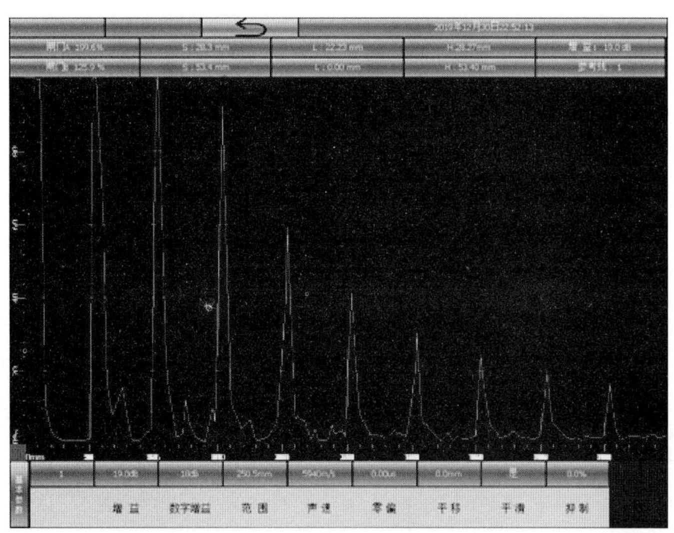

图 7-2　A 扫描显示的水平线性

增量的时基），那么试块的声速应使用类似于 ASTM E 494—2015 中描述的方法进行预先测定，再将声速输入仪器中，从而显示距离读数（厚度、半声程或真实深度）。

4）使用闸门确定每次回波之间的间隔，并记录前 10 个回波之间的间隔。基于模/数转换率转换成等效的距离当量，评定线性误差是否在容许范围内。例如，采样率为 100MHz 时，每次采样的时间间隔为 10ns。对于声速为 5900m/s 的钢，在脉冲回波模式下，沿时基线（10ns）的每个回波位置代表的距离为 30μm，大多数模/数转换器（ADC）可以达到的时间采样误差是 ±3ns（即在 100MHz ADC 速率下，纵波模式下的时间采样误差相当于约为 ±0.1mm 的等效距离）。声速测量误差（约 1%）应有一定余量。对于钢板，多次回波的误差不应超过 ±0.5mm。在 ASTM E 2491—2013 标准中给出了线性校准的记录表样，见表 7-1。

表 7-1　线性校准记录表格

<table>
<tr><td colspan="3">位置：</td><td colspan="3">日期：</td></tr>
<tr><td colspan="3">操作员：</td><td colspan="3">签名：</td></tr>
<tr><td colspan="3">设备：</td><td colspan="3">耦合剂：</td></tr>
<tr><td colspan="2">脉冲电压/V</td><td>脉冲持续时间/ns</td><td colspan="2">接收器（带宽）</td><td>接收器平滑</td></tr>
<tr><td colspan="3">数字化频率/MHz</td><td colspan="3">平均处理</td></tr>
<tr><td colspan="3">显示高度线性</td><td colspan="3">幅度控制线性</td></tr>
<tr><td>较高信号的波幅（%）</td><td>较低信号波幅的允许范围</td><td>较低信号的实际值（%）</td><td>显示高度（%）</td><td>dB</td><td>高度允许范围（%）</td></tr>
<tr><td>100</td><td>47 ~ 53</td><td></td><td>40</td><td>+1</td><td>42 ~ 47</td></tr>
<tr><td>90</td><td>42 ~ 48</td><td></td><td>40</td><td>+2</td><td>48 ~ 52</td></tr>
<tr><td>80</td><td>40</td><td>40</td><td>40</td><td>+4</td><td>60 ~ 66</td></tr>
</table>

（续）

较高信号的波幅（%）	较低信号波幅的允许范围	较低信号的实际值（%）	显示高度（%）	dB	高度允许范围（%）
70	32~38		40	+6	77~83
60	27~33		100	-6	47~53
50	22~28				
40	17~23				
30	12~18				
20	7~13				
10	2~8				

注：1. 幅度控制线性通道：（记录任何通道超过允许范围的通道）

2. 通道（如果需要使用32bit或64bit脉冲发射－接收器探头，则增加更多通道）

1	2	3	4	5	6	7	8	9	10	11	12	13	14	15	16
17	18	19	20	21	22	23	24	25	26	27	28	29	30	31	32

时基线性（25 mm IIW 试块）

回波次数	1	2	3	4	5	6	7	8	9	10
厚度/mm	25	50	75	100	125	150	175	200	225	250
测量间隔										
允许偏差/mm	±0.5	±0.5	±0.5	±0.5	±0.5	±0.5	±0.5	±0.5	±0.5	±0.5

7.1.2 显示高度线性

与水平线性一样，对显示器垂直线性的评估也起源于阴极射线管显示。对于相控阵超声检测设备，即使仪器通过计算机的通信线路来控制，并在计算机上显示结果，仍然需要进行垂直线性校准。ASME BPVC 第Ⅴ卷第4章—2019强制性附录Ⅰ中明确了评定显示高度线性的方法。

校准仪器显示高度线性的方法与模拟仪器里使用的方法相同：即比较时基线上两个不同时间的信号波幅比值具体如下：

1）将相控阵超声检测设备与探头（横波或纵波）连接，并与任何可以产生两个信号（见图7-3）的试块进行耦合，调节探头使两个信号的波幅分别达到满屏高度的80%和40%。若相控阵超声检测设备具有在脉冲回波模式连接单晶探头的能力，则如图7-4所示的线性校准专用试块的两个有可调声阻抗插件的平底孔可以产生这样的信号。

2）提高接收器增益，使得较高回波信号的波幅达到满屏高度的100%，记录该增益设置下的较低信号的波幅，以满屏高度的百分数表示。值得注意的是，对于8bit数字化系统，当信号幅度为满屏高度的99%时信号饱和，可视为满屏高度100%。在这种情况下，不能评定信号的真正高度，因为信号幅度超过100%，仪器也只显示100%的高度。

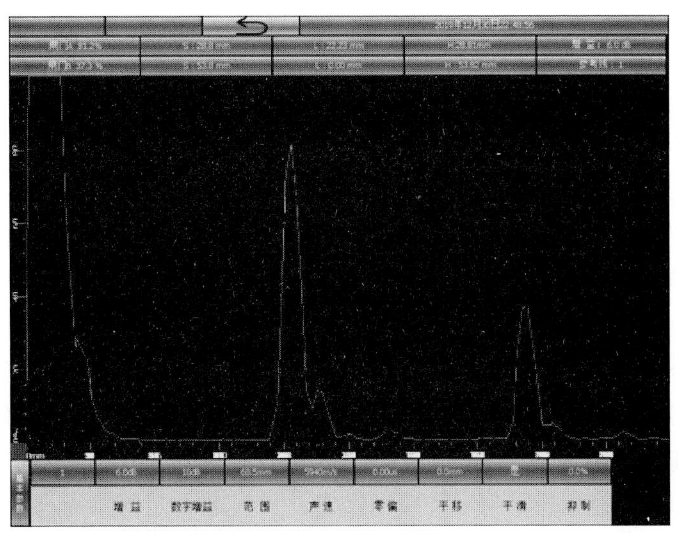

图 7-3　显示高度线性测试

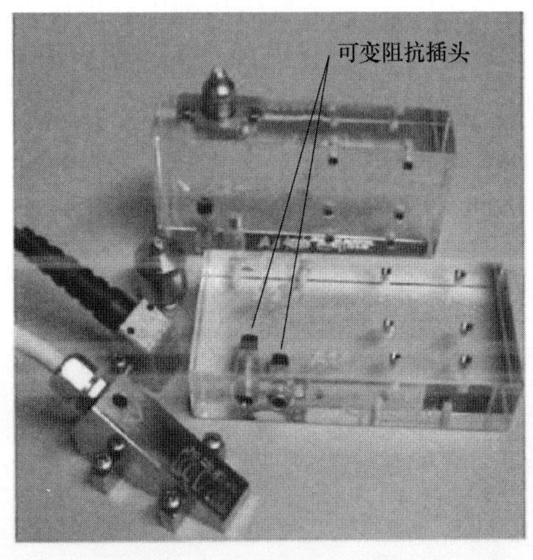

图 7-4　相控阵线性检测试块

3）将较高回波的幅值高度从满屏高度的 100% 依次降低到满屏高度的 10%，以 10% 步进降低，并记录另一个回波的幅值高度。

4）将较大回波幅值高度调整至 80%，确保较小回波幅值没有偏离最开始的 40%，耦合不良情况除外。如果较小回波幅值高度大于 41% 或小于 39%，则需要进行重新测试。

5）可接受误差范围：在满屏高度 10% ~100% 的范围内，回波信号的幅值误差应在 ±3% 之内，且两反射体的回波幅值高度应满足 2∶1 的关系，并将相应数据结果记录在表格中。

相控阵超声波检测仪器可以通过使用闸门来记录回波信号的幅值。

7.1.3 幅值控制线性

相控阵超声波检测是根据脉冲接收器的数量和可能处理的总阵元来进行评级的。一个16/64 相控阵超声波检测仪器有 16 个脉冲发射和接收通道，可以处理多达 64 个阵元。32/128 仪器有 32 个脉冲发射 - 接收通道，最多可以处理 128 个阵元。现在的规范和标准规定，对每个脉冲发射 - 接收部件都需要进行校准，以确定仪器放大性能的线性度。

检查接收通道的放大线性步骤如下：

1）选择一个平面线性阵列相控阵探头，该探头的阵元数量至少与相控阵超声波仪器的脉冲发射通道相同。例如，对于 32/128 仪器，探头中阵元的最小数量至少是 32 个。

2）调整仪器的频率和带通滤波器的脉冲参数，以优化探头响应。例如，对于 5MHz 探头的频率，应该使用调谐和带通滤波器对 5MHz 探头进行滤波。

3）使用该探头，将相控阵超声波检测仪器设置为电子光栅扫描（E - scan）。每个聚焦法则将由一个阵元组成，扫描将从阵元 1 开始激发，直至相控阵超声波检测仪器脉冲数对应的最后一个阵元结束。

4）将探头耦合到合适的表面，从每个聚焦法则中获得脉冲回波响应。可选用 IIW 试块厚度为 25mm 的底面回波或自定义线性块厚度为 20mm 的底面回波。另外，也可以使用水浸法。水浸法不受探头与工件表面耦合的影响。

5）选择相控阵超声波检测仪器的发射 - 接收通道 1。使用 A 扫描显示，监视所选反射体的反射。调整增益，使信号达到 40% 的屏幕高度，如图 7-5 所示。

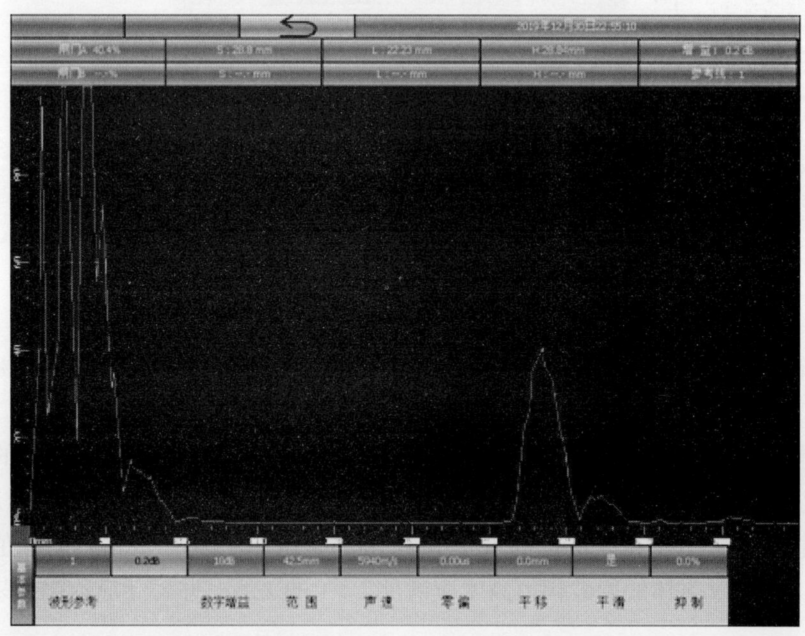

图 7-5　将通道 1 底面回波调整至满屏高度的 40% 时的反射信号

6）增加接收器增益，增量依次为 1dB、2dB、4dB 和 6dB。在每次增益后，再去除相应增益，确保信号返回到 40% 的显示高度。以显示高度的百分比记录信号的实际高度（使用表 7-1 的幅度控制线性部分作为验收水平的导则）。

7）将信号调整到 100% 显示高度，去掉 6dB 增益，并将信号实际高度的百分比记录下来。信号幅值应在表 7-1 允许高度范围内的显示高度要求的 ±3% 范围内。

8）对其他脉冲发射接收通道，重复从信号幅值为满屏高度的 40% 开始调整增益这一步骤。对于具有 10bit 或 12bit 幅值数字化且配置有可读取闸门内超过满屏高度显示的仪器，可以使用更大范围的检查点。对于这些仪器设置的闸门输出，而不是 A 扫描显示，应验证其水平线性。（注意：图 7-6 中信号的幅值大于满屏高度的 100%，闸门 *A* 中信号的幅值为 198. 9%，闸门 *B* 中信号的幅值显示为 178. 3%）。

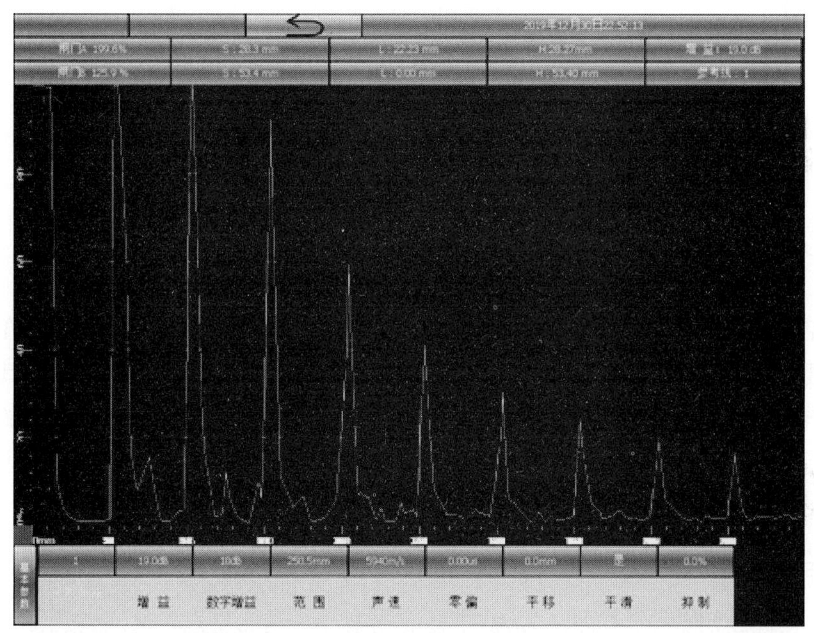

图 7-6　采用 9bit 的仪器，闸门内信号幅值超过了满屏高度的 100%

对于检测人员，可能并不清楚使用通道的基本原理（为什么从通道 1 到仪器脉冲发射 - 接收通道的最大编号）。在 16/64 仪器中使用阵元 1 ~ 16 的电子扫描中，是什么阻止系统使用的单阵元聚焦法则，而不是简单的 1 号脉冲接收通道对 1 号阵元发射，然后将 1 号脉冲接收通道切换到 2 号阵元，然后再重复下去？这种情况将使脉冲接收器 2 ~ 16 无法评估。

然而，相控阵超声波检测仪器的标准设置通常是多路复用器（MUX）单元用于由单个脉冲接收器处理多个阵元。16/64 仪器先将脉冲发射通道 1 连接 4 个独立的阵元（通常是 1、17、33 和 49），然后将每个脉冲接收器多路复用到序列中的下一个阵元。如图 7-7 所示的与多通道相连接的多阵元复用开关中显示了前 4 个通道（脉冲发射 - 接收器）。

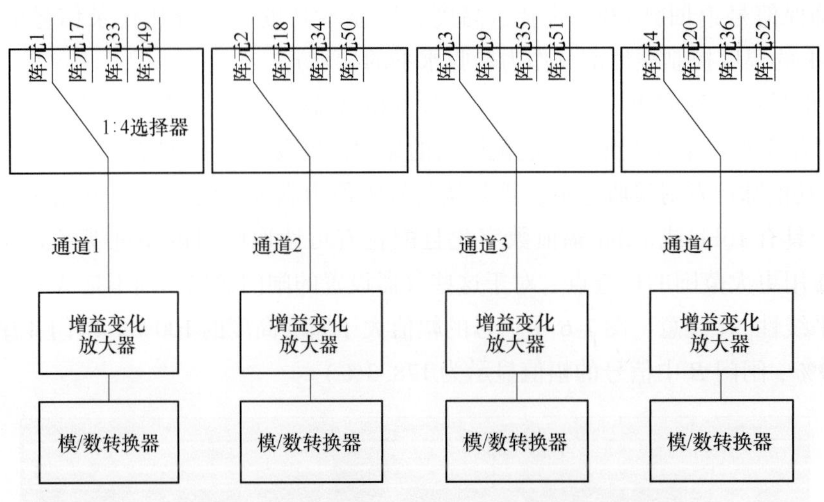

图 7-7 与多通道相连接的多阵元复用开关

7.2 阵元有效性的评定

对相控阵探头的所有阵元的有效性和声能量的一致性进行评定。由于在一般时序操作中，要由分离的脉冲发射和接收器访问各个阵元，应使用一种方法使其差别仅归属于探头自身而确保相控阵超声检测设备的电子性能在不同阵元间是相同的。为了确保不同阵元的性能差别仅仅是由探头结构产生的，选择一个发射接收通道去访问每个阵元。

7.2.1 手工检查

将被测相控阵探头连接到相控阵超声检测设备上，移除探头上的延迟块或折射楔块。用一层均匀的耦合剂将探头耦合到合适的试块表面（如 IIW 试块的 25 mm 厚度表面）。可以使用接触间隙技术（contact - gap technique），这时探头/试块界面在水中（确保耦合均匀）。也可使用液浸技术，水距固定，监控水/钢界面信号而非底面信号。

沿阵元排列方向进行电子扫描，每次激发一个阵元，直至激发整个阵列。如图 7-7 所示，宜确保脉冲发射 - 接收器用于单个阵元的激发和处理。对于阵列中的每个阵元，设置发射器参数，优化探头阵列标称频率的响应，使得试块底面或水/钢界面回波幅度达到满屏高度的 80%。

观察阵列中每个阵元的 A 扫显示，记录每个阵元达到 80% 信号幅度要求的接收器增益，注意并记录任何没有底波或水/钢界面信号的阵元（失效阵元），将其填写在表 7-2 中，该表格用于包含 16 个阵元的探头。

表 7-2　探头有效性阵元表（调节接收器增益，使得回波至满屏高度的 80%）

阵元	1	2	3	4	5	6	7	8	9	10	11	12	13	14	15	16
增益/dB																
活动（√） 非活动（×）																

注：注意并记录任何不能提供底面回波或水层界面信号的阵元（非有效阵元）。

使用收集到的数据进行探头一致性和功能性的评价。比较之前采用相同仪器设置（包括增益）评价保存的文件，得到 80% 相应的接收器增益宜在任意前次评价结果的 ±2dB 范围内，每两个阵元之间比较的差别也应在 ±2dB 之内。

一个探头中失效阵元的总数和相邻失效阵元的数量应由合同双方商定并书面证明。基准和在役检查中该数值可能不同。有些相控阵探头可能有数百个阵元。尤其是某些新型相控阵探头，由于尺寸极小，生产难度高，易产生失效阵元。

允许的失效阵元数量应基于其他方面的性能。例如使用的聚焦法则的聚焦范围和声束偏转范围。对相控阵探头的失效阵元数量没有具体的规定。一般来说，如果一个探头超过 25% 的阵元是失效的，那么灵敏度和声束偏转能力会降低。相同地，允许相邻失效阵元的数量应由实际应用所要求的声束偏转和电子栅格分辨力决定。

耦合的稳定性对对比评价至关重要。若使用接触式，评价的阵元产生信号超过 ±2dB，应检查耦合，并再次进行测试。若仍超过可接受范围，该探头不能继续使用，需进行校准后方可继续使用。如果使用水/钢固定水距技术进行测试，会降低耦合的变化。

在拆卸探头之前，若可行，应使用另一根电缆替换原测试使用的电缆，验证失效阵元是否由于电缆损坏引起。

可以制作独立检测多路连接器的电缆连通性适配器。将这些适配器直接连接到相控阵超声检测设备上，验证所有的输出通道是否有效，或者可以连接到电缆的探头端，确认互联电缆中单个同轴连接器的连通性。连通性不良也可能是多插针连接器上的连接问题导致。在插销到插座的连接中，可能会有一个或多个插脚弯曲或凹入，导致连通性不良（见图 7-8）。

图 7-8　插针弯曲导致相控阵通道信号缺失

7.2.2　预设程序

如果在检查阵元过程中，有预设程序可用来检查阵元的有效情况，则可以代替手动读取每个通道输出。对于安装在测试平台（试块或浸入式配置）上的特殊探头，可以保存为 E-scan 设置。可以预置闸门来监视信号幅值，监控时基线上接近时间零点的始脉冲显示。这些将被转换为所有阵元的 B 扫描，使得检测人员能观察到失效的阵元。

图 7-9 给出了用于标识相控阵超声波检测仪器或电缆中的失效通道的显示示例。

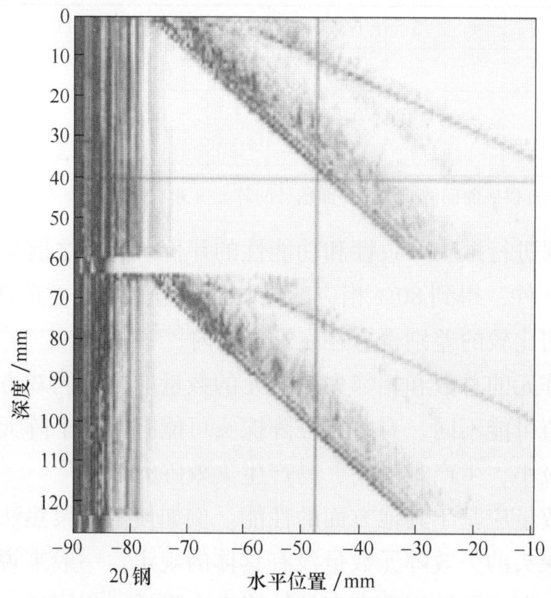

图 7-9　激发阵元的 B 扫描显示

7.3　声束角度和偏移点的确定

如前面的章节所述，调整距离和楔块延迟可以补偿声束在斜楔中传播距离的变化。这只需要利用一个半径的反射面即可，例如，V1 或 V2 试块上的圆弧面，如图 7-10 所示。在图 7-10 所示的所有情况下，探头在试块上前后移动，当声束垂直入射圆弧面上时，可以看到其中一个聚焦法则能达到峰值。假设已知试块的材料声速和圆弧面的半径，就可以计算出在钢中传播所需的时间，并从超声波脉冲发射出的总时间中减去，剩余的时间就是在楔块中传播的时间。将总时间减去在斜楔中传播的时间，就得到了“零”深度或入射点。

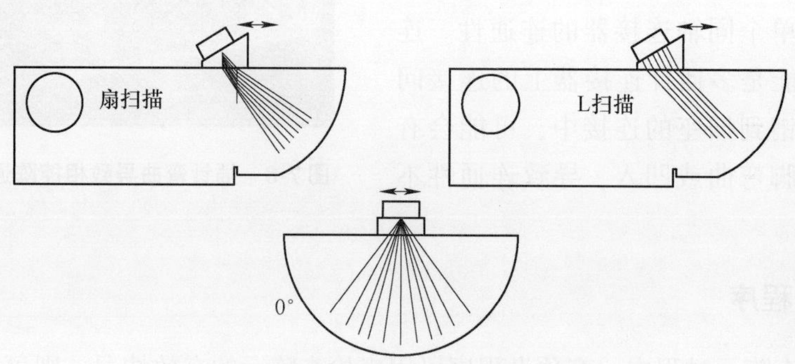

图 7-10　特定聚焦法则的声束入射点测定

聚焦法则中声束入射点与 100mm 的圆弧中心重合时，圆弧上的反射信号幅值达到最大，IIW 试块上的直线对应着该聚焦法则下声束在斜楔中的“出射点”。

在 V1 试块上前后移动相控阵探头的过程，与常规单晶探头确定探头/楔块的“出射点”的过程相同。由于所有相控阵超声波检测系统都可以使用单个 A 扫描，监视单个聚焦法则的回波响应，因此这个过程也可以用来说明所使用的聚焦法则，确定声速入射点的偏移。

由于相控阵探头上没有单独的入射点，相控阵斜楔上也没有标记入射点，因此探头入射点的确定与以前的常规方法不同。

同样，对于相控阵探头，确定单一的折射角也是没有意义的。大多数相控阵数据分析都采用离线软件分析。在以前的常规超声波检测方法中，检测人员可以根据已知的折射角和声波的传播距离，在纸上手工绘制出相关位置，实际上角度的任何误差都可能导致缺陷的定位误差。在相控阵超声波检测系统中，主要利用软件的计算能力绘制出缺陷位置。它的精度是靠已知校准/参考试块中的反射体来确定的。

也可以使用常规单晶探头的方法，确定“传统”的声束角度或者入射点。具体步骤如下：

1）确定入射点。检测人员任意设置一个聚焦法则，并在显示器上显示它的 A 扫描信号。声束指向选定试块的圆弧面并找到最高回波，然后检测人员用钢笔或铅笔在斜楔上画一条线，使斜楔与圆弧面的中心线对齐（声束从试块表面圆弧的圆心，沿半径方向入射时，回波最大）。有些软件提供了声束入射点到斜楔前端的偏移距离的读数（有时称为偏移量），操作员可以实际测量这个距离（即测量斜楔前端到斜楔上用笔标出那条线的距离），并将其与软件读取的值进行比较。有些软件提供了计算入射点的偏移距离，因此可以使用这个距离来标识入射点。

2）评估折射角。利用横通孔对刚标出入射点的聚焦法则对应的折射角进行评估。将相控阵探头耦合在试块上，声束垂直入射到横通孔上，信号达到峰值，斜楔上标记的入射点用于标记其对应试块上的点，如图 7-11 所示。

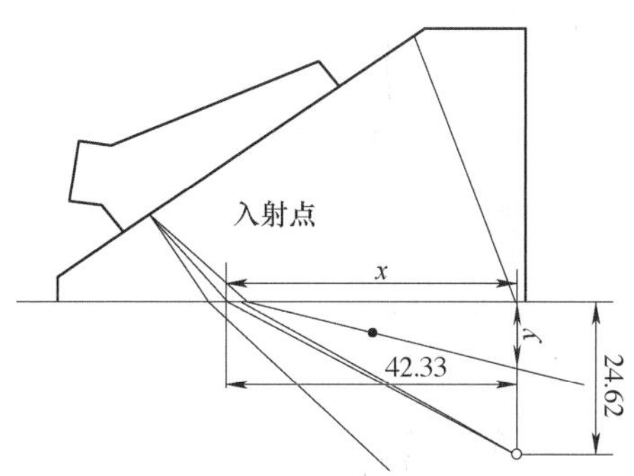

图 7-11 用横通孔信号达到峰值的入射点标记试块

3）确定折射角。可以对试块进行物理测量来确定折射角。在图 7-11 的例子中，测量试块上标出的入射点到横通孔正上方的距离，再除以试块表面到横通孔中心的距离，即可确定折射角，例如，$\arctan \frac{x}{y}$。在图 7-11 中显示的数值，计算出折射角为 59.8°，设置的聚焦法则中产生的声束角度为 60°。

将测量的反射体深度和距离探头前端的距离值与显示屏上的值进行比较，确认相对于物理状态下显示的精度。附录 A 中的出射点公式，提供了确定出射点的数学方法。

7.4 声束特性

在大多数超声波检测应用中，声束仿真是一种常用的方法。当声束沿其轴线方向传播时，声束的尺寸在检测能力和缺欠定量上显得至关重要。无论是液浸法或直接接触法探头，都可以使用声束仿真程序确定，如果不采用适当的预防措施来确保耦合的一致性，直接接触法的探头评定可能发生变化。

对于单个的聚焦法则，当声束固定，探头在液浸装置中使用时，可以使用单一晶片的定性方法（如 ASTM E-1065）中描述的球形靶或听声器。对于相控阵探头，多个聚焦法产生扇形或线性扫描的情况下，可以在少移动或不移动探头的情况下进行声束轮廓评定。在使用机械运动时，应该对其进行编码，以便更准确地将信号出现的时间和幅值与移动的距离联系起来。

线性阵列探头有主动平面和非主动平面。对主动平面上的声束进行评估时，应使用线性扫描方式，对具有足够数量的阵元的探头进行扫描，使声束在反射体中传播。对于使用聚焦法则的相控阵探头，由于大部分可用阵元构成声束，剩余阵元用于形成线性扫描数量太少，无法让声束通过反射体。在这种情况下，将有必要在主动平面上分别对每个聚焦法则进行编码、机械运动和评估每个聚焦法则对应的声束宽度。

对于直接接触式探头，可采用横通孔对声束轮廓进行评估。所述横通孔位于同种材料无缺陷试块的不同深度处，该材料的聚焦法则已被编程。利用相控阵超声波检测系统的线性扫描特性，声束通过不同的深度处的反射体。E 扫描示意如图 7-12 所示。

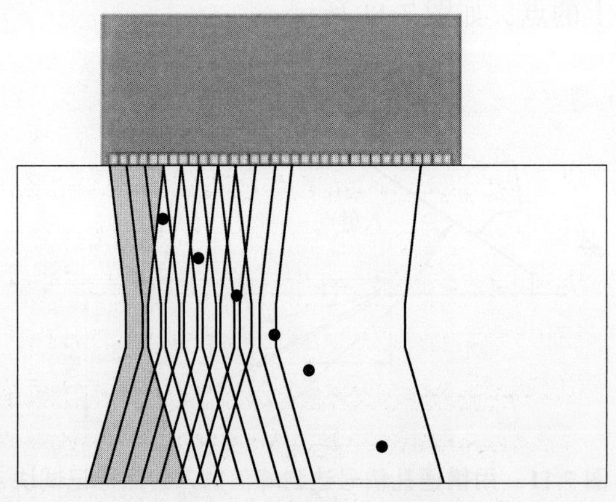

图 7-12　横通孔的 E 扫描

通过采集检测范围内整个波形数据，完成了声束轮廓的确定，构造了一种幅值为颜色或灰度的显示。测试试块中的声束传播时间或等效距离沿一个轴表示，探头移动的距离沿另一个轴表示，即典型的 B 扫描，如图 7-13 所示。

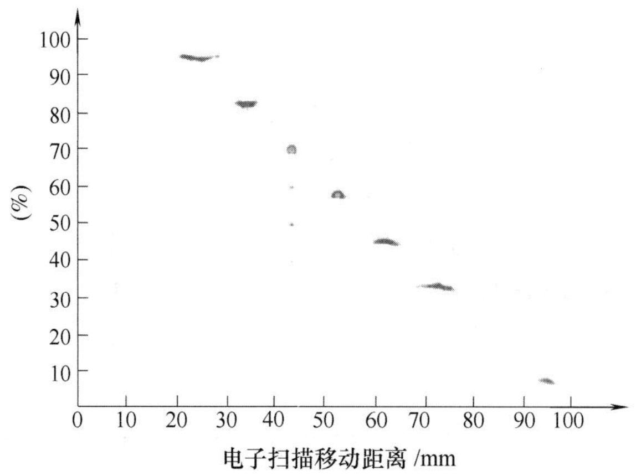

图 7-13　横通孔声束轮廓的 B 扫描显示

图 7-13 是图 7-12 所示的线性扫描的 B 扫描显示。纵坐标表示深度，横坐标表示线性扫描距离。

将相控阵探头固定在斜楔上，使用线性扫描也能得到相类似的数据显示。可以使用一个简单的算法，用时间代替位置，或者进行角度修正，如图 7-14 所示。

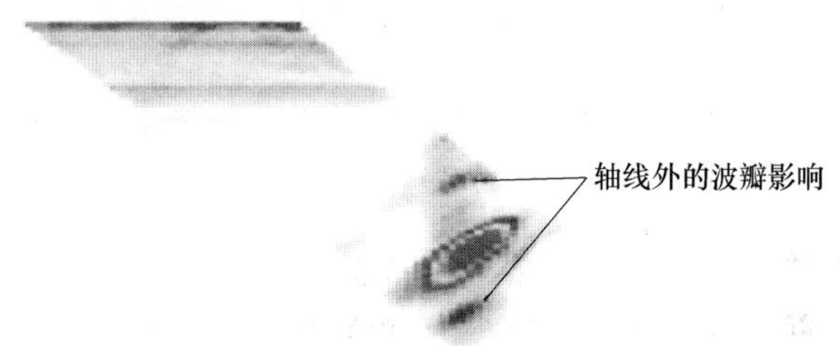

图 7-14　角度修正后的横通孔 B 扫描声束轮廓

沿位移轴的分辨力取决于线性扫描的步进，或者当使用编码器机械扫查装置时，分辨力取决于用于采样的编码器的步进。

沿声束轴的分辨力取决于数字化采样率和采样间隔。对于高度聚焦的声束，声程与目标反射体声程之间可能存在很小的差异（如 1mm 或 2mm）。

在非主动平面上也可以进行声束仿真。线性阵列探头中的非主动平面垂直于主动平面。非主动平面是指声束不能通过相位原理进行角度偏转的平面。非主动平面方向的声束轮廓需要通过机械扫描得到。

采用主动平面的线扫和非主动平面的机械编码移动扫查相结合，采集信号的波形，提供可以投影校正的数据，从而获得非主动平面的声束轮廓。图 7-15 给出了非主动平面中声束轮廓评估的一种方法。该技术利用了阶梯试块中不同深度处平底孔端部的端角反射。

图 7-16 显示了图 7-15 中阶梯孔的另一种替代方法。在这种情况下，采用的是一个斜通孔，使其垂直于入射的声束，提供了反射体连续的声程。

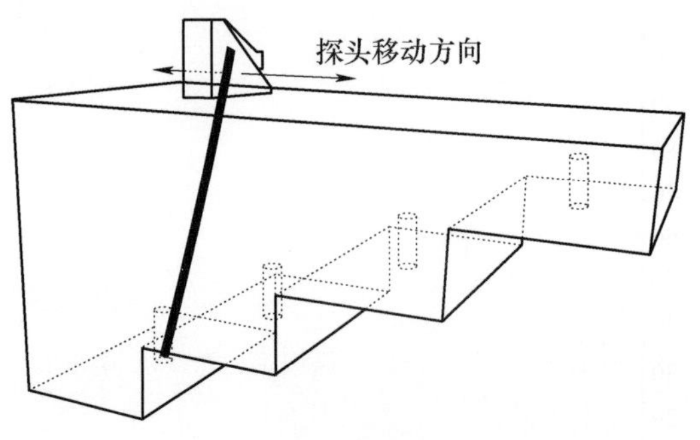

图 7-15　非主动平面的声束轮廓

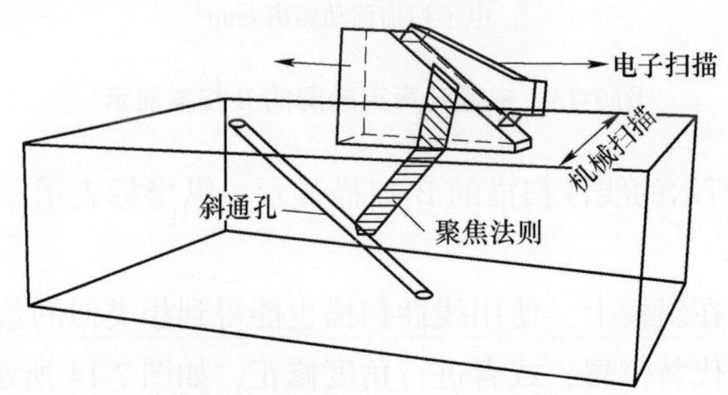

图 7-16　主动平面和非主动平面声束轮廓组合

将采集的数据以投影 C 扫描的形式呈现，可以根据表示幅值下降的颜色或灰度来评估声束的尺寸。投影的 C 扫描如图 7-17 所示。

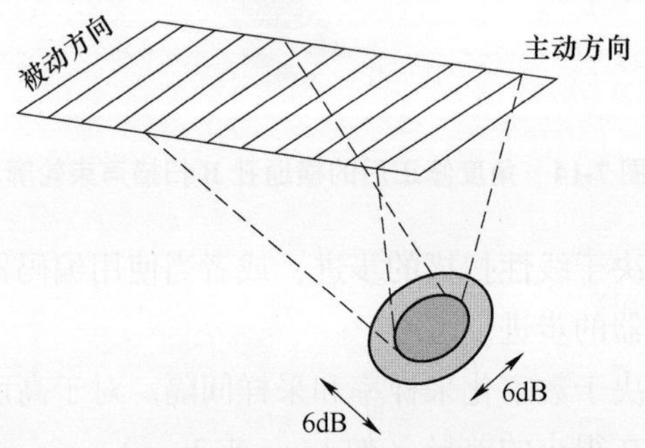

图 7-17　主动轴和非主动轴声束轮廓 C 扫描投影

7.5　相控阵声束偏转极限的确定

值得注意的是，在相控阵探头的设计中，有一些因素限制了声束偏离垂直方向的程度。通常认为声束偏转能力与阵列中单个阵元的宽度有关。

最大的偏转角度 θ_{st}（-6 dB）由式（7-1）给出：

$$\theta_{st}=0.44\frac{\lambda}{a} \tag{7-1}$$

式中 λ——波长（mm）；

a——单个阵元的宽度（mm）；

0.44——矩形阵元的常数。

制造商通常会根据这一原则，对声束偏转角度提供一些建议并增加一些保守的估算。因此，可以根据标称频率和制造商提供的阵元尺寸信息来计算理论极限。但是，有几个参数会影响理论计算，这些主要与探头的标称频率有关。

影响实际频率的参数包括：脉冲长度、阻尼、使用的延迟块或折射斜楔以及厚度研磨和匹配层制作工艺的变化。

在特定情况下验证系统的偏转极限时，需要确定探头和斜楔的特定组合的极限。并非仅仅是使用 IIW 试块测试能在哪个角度下检测到缺欠来确定偏转极限。偏转能力通常是基于对不同角度下的信噪比的比较。声束偏转能力也受到声束投影要求所影响。当必须使用聚焦时，聚焦时的偏转能力达不到不聚焦的偏转能力，偏转能力受声程距离、激发孔径和材料的影响。

推荐使用一系列横通孔，并针对检测目的配置相应的相控阵检测系统来确定声束的偏转极限。比如使用或者不使用折射斜楔或延迟块、不聚焦或确定聚焦距离，以及规定被检测的材料。

声束偏转极限确定试块的制作方法，在适应的距离处加工一系列的横通孔，横通孔的样式如图 7-18 或图 7-19 所示。这种样式的孔适用于聚焦法则中变化的聚焦平面，可以在不同的聚焦法则中配置这些选项。当不使用聚焦时，或者聚焦在固定的声程处时，采用如图 7-18 所示的横通孔。在探头放置的中心位置处，沿半径为 25mm 和 50mm 的圆弧，以 5°间隔分布着横通孔。

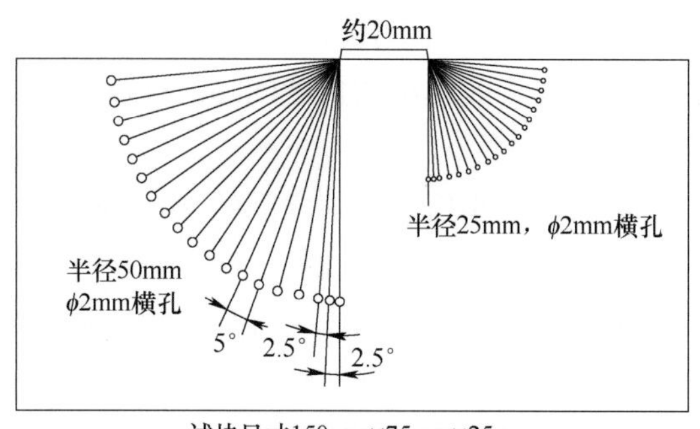

图 7-18 声束偏转评定试块——恒定声程

对于不同的应用也可以进行类似的评定。当设置一系列聚焦法则时，在一个平面内提供分辨力，而不是在固定声程上提供分辨力，这个平面可以用于评定声束的偏转极限。评定时，横通孔分布在所用试块的评定平面上，这种特定平面的试块如图 7-19 所示，在垂

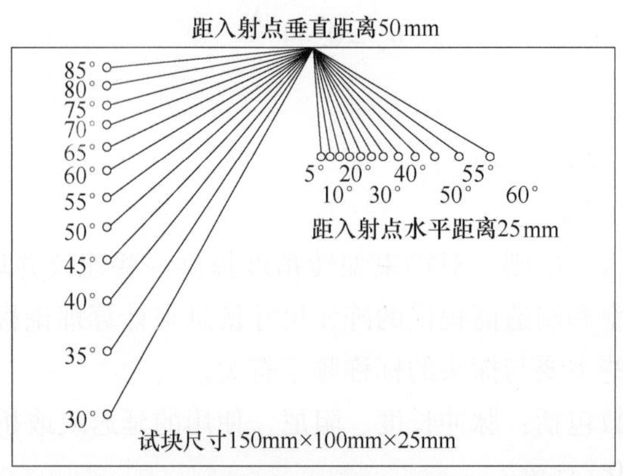

图 7-19　声束偏转评定试块——声程平面固定

直面和水平面上、距离标称的入射点特定的距离上，加工一系列横通孔。横通孔也可以布置在其他平面（角度）上。

当使用图 7-18 中的试块进行评定时，将探头放置在试块上，使得中心声束入射点位于显示的中心线上。当探头没有配置延迟块或折射斜楔时，聚焦法则中阵列阵元的中点与中心线对齐；当采用部分阵元设置聚焦法则时，有效孔径的中点应与中心线对齐；当使用延迟块、折射斜楔或液浸法时，需要对沿试块表面的入射点偏移量进行修正补偿；当使用的探头直接与试块接触时（见图 7-18），由于缺少对称性，中心线的任意一侧，不能同时评定正向和负向的扫查偏转角度。因此，如果需要使用这种试块评定在两个方向的扫描极限时，探头应先在一个方向上进行评定，然后将探头旋转 180°，在相反的方向上进行评定。

相控阵超声波检测系统的 A 扫描采样中的角度步进也会影响扫查角度极限的测量。对于 S 扫描中的角度偏转评定，通常推荐的最大角度步进为 1°，但是，角度步进通常受到脉冲延迟能力和阵元间距特性的限制。如图 7-18 和图 7-19 中，反射体之间的角度为 5°；可以根据所需要的分辨力，来选取较大或较小的角度间隔。这就意味着这些试块要根据需要达到的误差要求来定制。

利用相邻两个横通孔的最大和最小信号幅值之间的 dB 差值，来评定偏转极限。例如，当相控阵探头在试块上设置的扫查角度为 ±45°时，如图 7-18 所示，相邻横通孔中回波幅值最高能相差 6dB，则该横通孔对应的角度将被视为探头的最大偏转能力。

有时 6dB 的差值并不足够，可接受的偏转极限可以通过声束偏转的最大和最小角度来表示，以实现相邻孔之间能以预先规定的值进行区分。根据应用的不同，可以将 6dB 或 20dB（或其他一些值）指定为所需的差值。

偏转能力是系统特性的一部分：如相控阵超声波检测系统要求以 5°分辨力区分 ϕ2mm 的横通孔时，最小的偏转能力为标称的中间角度值：±20°。反之，也可以明确系统的扇扫描角度不能超过评定的角度，以实现一个指定的信号区分，例如，以信号幅值 -20dB的差值区分间距为 5°的 ϕ2mm 横通孔。

另一种评定方法可以利用规定的深度或者声程的单个横通孔，通过观察其峰值响应的信噪比，显示 A 扫描信号的最大和最小角度来评定声束的偏转能力。该方法可以根据获得的信噪比，预先定义声束的偏转极限。

在所有情况中，当评定声束偏转极限时，需要特别注意栅瓣信号。栅瓣信号与主声束之间可能存在很大的角度，除了强烈的栅瓣信号通常出现与主声束夹角为 20°～30°的位置外，栅瓣也可能以单独的模式存在。例如，设置一个聚焦法则要求折射一个 55°的横波，同时也产生一个 80°的纵波。当进行实际检测时，有可能会产生来自几何结构的干扰信号，导致工件在没有缺欠的情况下进行返修。

7.6　用于系统验证的校准块

本章中虽然介绍了几种用于相控阵超声波检测系统校验的校准试块，如 V1 和 V2（ISO 中称为校准试块 1 号和 2 号）和半圆试块（美国焊接学会称其为 DC 试块），为一些系统评定提供了有用的工具。但是，由于相控阵探头的灵活性和可变性，许多评定仍然需要定制试块。其中，用于屏幕高度线性校准的可变声阻抗反射体试块，可以从制造商处购买或自己制作。虽然声束轮廓评定可以使用一些标准试块，但在大多数情况下，反射体都加工在定制的试块中，比如主动方向声束轮廓和角分辨力的评定。

虽然相控阵超声波检测系统引入无损检测行业已有 20 多年的历史，但目前还是没有针对相控阵评定的标准试块。

第 8 章　检测灵敏度

对于相控阵超声波检测设备，在任何检测条件下都可能产生多个声束，每个声束都需要在其设置的参数下进行校准。采用费马公式计算阵元的延迟时间或电压设置时，任何的修改都会使参考响应发生改变，因此需要确定必要的参数，以确保正确修改相控阵超声波检测系统参数，从而使灵敏度重新调整到所需的参考水平。

本章介绍检测过程中设定灵敏度水平的步骤。每个设备生产厂家的仪器设定灵敏度的具体步骤不尽相同，但其关注的主要内容是相同的。

8.1　用于费马计算的参数

在评估仪器和探头的检测适用性之后，下一步是获取材料的必要参数，以便相控阵超声波检测系统计算出检测过程中需要的延迟时间。费马定理提出：声束将按传播时间最短的路径传播。因此，已知超声波的入射点、超声波到达的终点以及介质声速等信息后，就可以计算出超声波传播的最短时间。

当探头使用了延迟或折射楔块，声束偏转和投影的显示将取决于费马定理。检测人员需要确定探头阵元的三维位置，以精确地获得楔块至工件界面的声程。通常有必要验证检测人员计算声程得到的坐标。这样，显示软件即可正确显示缺欠的位置。

通常使用图形用户界面（GUI）设置探头和楔块的参数，检测人员可在菜单栏中输入数值，参数项点见表 8-1。某些相控阵超声波检测系统在设置延迟时间法则时，需要输入表 8-1 中的所有项目。

表 8-1　设置相控阵探头聚焦法则的典型参数数据

参　数	典型数值
探头类型	线阵、矩阵、环阵
阵元数量/个	16，32，60，64
阵元宽度（非主动孔径尺寸）/mm	6，10，12，18
相邻阵元之间的间隙/mm	0.5，0.1，0.2
阵元中心距/mm	0.3，0.6，1
阵元高度/mm	0.25，0.4，0.9
聚焦	平面或非主动轴方向的特定直径的弧面聚焦
楔块声速/$m \cdot s^{-1}$	2340
楔块角度	取决于使用的波形
楔块长、宽、高	多种

（续）

参　　数	典型数值
参考的阵元位置	可以是 1 号阵元的高度和偏离楔块前沿或后沿的距离；可以是阵列在自然折射角出射点界面上的中点，或者任何可以描述距试件特定高度和入射角的其他参考位置
试件声速	输入纵波和横波声速，然后选择合适的值

坐标的输入取决于使用的参考点及生产厂家的软件。阵元位置参考坐标示例如图 8-1 所示。

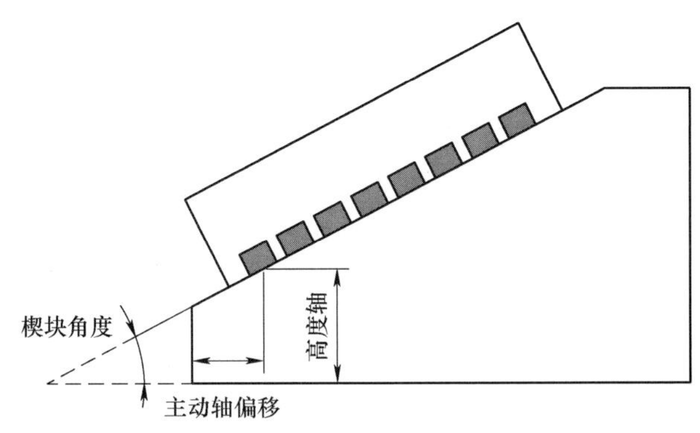

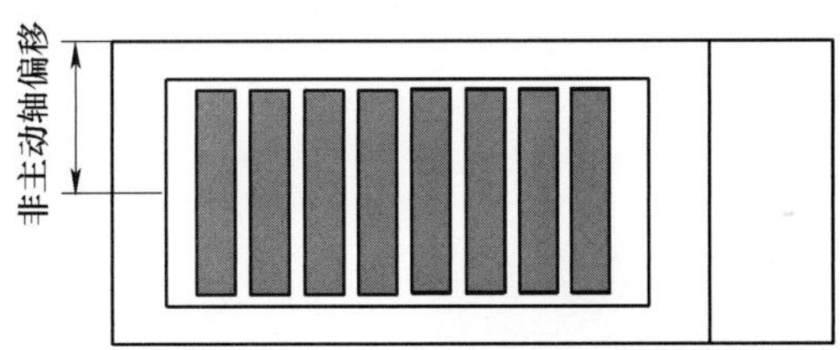

图 8-1　三维空间下阵元位置的参考坐标

有时，校准试块中的反射体在图像中显示的位置并不准确，这可能不是由于计算错误导致的，而是检测人员输入参数的误差累计造成的。如图 8-2 所示，输入的数据引起了一

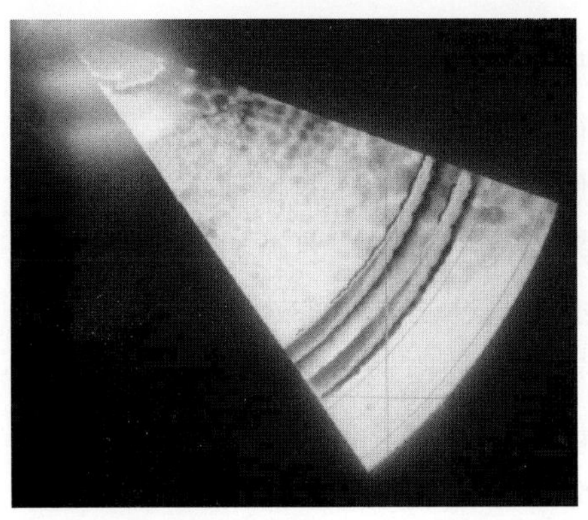

图 8-2　由声速误差引起的反射体定位误差

定的误差。检测人员输入了楔块和材料的标称声速值，其中楔块中的标称声速为2770m/s，钢的标称声速为3230m/s。如果楔块的固化方式稍有不同且温度略大于20℃时，则楔块的实际声速就会改变，钢中的声速也会改变。

这种情况下，软件不仅计算的声束角度出现误差，还会错误地绘制出反射体的位置。图8-2中直径2mm的横孔埋深为36mm，但由于声速的误差，导致显示的反射体埋深显示为34mm。

为了避免这类误差，可用一些方法来确定楔块声速以及材料的声速。

8.1.1 声速的确定

理想情况下，校准试块的材质应与被检工件相同。但是，大多数标准试块只由一些标准特定的材料制作而成（如ISO 2400—2012 1号校准试块采用S355J0钢制作）。但是，并非待检的所有材料都与S355J0相似，因此即使采用标准校准试块，聚焦法则使用的声速也可能与实际被检材料声速不一致。虽然根据实际检测材料制作的自定义试块比较昂贵，但也会改善精确性。可以根据角度和波形选择测量两个圆弧面回波的时间差，或两个厚度回波的时间差来确定声速。

这类校准试块通常带有两个圆弧面。例如，IIW 2型试块（见图8-3，由IIW 1型试块改版而来），具有R50mm和R100mm两个圆弧。

半圆试块由R25mm、R50mm两个不同半径的同心半圆组成，如图8-4所示。

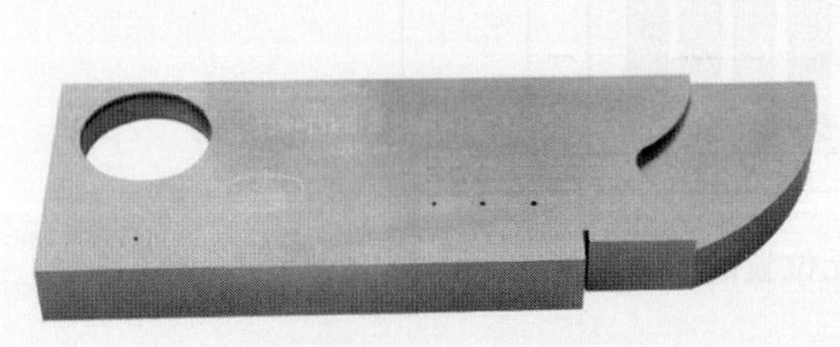

图8-3 IIW 2型试块

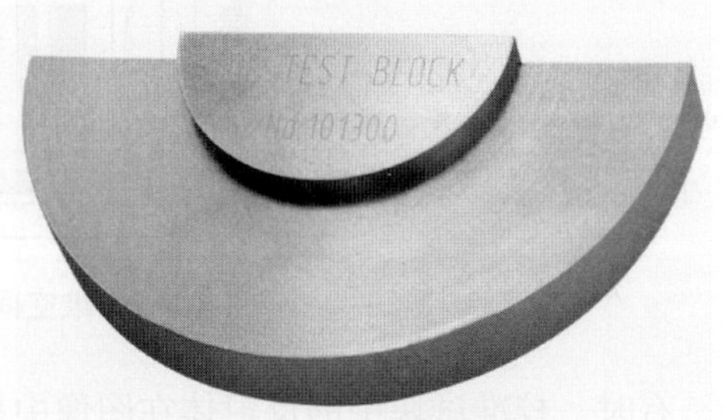

图8-4 半圆试块

使用这种试块进行扇形扫描和线形扫描，对于每个角度或聚焦法则，都能获得两个峰值信号。随着探头移过试块的中心点，每个聚焦法则的声束都能找到垂直入射至圆弧面的声束路径。采用探头加楔块的纵波模式设置的扇形扫描如图8-5所示。通过读取圆弧处两个最大回波的时间差，就可以确定材料的声速。例如，R50mm圆弧的最大回波在36.930μs，R25mm圆弧的最大回波在28.491μs，时间差值就是8.439μs，这个时间差值就是声波在钢中往返25mm所需要的时间。因此，材料的声速

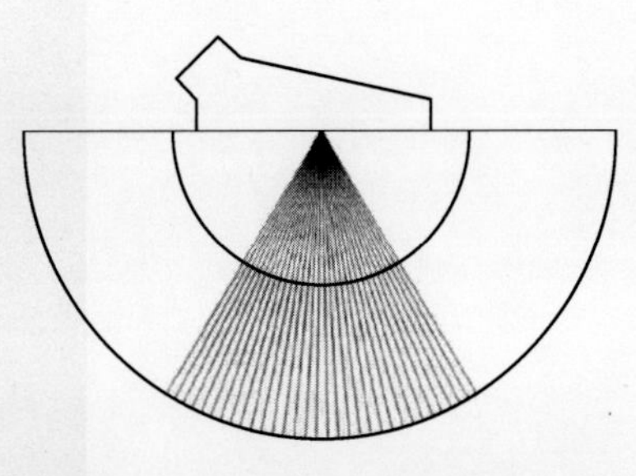

图8-5 半圆试块扇形扫描示意

就是来回的总声程除以时间，即 50 ÷ 8.439(m/s) = 5925(m/s)。

软件可以设置在使用的角度范围内，通过读取闸门内最大信号的时间差，来确定材料的声速。

当使用 0°纵波评定声速时，可使用相同的试块。半圆试块有 0°声束入射的点（垂直入射）。IIW 试块圆弧中心点，对应的是三个台阶面（距离分别为 100mm、91mm 和 85mm）。标准的阶梯试块也可用于确定 0°声束的速度。

8.1.2　楔块延迟时间的确定

与材料声速相同，楔块声速在工件的聚焦法则计算和缺欠图像显示中也起着重要的作用。需要知道声束在楔块中传播的总时间，以便在图像中正确地确定声束的入射点，即被检工件表面。

如果已知楔块声速（通常由生产厂家提供，有时会标注在楔块上），并且精准测定被检工件声速，即可通过三角函数计算出声束在楔块中的传播时间。在已知埋深的横孔校准试块上绘制出探头的位置，即可通过软件计算出楔块内声程的改变。通常采用 IIW 试块上 ϕ1.5mm 横孔确定楔块延迟时间。这种方法是建立在聚焦法则角度正确设置的前提下（基于输入的声速），每个角度下横孔的最大回波响应或聚焦法则对应了直角三角形的斜边，而深度对应了一条直角边。

图 8-6 采用 60°线形扫描说明了这种情况。将探头在试块上移动，在每个聚焦法则下，横孔的回波达到最大值，探头从右向左移动时，仪器会记录延迟时间不断增加的回波信号。这是因为当探头从右往左移动时，第一个与横孔作用的声束是最下面的阵元发出的，所以它在楔块中传播的路径最短。楔块中的声程随着楔块中声束的向上移动而增大。如果计算钢中的纵波声速为 5900m/s，每个声束的自然折射角为 60°，从试块表面至横孔的深度距离为 30mm（$WP = \dfrac{x}{\cos 60°}$，其中 WP 是钢中的声程，x 是横孔的深度）。采用钢中横波声速为 3200m/s，计算出在钢中每个聚焦法则的脉冲回波往返传播所需要的时间为 18.75μs。楔块中声束的转播时间可以通过仪器显示的总时间减去钢中声束的传播时间。例如，楔块中有 7 个声程，从声程 WP1 到 WP7，声程依次增加。对于每个聚焦法则，可以用中心声束来计算在楔块中每个聚焦法则的平均时间。例如，已知楔块中的声速为 2340m/s，在钢中产生的折射角度为 60°，则对应的楔块角度为 39.3°。

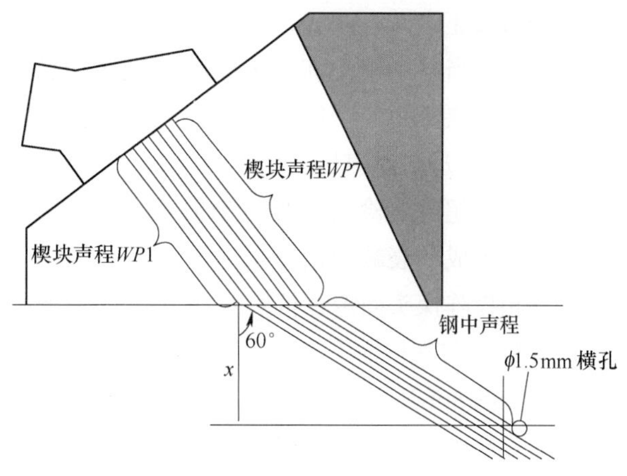

图 8-6　楔块延迟时间确定

可以通过楔块的几何尺寸及阵元在楔块中的参考位置来确定楔块中的

声程，见表 8-2。

表 8-2 7 个 60°聚焦法则声速在楔块中的延迟时间

楔块声程	距离/mm	声速为 2340m/s 在楔块中的传播时间/μs（脉冲反射）	横孔信号的总时间/μs
1	23.35	19.95	38.71
2	24.25	20.72	39.47
3	25.15	21.49	40.24
4	26.05	22.26	41.01
5	26.95	23.03	41.78
6	27.85	23.80	42.55
7	28.75	24.57	43.32

相控阵超声波检测系统能根据楔块的设计图样，通过简单的计算得出假定的延迟时间。但是，楔块磨损会导致尺寸变化及计算错误。如果已知深度反射体的声程，则可通过相控阵超声波检测系统的内置程序精确地确定延迟时间，此时不再依赖于其外观尺寸。

8.1.3 衰减的补偿

灵敏度设定是许多无损检测设备的标准功能，其主要目的是确保最小的或相同的增益水平或检测能力，保证检测结果的一致性和再现性。

这可能是有风险的，正如“最小检出水平”对应了可以检出的缺欠的尺寸极限，尺寸小于该极限的反射体有可能发现不了。但是，在超声波检测方法中，特定缺欠能否被检出并非只取决于放大器增益。缺欠相对于声束的方向、缺欠的尺寸、缺欠处的声束尺寸、脉冲的频率成分以及缺欠的频率响应等其他参数都会影响缺欠的检出。

为了克服这些不确定因素的影响，通常在固定的简单反射体上设定灵敏度。焊缝检测所用的反射体通常是对称的，并且易于机械加工成形。平底孔和横孔是最容易加工且使用最广泛的。也可使用表面刻槽，但这特别依赖于声束角度。刻槽、平底孔和横孔都可用于评定不同声程处的灵敏度。因此使用单晶探头进行手工超声波检测时，采用 DAC 曲线或 TCG 即可修正衰减。

但是，当采用相控阵超声波检测技术时，除了材料的衰减，还需要考虑两个主要因素：随着聚焦法则的变化，楔块中的声程会发生变化；另外，还需考虑往复透射率的影响（平面波往复透射时声压发生了变化）。

相控阵超声波检测仪器的 TCG 功能可以自动完成灵敏度补偿。这里，需要考虑不同聚焦法则造成的衰减变化。

将相控阵探头固定在折射斜楔上，可以改变声束的角度和激发的阵元组。当扫过一系列角度时（在 S 扫描中）或多路复用起始阵元（在 E 扫描中）时，楔块内的声程会发生变化，如图 8-7 所示。

随着超声波在介质中传播距离的增加，声压会下降（衰减）。材料的衰减通过衰减系数来表示，单位为 dB/mm、dB/cm 或 dB/m。有机玻璃的声压衰减系数见表 8-3。

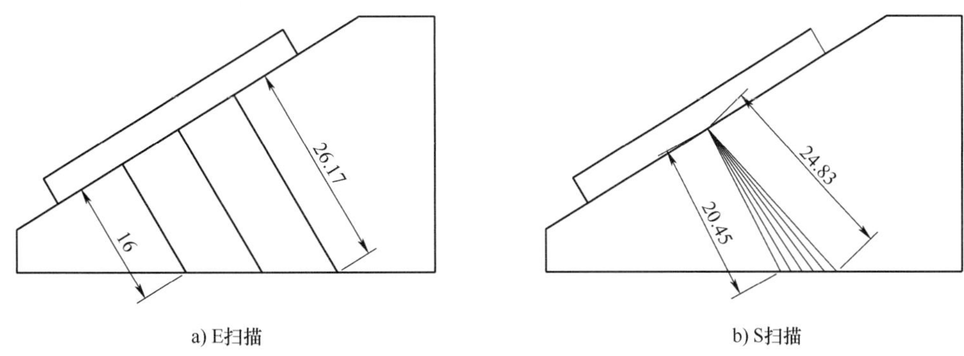

图 8-7　E 扫描和 S 扫描的楔块声程变化

表 8-3　有机玻璃的声压衰减系数

探头标称频率/MHz	衰减系数/dB·mm⁻¹		
	中薄样品	厚到薄样品	平均值
2.25	0.285	0.257	0.271
3.5	0.382	0.338	0.36
5.0	0.598	0.58	0.589

从图 8-7 的 S 扫描和 E 扫描声程的变化中可以看到声程变化导致的声压改变程度。对于 E 扫描，从最低阵元到最高阵元的聚焦法则，其声程差为 10.17mm。采用 5MHz 探头和有机玻璃楔块，声压差值为 $10.17 \times 0.589(\mathrm{dB}) = 6(\mathrm{dB})$。而 S 扫描声程的变化很小：$4.38 \times 0.589(\mathrm{dB}) = 2.58(\mathrm{dB})$。

使用一维线阵探头检测时，可以采用与计算楔块延迟时间相同的方法（使用已知埋深的横孔）对 E 扫描的楔块衰减进行补偿。但与延迟时间补偿不同的是，楔块衰减是假定所有声束到被检材料中反射体的声程相同，由此被检材料的衰减不会导致信号幅度的进一步降低。由于被检材料中声程保持不变，对于形状相同的反射体，只有楔块的影响才会引起信号幅度的变化。

具有圆弧的试块其反射面形状相同，试块内的声程不受声束角度的影响，因此适于进行楔块衰减补偿的调节。特别是对于 S 扫描，推荐使用类似于带有 *R*100mm 圆弧的 V1 试块，或带有 *R*25mm 和 *R*50mm 圆弧的 V2 试块。在 S 扫描中可以使用这些圆弧对角度变化导致的往复透射率差异进行补偿。

往复透射率是造成信号幅度下降的另一个因素。单晶探头检测系统只比较单个角度的幅度响应，而在 S 扫描中需将所用的所有角度的回波幅度响应与参考基准相比较。但是，S 扫描中不能通过一次调整一个角度的方式实现这样的比较，这是因为随着声束的入射角增加，进入被检工件中的声压会减少。同时，对于任何沿着接收聚焦法则路径返回的脉冲，大角度比小角度的声压更低。纵波斜入射至有机玻璃/钢界面上的往复透过率如图 8-8 所示。

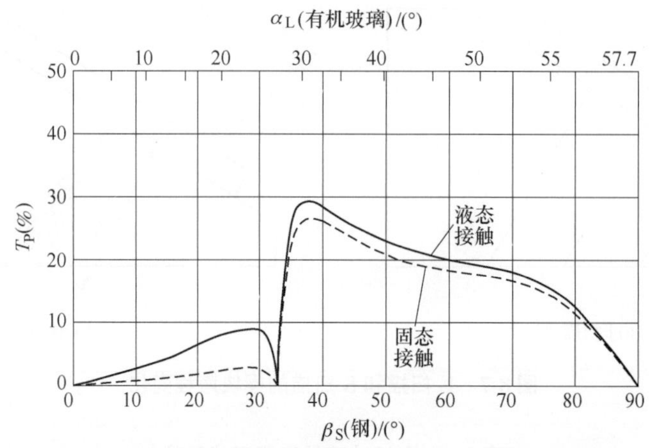

图 8-8　纵波斜入射至有机玻璃/钢界面上的往复透过率

注：1. 有机玻璃：$c_l=2730\text{m/s}$，$c_s=1430\text{m/s}$，$\rho=1.18\times10^3\text{kg/m}^3$。

2. 钢：$c_l=5900\text{m/s}$，$c_s=3230\text{m/s}$，$\rho=7.7\times10^3\text{kg/m}^3$。

由图 8-8 可见，对于 40°的横波，往复透射率表明：发射声压中约有 28% 的声压被接收，并且随着折射角的增加，被接收的声压值将继续减小。当角度增加到 70°时，只有 18% 的回波声压被接收。对于相控阵超声波检测系统，需要补偿另外的 4dB 损失，才能使得系统对相同尺寸、相同深度、相同形状反射体的回波幅度一致。

每次对一个聚焦法则进行楔块和往复透射率衰减补偿是不切实际的。通过计算机计算可以实现灵敏度调节的动态评定。动态评定只需要检测人员前后移动探头，使各声束获得圆弧面的回波峰值。相控阵超声波检测系统可以计算楔块衰减修正，以确保将每个反射体的回波调整至相同幅度。

可使用仪器特有的向导菜单优化各聚焦法则响应，对各聚焦法则自动调节增益，使得相同声程的相同反射体回波幅度相同。当选择的角度范围很小时，需要补偿的增益差也很小，软件可通过插值来调整匹配。

如果不能达到合适的补偿，如声束的角度范围太大，难以有效地补偿信号幅度，则必须减小范围，直到可以进行有效的补偿。设置聚焦法则时，如果声束偏转角度范围超过了探头设计方的推荐值时，就会发生这种情况。

在设置特定的聚焦法则之前，通常要先确定楔块中的延迟时间、楔块声程长度变化的增益补偿以及往复透射率的影响。在确定了楔块和被检工件的正确声速，以及确定了零位偏移所需的正确延迟时间之后，接下来只需要输入时基范围。时基范围由被检工件的厚度决定。时基范围定义了沿各声程显示的数据量，必须在这个时间区域内调整仪器灵敏度。

8.2　检测灵敏度反射体

在之前描述衰减补偿的章节中，相控阵检测灵敏度设置中使用的反射体通常是基于简单的反射体，如平底孔、横孔、表面刻槽和大平底（平板的背面或如 IIW 试块 R100mm 的圆弧面）。

虽然刻槽、平底孔、横孔都可用于评定不同声程处的声束灵敏度，但是大平底的反射指向性使其不适用于相控阵的 S 扫描。反射的指向性需要考虑两方面问题：镜面反射和往复透射率。如果声束入射时，声束轴线与反射体表面不垂直，则会造成额外的声能损失，反射的声波将偏离入射的方向。

8.2.1　内部反射体

平底孔、内部矩形槽（采用电火花加工）、倾斜的表面刻槽以及圆柱体表面刻槽，所有这些反射体都会受到声束反射时方向变化带来的影响。幅度响应的反射率表明，反射体的回波幅度只在很小的角度范围内比较高。S 扫描中声束入射至成排的 3 个反射体的效果如图 8-9 所示。3 个反射体从左至右分别是 45°倾斜高 3mm 矩形槽，45°倾斜的 ϕ3mm 平底孔，以及 ϕ2mm 横孔。它们位于厚度为 100mm 试块的 50mm 深度处。检测时采用了 16 阵元 7.5MHz 的探头，激发 16 阵元形成非聚焦扇形扫描，扇形扫描角度为 45° ~ 70°，扇形扫描角度步进为 1°。除扇形扫描声束外，探头以 1mm 的步进移动。起始时 45°声束入射至横孔，继续移动，直至 70°的声束得到清晰的矩形反射体图像。

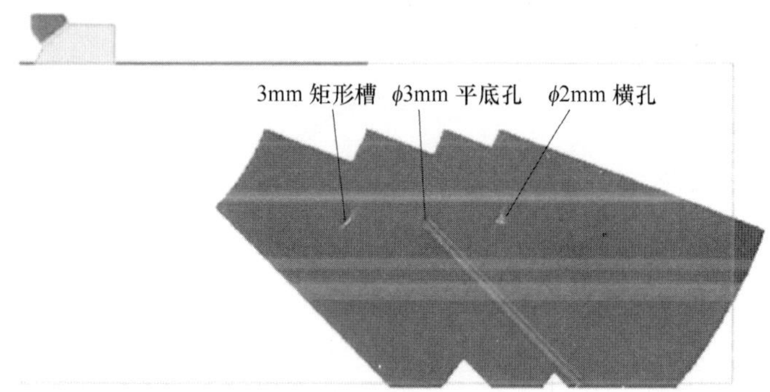

图 8-9　3 个反射体的 S 扫描

在空间上，单一的 S 扫描图像不能表示平面反射体有限回波响应的状态。整个扫查过程中的 C 扫描显示图像如图 8-10 所示。

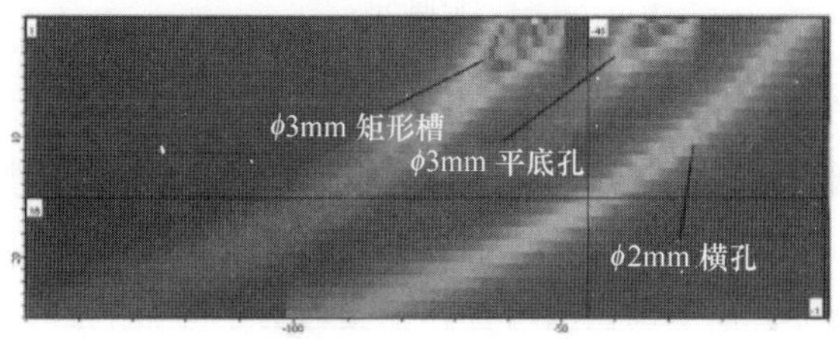

图 8-10　C 扫描显示

这种形式的 C 扫描表示了各扫查角度下每个位置的最大幅度。每个反射体反射回波的弧线如图 8-10 所示。高 3mm 矩形槽和 ϕ3mm 平底孔都有较大的幅度信号，但是最大回波幅度只发生在 5°～6°的扇形扫描角度范围内和 5～6mm 的扫查位置。横孔的反射信号则是一条颜色均匀的弧线。事实上，在 45°～68°内，不同角度声束之间的横孔回波幅度相差在 1.5dB 之内。横孔符合理想反射体的要求，即对于不同入射角的声束，回波幅度基本一致。

8.2.2 表面反射体

在手工超声波检测中，经常使用表面刻槽作为反射体（特别是管材）。在各类标准规范中，表面刻槽通常为 V 形、矩形或 U 形。在 S 扫描中，V 形槽和矩形槽反射体的最大反射波幅出现在很小的角度范围内，其他角度的反射波幅都很低。矩形槽和 U 形槽反射体还有另外一个问题，即往复透射率的影响。U 形槽和矩形槽基本等效，因为前者也是基于端角效应。

表面刻槽对使用的声束角度的影响很大。由图 8-11 中可见，45°声束和 60°声束在端角处的最大回波及其波幅差异。图中，52μs 位置为 45°声束的回波信号，以此为基准。60°声束的回波信号在 69μs 处，其波幅比基准低 19dB。如果只考虑衰减，则 27mm 声程（两个信号之间的声程差为 27mm）的声压差值小于 2dB。

当使用相控阵进行 S 扫描时，不推荐采用矩形槽进行灵敏度设定。

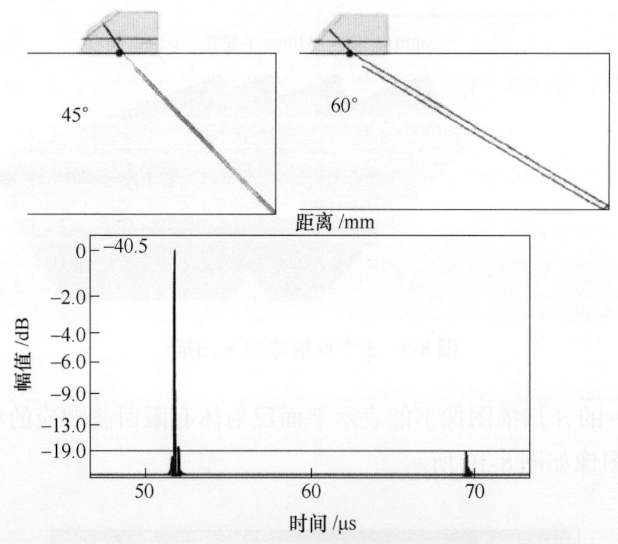

图 8-11　45°和 60°声束端角反射波幅对比

相控阵超声波检测中另一个常用的理想反射体是圆弧面。从入射点入射的所有声束在圆弧面的声程都相同。标准试块往往使用圆弧面进行范围校准（如 V1、V2 和 DC 试块）。它们也能用于灵敏度设定，在平衡楔块声程和往复透射率的影响后，对于特定范围内的所有角度，圆弧面的反射波幅均相同。

直径为 100mm 的半圆试块如图 8-12 所示。45°～70°声束直接入射至试块的外表面。

向后移动探头各声束都能垂直入射至半径为 50mm 的外表面。

各角度声束在圆弧面的最大波幅如图 8-13 所示。横坐标表示角度，纵坐标表示的是各角度下的最大回波幅度。从 45°～70°，回波幅度下降 6dB，这是由于声束在楔块中声程增加而产生的衰减及往复透射率共同影响导致的。

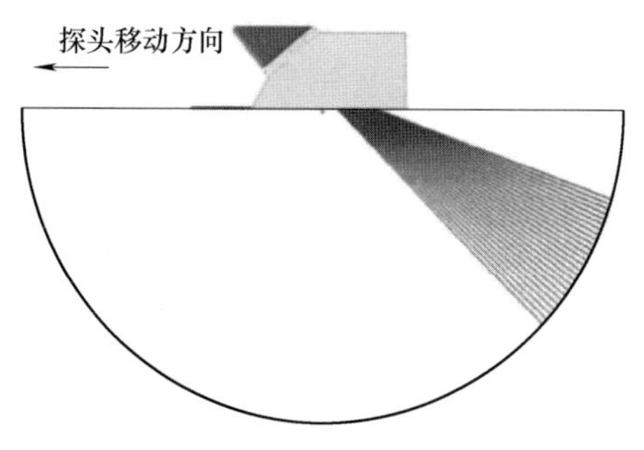

图 8-12　经过半圆试块圆心的 S 扫描

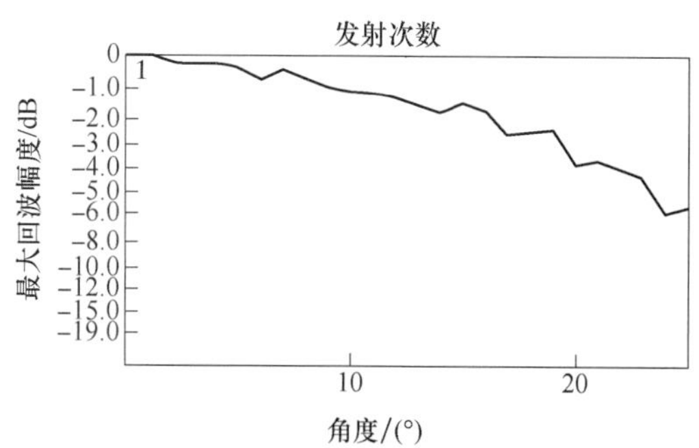

图 8-13　钢中 45°～70°声束恒定声程的波幅曲线

8.3　对不定向缺欠的敏感性

确定斜声束产生大的回波响应对应的最佳入射角尤为重要。在单晶探头手工超声波检测中，通常采用探头平移、转角、环绕扫查的操作获得最大回波响应。扫查过程中尽可能使声束轴线垂直于缺欠主平面。

相控阵超声波检测人员采用与手工超声波检测相似的操作进行 S 扫描时，更有可能获得最大的回波信号。由于 S 扫描具有一定的角度范围，检测人员移动探头时可使缺欠的回波响应达到最大（缺欠峰值定位的方式与在半圆试块上的定位方式一样）。

采用相控阵探头进行机械扫查时，探头固定在相对于焊缝特定角度的支架上，难以进行转角和环绕扫查。因此，声束以最佳角度入射时获得最大反射波幅的能力受限。

由于检测人员在手工扫查时可将探头放置在可以得到最大信号的位置和方向，因此手工扫查具有检测灵活性高的优势。但是，诸多迹象表明，机械扫查更稳定可靠，这是因为机械扫查的一致性、再现性和记录性更佳。因此，在记录和报告方面，相控阵机械扫查比手工扫查更具优势。

众所周知，声束角度取决于缺欠的取向，制定检测工艺时应考虑最可能产生的缺欠类型，并据此设计相应的检测方案。由于坡口面处容易产生未熔合、夹渣以及多种形式的裂纹，因此焊缝坡口面是最受关注的区域。由于检测时需要使声束垂直于焊缝坡口面，因此可以采用 E 扫描配合斜声束入射的方式进行检测。板厚较薄时，探头单次偏置检测即可。板厚增加时，单次偏置可能不能覆盖整个检测区域，需要多个探头或单探头的多次偏置才能完全覆盖。在大多数情况下，并没有足够的空间增加声束的偏移量。为了全面覆盖被检区域，可以使用 S 扫描。但是，单次 S 扫描只有一个角度的声束垂直于某个角度的坡口面。由于焊接工艺中允许坡口角度有一定公差，因此检测时也需要考虑声束角度的误差值。大多数焊缝坡口的角度公差为 ±5°，如果检测声束角度的误差值与该公差相同，则可良好覆盖。

图 8-14 中采用两组 S 扫描检测坡口面角度为 30°的焊缝，声束垂直入射至焊缝坡口面的角度误差为 ±5°之内。

从图 8-14a 可见，S 扫描角度为 45° ~70°。尽管声束覆盖了整个区域，但是只有焊缝 2/3 以下区域中，声束垂直入射至焊缝面的角度误差在 ±5°以内。如图 8-14b 所示，增加第二组声束，以相同的角度范围入射，声束出射点作相应偏移时，则焊缝上部区域也能获得理想的声束入射。焊缝坡口面的公称角度为 30°，因此声束的最佳折射角是 60°。角度范围为 55° ~65°的声束适于检测与坡口角度偏差 ±5°以内的平面缺欠。

在检测过程中也用到了最佳声束角度之外的声束。因此，被检区域得到了更好的覆盖，同时，也可检出一些与坡口呈一定角度的缺欠（如夹渣或层间未熔合）。

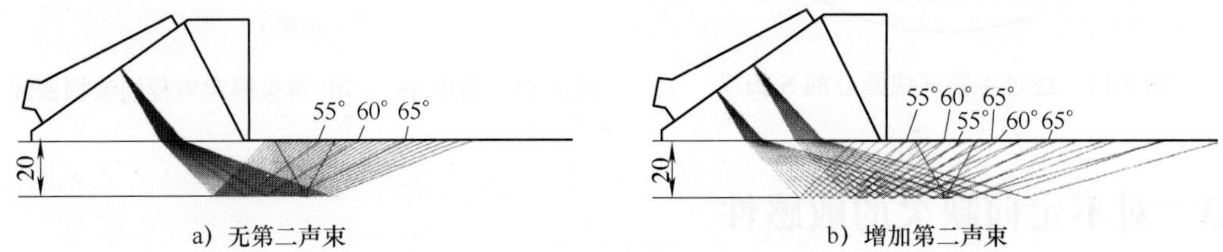

图 8-14 增加第二组声束的检测

8.4 手动校准和自动校准

灵敏度调整通常都是将特定反射体的回波调节至“参考幅度”，即在检测区域范围内，沿时基线标注不同声程处的相同反射体的回波幅度。

8.4.1 参考灵敏度 DAC 曲线的绘制

DAC 曲线可以表示不同声程的相同横孔的反射波幅。如图 8-15 所示，试块包含 3 个

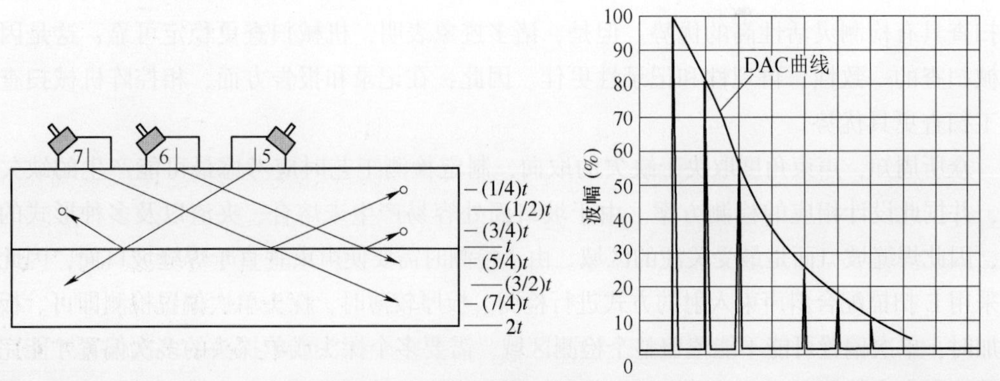

图 8-15 利用横孔绘制的 DAC 曲线

横孔，探头放置在不同位置得到不同声程处的横孔反射回波。声程增加，则回波幅度下降。

8.4.2　参考灵敏度 TCG 曲线的绘制

大多数相控阵应用采用扫描图像（B 扫描、C 扫描、S 扫描）和 A 扫描进行分析。扫描图像的颜色表示回波幅度。因此，A 扫描中的 DAC 不适用于图像显示和分析。为便于图像分析，特定颜色的所有信号都应与声程校准后的波幅相关。因此，可以通过 TCG 进行调整，信号随传播时间的增加进行相应增益。

TCG 是将不同声程的相同反射体的回波调节至相同高度。TCG 绘制完成后，任何距离的相同直径的横孔，其回波幅度都相同。

TCG 通过将不同声程处的相同反射体的回波，调节至相同的屏幕高度。当完成 TCG 时，不同深度处相同直径的横孔的回波幅度将相同。制作 TCG 的开始步骤与制作 DAC 相同，但前者横孔的位置会进行相应的增益，如图 8-16 所示。

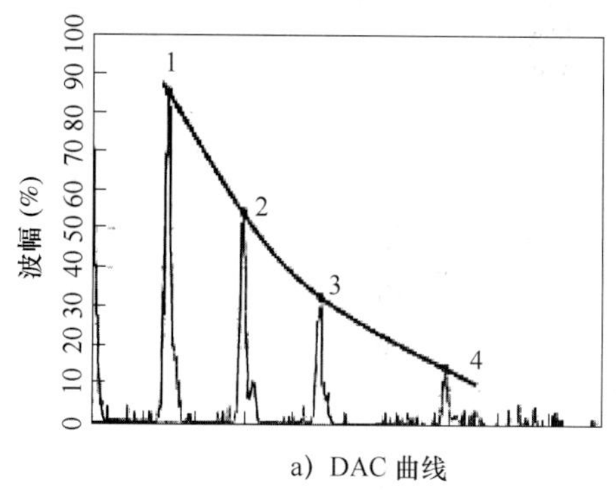

a）DAC 曲线

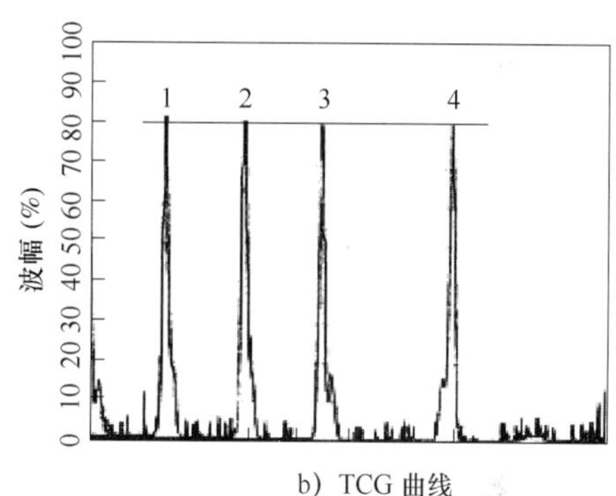

b）TCG 曲线

图 8-16　DAC 曲线和 TCG 曲线的绘制

使用相控阵超声波检测系统时，TCG 必须应用于每个聚焦法则。虽然每次只能监控 1 个 A 扫描（声束或聚焦法则），但是扫描中的所有聚焦法则都应调节至相同的灵敏度。

自动绘制 TCG 曲线的一种方法是将闸门设置在反射体相应深度的很小区域范围内。在包含反射体的试块上移动探头并调节增益，使信号不饱和。采集每个聚焦法则的最大回波响应并进行绘制。采集结束后，软件会自动将回波响应的高度调节至参考水平（通过放大器调节）。通常，TCG 曲线的参考水平是满屏高度的 40% ~80%。在 TCG 的第一个点保存之后，闸门会移至下一个反射体（更深的反射体）。移动探头，重复之前步骤，使声束扫过反射体，采集所有聚焦法则的最大回波响应并进行绘制，将回波响应调节至参考水平高度，保存 TCG 点。

TCG 各点的探头移动范围如图 8-17 所示。图中为一系列不同埋深的横孔。对于埋深较深的横孔，探头的移动范围较大。TCG 各反射体（横孔）均对应了两个探头位置，在这些位置，声束的角度极限刚好对应于横孔的边缘。

任何参考反射体回波幅度都需要在时基范围内调节至相同的高度，该时基范围大于覆

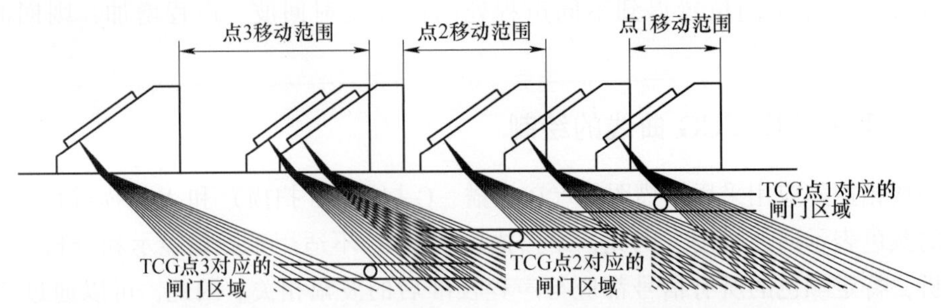

图 8-17　S 扫描 TCG 三个点的探头移动范围

盖被检测区域的最大声程。因此，绘制 TCG 曲线需要足够多的反射体覆盖检测深度。

某些软件可以一步完成该操作：通过闸门识别不同深度的反射体，并且可以自动跳转至下一深度。然而，这仅限于直射（一次）声程，并且反射体在试块中的空间位置设定合理的情况下。执行全自动 TCG 时，如果需要跳至更深的反射体对应的 TCG 点，自动系统有可能执行失败，这是因为小角度声束至深反射体的声程小于大角度声束至浅反射体的声程。

第 9 章　检测和结果评定

9.1　检测技术

9.1.1　接触技术和液浸技术

相控阵超声波检测探头检测方式可以设计成接触式（接触法）或者液浸式（水浸法）。接触式探头配备有硬质耐磨层，通过薄层耦合剂直接与被检工件表面接触，或者探头与延时块或折射斜楔组合使用。如果相控阵超声波检测探头使用延迟块或折射斜楔，不建议用于与工件的直接接触法。水浸法需要单独的包装，阵元和探头线缆都需要进行密封，以防水进入。

体积比较小，形状不规则的工件，或者是在役检测不适合于液浸法检测。具有对称形状、体积非常小的工件适合于液浸法检测。液浸法检测是指工件和探头都浸在水下进行检测，其优点是耦合均匀，并且机械装置相对简单。例如，轴和圆棒很容易安装在旋转支撑设备上，从而实现在探头沿工件长度方向前进时，工件自身旋转。

9.1.2　手工检测和自动检测

1. 手工相控阵超声波检测设置

相控阵超声波检测系统可以设置单个聚焦法则（一个角度），如同单探头常规超声波检测，这在需要手工常规超声波检测的情况下是非常有用的。

检测时也可以手持相控阵探头，采用栅格扫查的方式执行 S 扫描，虽然 E 扫描也可用于手工栅格扫查，但略显冗余，S 扫描更适用于相控阵探头的手工栅格扫查。

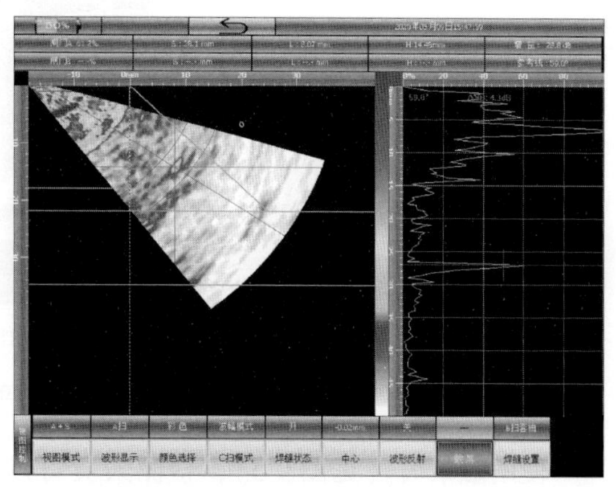

图 9-1　扇扫的手工扫查，定位指示

如图 9-1 所示，工件结构显示在 S 扫描中，可以通过信号出现在其中的位置对信号辅助定位。

2. 相控阵超声波检测的自动化应用

采用各种机械化方式进行焊缝相控阵超声波检测，可以发挥相控阵超声波检测技术的优势。焊缝检测的机械化方式无须特别复杂。最简单的机械化方式是将编码器连接到探头上，沿焊缝长度方向手工移动探头，即沿线扫查，这也是相控阵焊缝检测最常见的方式。

即使采用这种简单的沿线扫查，对检测效果也有一定的提升。如果不去除焊缝余高，检测人员尽可能靠近焊缝边缘移动探头，即可控制探头的相对偏移。采用直导轨可以进一步改善偏移量的误差。检测钢制工件时，使用磁条的效果更好。

大多数标准要求从焊缝的两侧进行检测（如可行）。使用单个相控阵探头时，需要进行两次扫查。有些相控阵超声波检测系统可以同时配置两个相控阵探头，如图 9-2 所示。相控阵超声波检测仪器必须进行正确设置，以合适的参数进行数据采集和分析，从而确保正确显示缺欠位置。

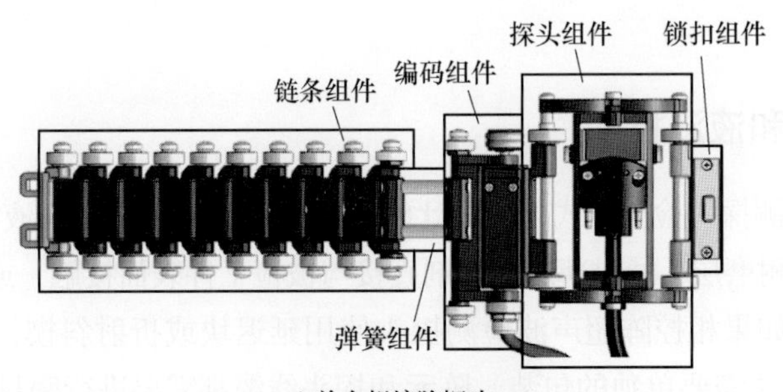

a) 单个相控阵探头

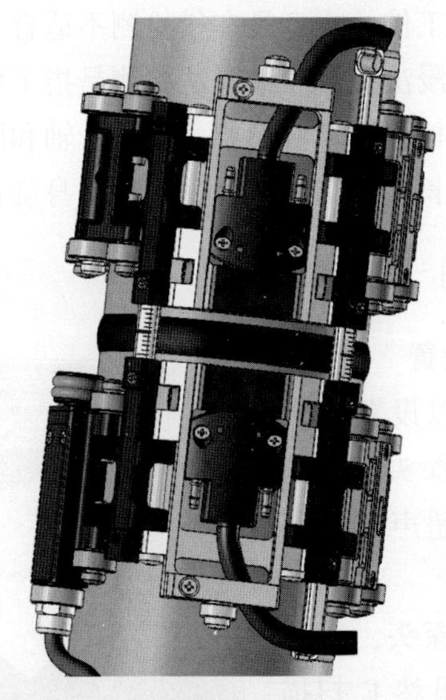

b) 两个相控阵探头

图 9-2　带有编码器的单个和两个相控阵探头

使用磁条时（见图 9-3），检测人员可以控制好偏移距离，缺欠的定位精度会显著提高。有些导轨可以提升探头与工件的耦合，防止探头移动障碍（由于扫查速度过快，会导致数据丢失），并且加快了整个数据采集的过程，避免了因数据丢失及耦合不佳而导致的重新扫查。

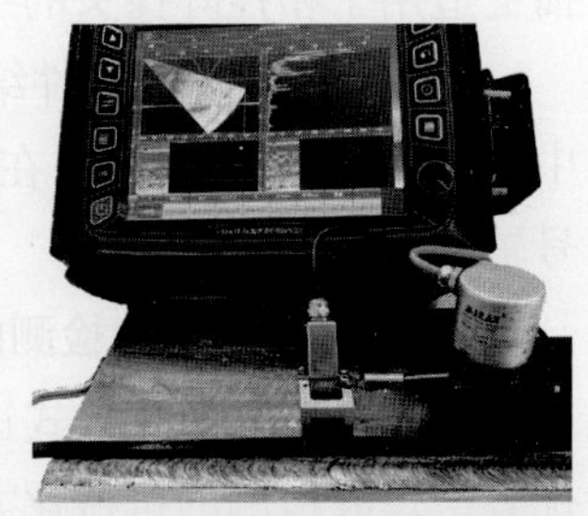

图 9-3　采用磁条的机械扫查

电动机控制装置可以进一步提高整个检测过程的机械化程度。扫查装置可以是简单的单探头支架或双探头支架，也可以在装置上配置多个相控阵探头，以便用于更复杂的扫查（见图 9-4）。

图 9-4a 为检测小径管（通常直径 < ϕ12mm 的管材）的快速连接夹具，携带着探头、电动机和编码器。图 9-4b 为用于管线快速检测的装置。图片底部的驱动轮连接到焊缝处夹持的钢带。在焊缝自动化扫查系统中，也使用了同样的钢带。图片中显示了相控阵探头和多个单晶探头（用于横向缺欠检测的一发一收模式），以及一个用于监测焊缝温度的热传感器（左上角部分）。

a) 小直径管相控阵探头扫查器

b) 大直径管多探头扫查器

图 9-4　配置电动机的相控阵扫查器

9.1.3　聚焦形式

值得注意的是，声束聚焦能力在相控阵超声波检测技术中的应用较为局限。除了分区检测技术之外，一般不使用聚焦声束检测焊缝。在大多数焊缝检测应用中，聚焦深度选项中应输入相对较大的值（如 600mm），从而确保计算出的焦点位于远场。

执行特殊扫查时，则需要使相控阵超声波检测系统聚焦于所关注的区域。通常采用设定聚焦面的方式实现这个要求。检测窄间隙焊缝通常采用垂直聚焦；检测底面缺欠通常采用底面聚焦；可以采用等声程聚焦将声束聚焦于特定声程的位置，这与常规探头的聚焦类型类似；除此以外，还可以设置特定角度的斜聚焦面。聚焦的几种形式如图 9-5 所示。

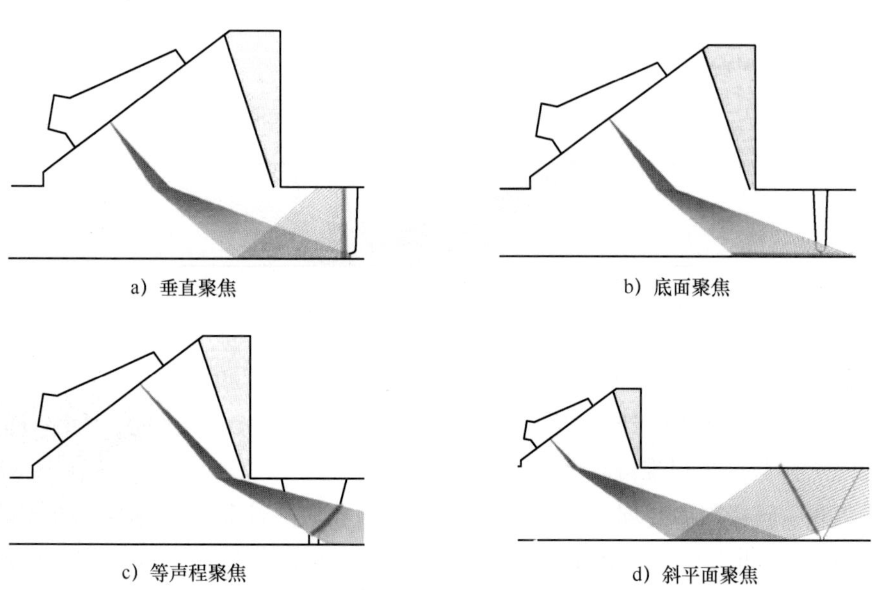

a）垂直聚焦　b）底面聚焦　c）等声程聚焦　d）斜平面聚焦

图 9-5　线阵探头的聚焦类型

9.1.4 扫描范围

以焊缝相控阵超声波检测为例进行说明。应考虑所使用的探头声束角度和声束边界，以确保能覆盖整个焊缝。可以考虑采用 E 扫描和 S 扫描模式。

1. E 扫描

在设置 E 扫描时，要选择一个最佳角度，使得声束能垂直入射到斜面，如图 9-6 所示。第一个聚焦法则将探头设置成使声束与工件表面相交于焊缝侧的热影响区边缘处。如果探头长度不够，则整个工件可能需要进行偏离焊缝中心线、距离依次减小的多次扫查。

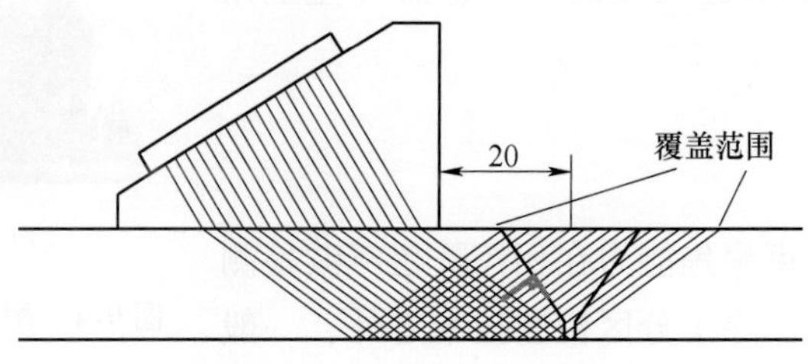

图 9-6　E 扫描的声束位置

2. S 扫描

设置 S 扫描时，选择第一个聚焦法则，使声束起始扫描角度与工件表面相交于焊缝侧的热影响区边缘，如图 9-7 所示。S 扫描所使用的阵元相同，以不同延时激发各阵元，获取不同的角度，直至声束可以覆盖焊缝另一侧的热影响区。

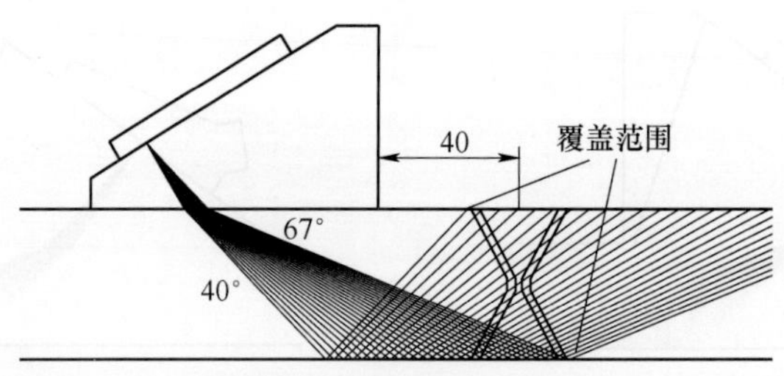

图 9-7　S 扫描的声束位置

S 扫描还有其他问题需要解决。扫描范围不能选择 30°～90°，角度小于 37°时，会有强烈的纵波存在，形成提前到达的杂波干扰信号。类似地，接近 90°时，大部分能量转换成表面波（大多数探头很难偏转至 75°）。

探头声束偏转极限的合理范围通常是 ±15°，因此应关注斜楔的选择。理想的斜楔可以提供 55°的自然折射角，声束可向下偏转至 40°，向上偏转至 70°。40°～70°的声束范围可以覆盖大多数焊缝的检测区域。

对于给定的聚焦法则，声束的入射点可以通过斜楔前沿至焊缝中心线的表面距离来获得。如果从斜楔到焊缝中心线的距离不足以使得小角度和大角度的声束覆盖焊缝和热影响区，则需要进行两次扫查（一些标准中规定，至少进行两次 S 扫描，不管一次扫查能否全面覆盖被检测区域）。

9.2　数据采集和分析

9.2.1　参数设置

检测配置参数可以实现完整的保存和调用，检测技术设计中的必要参数见表 9-1。

表 9-1　检测技术设计中的必要参数

探头	阵元数量
	阵元宽度（高度）
	阵元长度
	间隙
	阵元间距
	标称频率
斜楔	材料
	斜楔材料声速
	入射角度
	参考阵元距离被检测工件的高度
仪器	型号
	发射电压
	发射电压的形状
	脉冲持续时间
	接收频率设置
	信号处理设置（平滑、压缩、平均）
声束设置	扫描类型（固定扫描、E 扫描、S 扫描）
	聚焦法则中阵元的数量
	起始阵元
	步进增量（角度步进或者阵元步进）
检测技术	液浸技术或接触技术
	扫查类型（手工/机械扫查/电动机驱动扫查）
	扫查模式（沿线扫查、栅格扫查、螺旋扫查）
材料	被检测工件材料（以及声速）
	耦合剂
	几何结构（厚度，形状）
	扫查面
参考	参考试块和反射体

1. 探头、楔块、材料和检测参数设置

每个相控阵超声波检测仪器生产厂家的操作界面都各有特色，本章以其中一种为例，阐述超声波参数的设置。相控阵超声波检测设置软件包含的主要参数如图 9-8 所示。

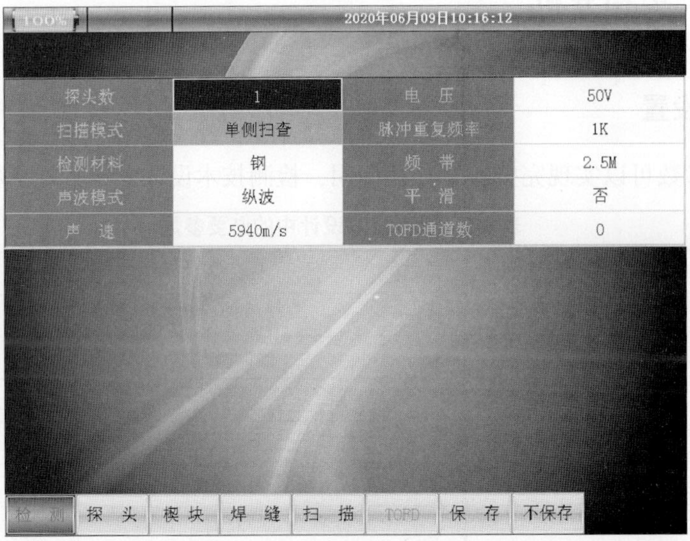

100%
2020年06月09日10:16:12
探头数
1
电 压
50V
扫描模式
单侧扫查
脉冲重复频率
1K
检测材料
钢
频 带
2.5M
声波模式
纵波
平 滑
否
声 速
5940m/s
TOFD通道数
0
检 测
探 头
楔 块
焊 缝
扫 描
TOFD
保 存
不保存

图 9-8　参数分组

工件参数主要包含工件的形状和材料。软件可以输入材料参数，如：材料声速、密度和厚度。

探头参数主要包含阵元外壳和楔块信息。检测人员需要识别探头类型（如接触式、液浸式、双阵探头）和阵列形状等信息。阵列形状包含线性阵列、矩阵阵列、环形阵列、椭圆阵列或双椭圆阵列。典型的阵元参数如图 9-9 所示。

100%
2020年06月09日10:22:05
探头选择
5L32-1.0×13-A2-P
类型
一维线阵
频率
5.0M
晶片总数
32
起始晶片
1
有效晶片数量
32
晶片中心间距(p)
1.000mm
晶片尺寸
0.90mm
p
g
e
A2
ZKCX
5L32-1.0x13
更 改
校 准
检 测
探 头
楔 块
焊 缝
扫 描
TOFD
保 存
不保存

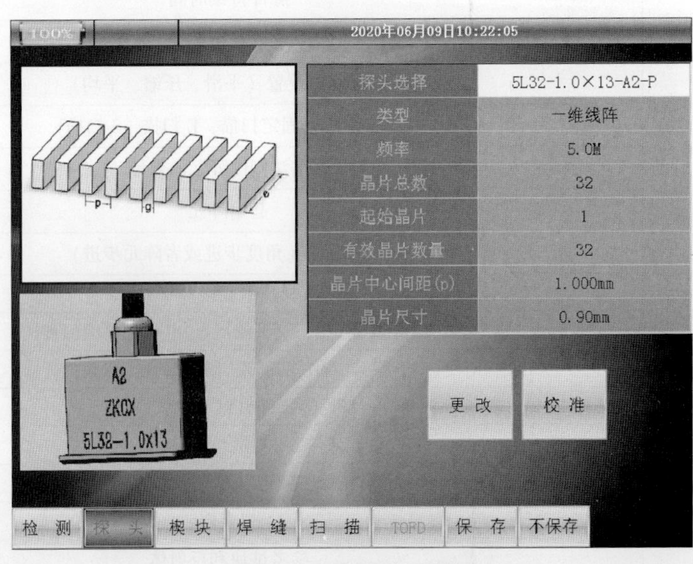

图 9-9　典型的阵元参数

大多数相控阵超声波检测都采用线阵探头。在操作界面选择线阵后，只能输入特定参数，如高度、阵元数量、阵元宽度及间隙等。

可以在相位聚焦的基础上通过构造阵元实现机械聚焦。如果聚焦法则计算需要信息来调整时序，可以选择图 9-10 所示的参数。

设置阵元参数后，检测人员需要识别楔块信息，并输入楔块的相关参数。参数包括楔块材料（声速）、角度和尺寸。楔块参数如图 9-11 所示。

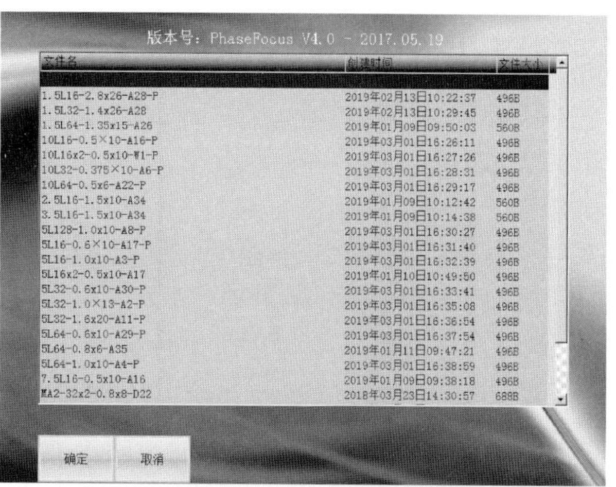

图 9-10　阵元形状选项

设置探头和楔块参数后，检测人

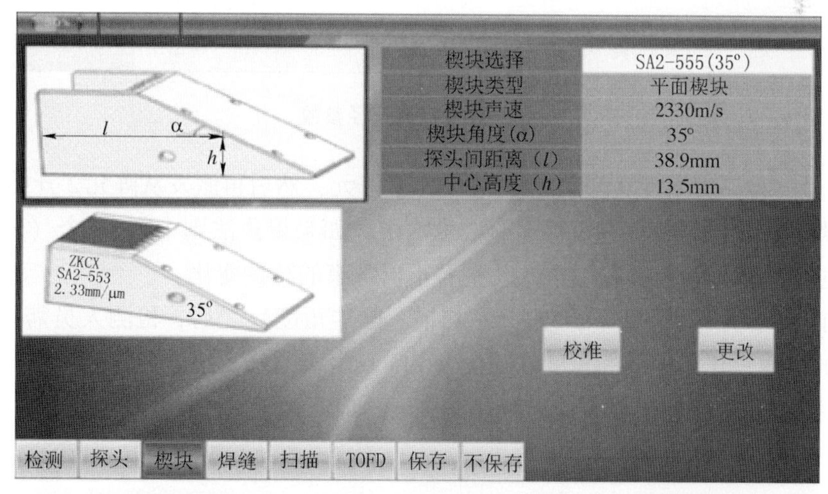

图 9-11　楔块参数

员应继续输入其他参数，从而生成所需的声束。如果使用 E 扫描或 S 扫描，检测人员应沿第一个聚焦法则涉及的孔径中选择所需的阵元数量。扫描步进表示了聚焦法则依次激发阵元的阵元数量。例如，在 E 扫描中，检测人员如果想增加 1 或 2 个阵元，对应的孔径也将按步进后移，第一个聚焦法则孔径为 16 个阵元，从阵元 1 开始扫描。如果扫描步进为 1，则第二个聚焦法则孔径为 16 个阵元，从阵元 2 开始扫描。如果使用 64 个阵元的探头，且扫描步进为 1，则最多可以使用 49 个聚焦法则进行扫描。如果检测人员使用最大步进（如 60），则无法进行第二次 16 个阵元孔径的扫描，因此只会计算得到单个声束。孔径详细信息输入如图 9-12 所示。

另外，大多数软件可以提供半步进的高分辨力扫描方式。扫描时可将声束中心移动半个阵元步长。例如，采用 16 个阵元孔径，则聚焦法则开始产生的是 15 个阵元，下一次激

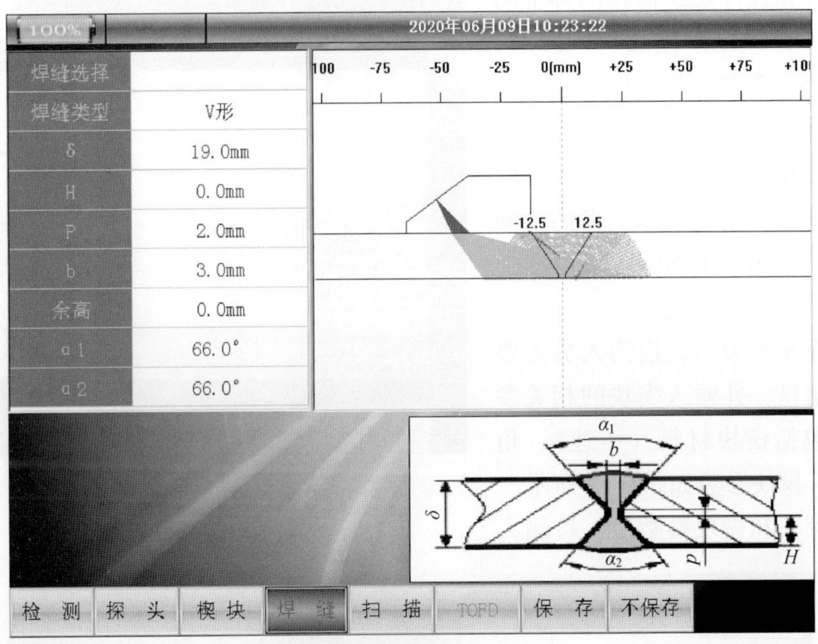

图 9-12 探头孔径参数

发 16 个阵元，再一次激发从阵元 2 开始的 15 个阵元，然后再激发从阵元 2 开始的 16 个阵元，依此类推。效果是使声束以很小的增量前进，如果聚焦法则中有 16 个（或更多）阵元，则通过单个阵元减小孔径的方式几乎看不出声束的特性变化。

确定了阵列的扫描类型（E 扫描、S 扫描、固定角度）之后，检测人员需要确定声束其他方面的参数，比如生成的角度（见图 9-13），角增量（S 扫描中）和聚焦面或聚焦距离（若使用聚焦）。检测人员在确定聚焦法则时，应正确识别所使用的波形。

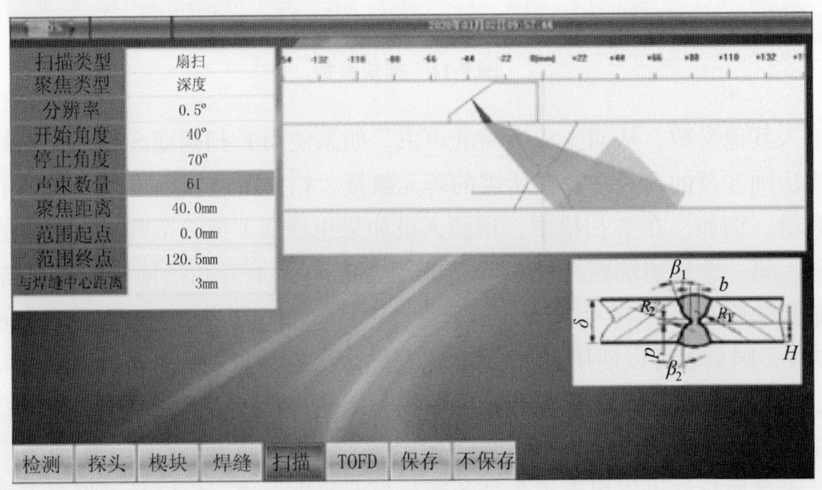

图 9-13 角度参数

设置完成上述参数后，检测人员即可运行聚焦法则计算并适当调节增益（灵敏度）。分别设置脉冲电压和调谐（滤波、脉冲持续时间等）。如果在检测中想利用仪器的变迹功能，则应该在产生聚焦法则之前输入。

2. 扫查流程和编码器设置

检测扫查参数应单独设置，如果采用机械支架辅助探头移动，则可以通过探头在预定义坐标系统中的相对位置对显示进行精确定位。这时，需要将位置编码器连接到扫查器上，并将其“校准”。但应先确定扫查器各个编码器单位尺寸（每毫米）内的脉冲数量。然后将扫查器移动特定的距离，比较编码器显示的距离与实际距离，确定编码器精度。简单的扫查路径使用单个编码器，复杂的扫查路径使用两个或更多的编码器。

编码器设置中还需确定相控阵超声波检测系统获取数据的时间间隔。扫查参数是扫查设置的一部分，决定了扫查过程中获得的采样数量。对于双轴（二维）扫查器，需要输入各轴步距、步数或扫查总长度，还需要说明如何获取数据。编码器设定时选择初始扫查方向，扫查方向与极性相关联，例如，扫查方向通常是正极，反向扫查时编码器应转换至负极。在双轴（二维）系统中还需要设置数据的获取方向：单向或往复（双向）。若存在机械间隙，扫查系统的反冲运动需要一定的恢复时间，则使用单向数据采集：同向采集扫查数据，逐步递增。紧缩和反冲对往复（双向）扫查的影响不大。往复（双向）扫查模式中，每次长距离扫查结束时即执行递进扫查。单向扫查时，扫查器沿扫查路径移动，在特定方向采集数据，而反向扫查时不采集数据。进入下一个扫查位置时，也是单向采集数据。

9.2.2　文件结构

基本上所有相控阵系统都由计算机控制，因此参数设定及采集数据都能以文件形式存储在计算机中。

聚焦法则是众多参数中的一个，确定了施加在阵元上的延时和振幅。除了用于生成声束的简单延时外，还需要很多其他参数来共同确保检测的一致性。

特定检测应用中，扫查过程的所有参数可以保存到一个文件（通常称为“配置文件”）。配置文件中可能有一些数据设定了子文件，这些文件也可以存储在其他文件中。

通过计算机系统管控的关键问题是确保有效标识和定义所有文件，以便快速、可靠地调用或分析。

文件的命名原则如下：

如果没有特殊的文件命名规范，则需要在文件名称中体现特定的信息，即文件名宜与文件内容有一定联系。通常，文件扩展名由相控阵超声波检测设备生产厂家决定。例如，文件扩展名可能包括（★表示任何文件名）：

★. cfg（相控阵参数配置）；

★. lyt（数据显示的视图布局）；

★. dat（扫查采集的数据）；

★. prc（经多种增强处理的数据文件）；

★. col（用于彩色显示的调色板）。

相控阵系统的文件布局示例如图 9-14 所示。

图 9-14　相控阵系统的文件布局示例

9.2.3　软件选项

1. 视图显示

显示类型一般有以下三种。

1）A 扫描：检波或射频显示。

2）A 扫描组合：由多个 A 扫描组合而成，如 B 扫描、S 扫描、C 扫描和 D 扫描（TOFD 术语中表示声束垂直于扫查方向的情况）。

3）后处理扫描：回波动态扫描，如条带状显示、合并扫描、多视图（顶视 - 侧视 - 端视图），以及降低噪声或其他伪信号的信号处理扫描。

A 扫描是其他扫描的基本组成部分。B 扫描以时间和探头位置作为图像坐标。C 扫描是扫查轨迹形成的网格图案，网格中每个点代表的是探头在该位置的 A 扫描状态。B 扫描经校正后可以显示角度，即可显示声束在工件中的轨迹。这是真实 B 扫描或真实 S 扫描（真实深度投影）的基础。

构建 C 扫描时，由于 A 扫描的时间间隔被限制在时基线上的特定区域，即可在不受界面信号和底面信号干扰的情况下显示工件体积内的投影区域。

2. 数据显示的在线查看模式

在相控阵超声波检测系统中，有三种查看数据的模式：设置模式、采集模式和分析模式。通过设置模式和采集模式可以在线或实时显示数据。

通常在下述情况下，检测人员需要实时监控信号：

1）A 扫描设置中时基范围和灵敏度设定阶段。

2）执行实际数据采集时。

在设置各探头及聚焦法则组过程中，检测人员可以同步监控 A 扫描。仪器显示屏实时更新显示，检测人员通过相关反射体的信号调节仪器和显示。B 扫描、S 扫描和 C 扫描通常也可以实时显示。在设置过程中，有时需要冻结显示及测定。

数据采集过程中也使用了在线（实时）显示。扫查设置中输入扫查方式后，需要大量时间来采集信号（例如，使用间距 1mm × 1mm 的单向扫查方式检测 200mm × 200mm 的区域）。如果无法监控采集的数据，难以确定扫查过程中产生的机械或耦合问题，则可能导致重新扫查。并且，如果在扫查过程中没有发现问题，则需要 3 ~ 4h 重新获取数据，会浪费大量时间。这种情况下，需要一个专门的视图表示数据显示状态，进而快速评定和识别潜在问题。例如，可以指定专用通道对检测进行耦合监视（利用 C 扫描显示来监控一发一收信号，闸门区域内该恒定信号表示耦合良好，显示为绿色；当信号幅度低于阈值，显示为红色）。

3. 分析模式

扫查完成后，将检测数据按照适当命名规则进行存储。

检测人员进入分析模式后，可对检测结果进行评定和分析。由于采集显示仅仅是采集的信号，还需要保存（存在于缓存中，不保存会丢失）。采集信号需要使用存储中的数据进行分析，因此分析模式和采集模式的数据存储状态不同。数据采集过程中检测人员无法使用标记和分析功能。

4. 显示用于分析的显示视图

采集数据的分析完全取决于采集数据的形式。数字概念的基础已经考虑了采集数据的选项。以高位深度、小间隔编码及最大的数字化速率采集整个射频波形，从而获得最多的数据信息。当采集到的信息比较丰富时，可以从波形中提取特定的信息，但是当采集的信号信息较少时，就无法构建射频信号。

某些情况下只需关注闸门内信号的振幅或时间。而某些情况下只需关注视图数据，就像手工超声波检测中的检波信号。但在其他情况下需要关注信号的相位（如尖端信号定量），因此需要射频信号来确定正负脉冲。

5. 分析工具

可以添加其他软件来辅助分析相控阵超声波检测数据。一般采用软件处理工具，通常应用于 A 扫描数据，但也可以应用于 C 扫描或 B 扫描图像。

（1）光标和闸门　超声波数据显示中，光标用于确定显示的位置。A 扫描显示中，光标可以表示沿时基的位置和振幅（见图 9-15），显示屏上会显示光标交叉位置的相关数据信息。

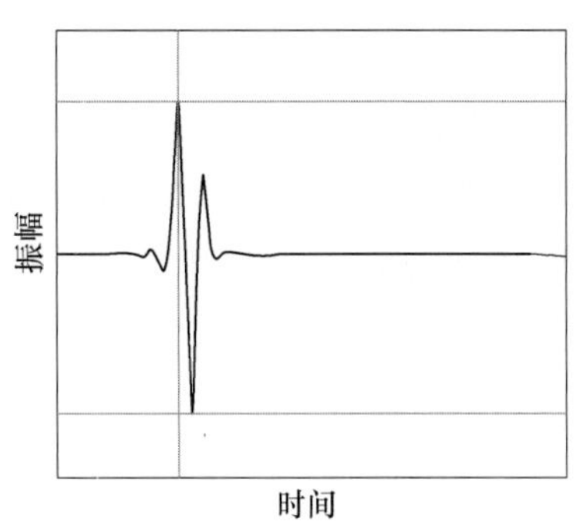

图 9-15　A 扫描中振幅和时间光标

使用两个光标可以方便地对不同显示进行比较。通过比较时间差异或位置差异可以评定缺欠尺寸或不同显示之间的相邻性。

光标还可用于控制数据显示和闸门。如以扫查增量采集 S 扫描构成线扫时，“参考”光标用于在该点“提取”S 扫描。此外，光标还用于操作“闸门”。闸门是我们希望限制数据分析的时间或位置区域。

（2）调色板　彩色显示是相控阵超声波检测的重要功能。通过颜色即可识别需要关注的区域。显示的波幅变化通过色标表示（虽然色标也可以表示传播时间的变化）。相控阵超声波检测通过颜色表示缺欠的严重程度，因此需要使不同位置的相同反射体的波幅一致。为此，需要使用 TCG 来确保参考基准和检测评定不受声程变化的影响。调色板如图 9-16 所示。

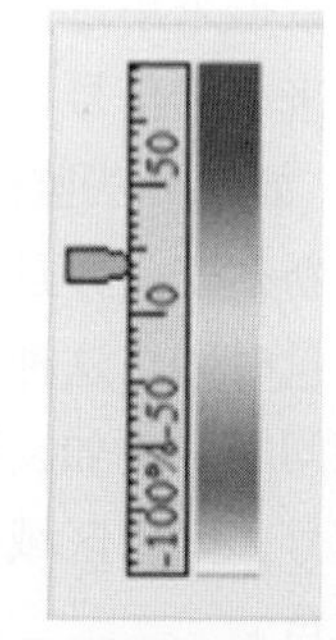

图 9-16　调色板

颜色变化可以达到调节灵敏度的效果，图 9-17 的两个图像显示了相同的不连续显示，通过调整调色板的色度可以使显示更明显。

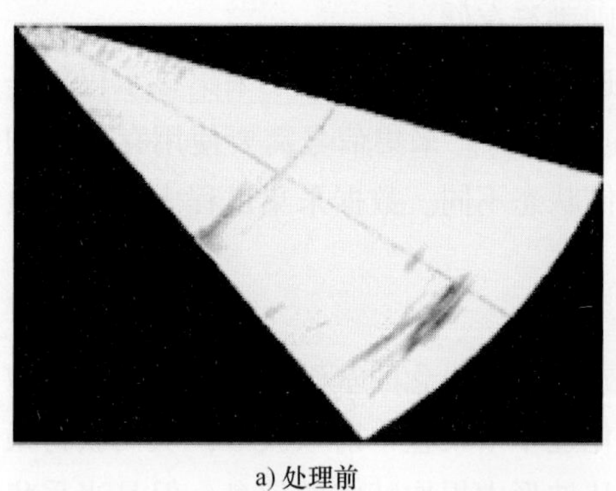

a) 处理前

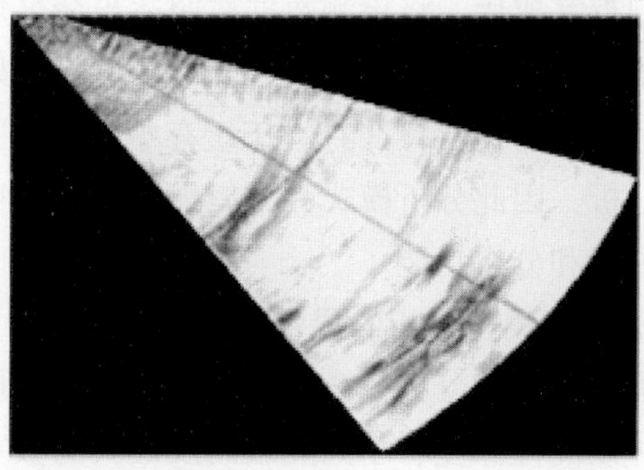

b) 处理后

图 9-17　通过调整调色板设置来增强缺欠信号

类似的调色板也可用于闸门区域的深度显示（传播时间），在材料腐蚀检测评定中比较常见。这种情况下，不同的颜色代表了不同的深度。

（3）软件增益和阈值化　相控阵超声波检测中通常不使用距离波幅校正曲线（DAC 曲线）。DAC 曲线是单通道手工超声波检测的典型应用。由于需要使用以角度校正 B 扫描或 S 扫描形式的 A 扫描集合进行评定，因此首选的补偿方法是时间增益校正（TCG）。该过程将时基划分为若干增量区间，采用放大器对不同增量区间的信号进行增益。TCG 的制作如图 9-18 所示，沿时基线选择若干点，根据声程的变化对校准反射体的信号分别进行放大，最后连接放大后的各点。

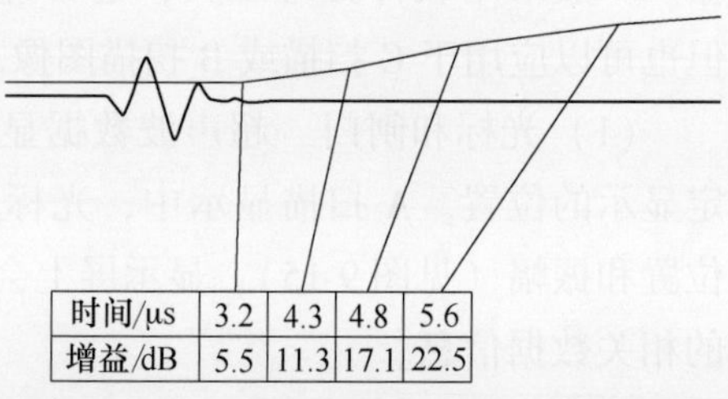

时间/μs	3.2	4.3	4.8	5.6
增益/dB	5.5	11.3	17.1	22.5

图 9-18　TCG 曲线时间点的位置和增益

检测过程中，检测人员需要通过明显的色彩变化来识别显示。因此，可以使用类似于抑制的方法辅助检测。抑制功能可以降低或消除预先确定的较低波幅的信号（电噪声或材料噪声），这样相关信号就变得清晰可见。相控阵超声波检测中可以通过调节调色板实现类似于抑制的功能。将颜色调节为理想的颜色，可以有效设定显示的范围（抑制所有低于更改颜色后的信号）。

（4）降噪和平滑处理　图像由像素组成。像素是小矩形块组成的离散区域，计算机可以赋予这些小矩形块颜色。构建图像时，A 扫描上相邻点的颜色变化可能是突变，亦或扫描增量可能较粗，因此图像可能不美观。计算机可在不改变预期效果的前提下对图像进行平滑处理，如图 9-19 所示。

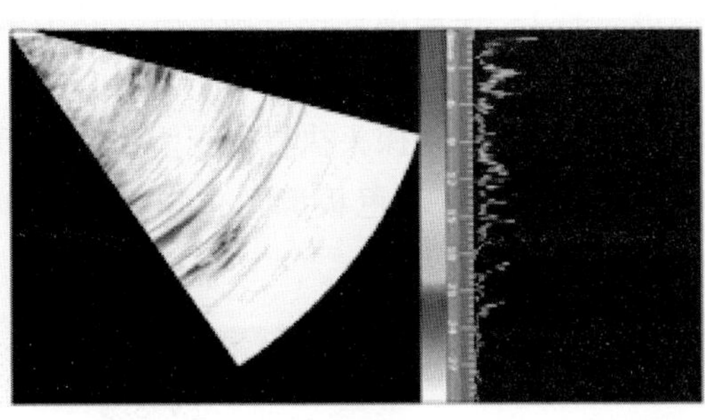

a) 原始像素化

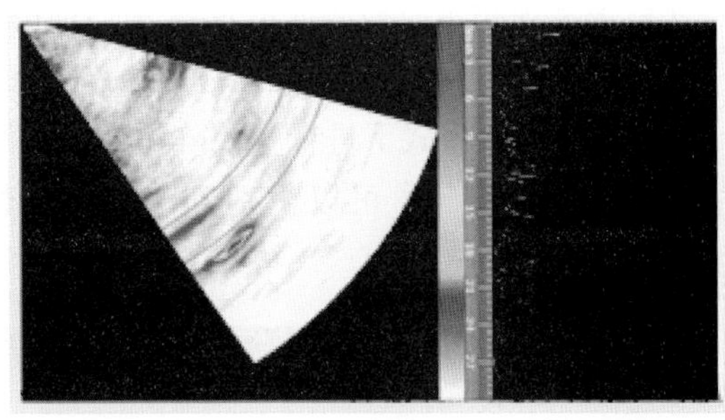

b) 平滑处理后

图 9-19　原始像素化和平滑处理后的图像

（5）软件增益　如果信号不饱和（饱和意为幅度超过系统总位深度），可以使用软件调节信号幅度。由于数字系统在沿时基的各个位置处采集单个幅度信息点，因此可以使用与 dB 计算相同的简单公式（对数函数）进行数学处理。因此，如果要调节 A 扫描上各点的波幅，只需要调节时基上各采样点的数值，将其乘以适当的系数即可。

例如，如果想对检波 A 扫描增加 6dB，只需将时基上各点的记录波幅乘以 2 即可（增加 6dB 相当于波幅变为原来的 2 倍）。

对于 8bit 信号，全屏高度范围内有 256 级。测量 A 扫描得到如下数值：

3　5　6　7　10　62　135　235　102　228　80　55　255　2

将波幅加倍，在时基各点赋值加倍，得到如下新数值：

6　10　12　14　20　124　270　470　204　456　160　110　510　4

由于显示范围为 256，超过该极限的信号会由于饱和而消失不见。

9.2.4　数据分析

数据分析在相控阵超声波检测中扮演了重要角色。检测人员或独立的分析人员可以通过数据分析评定被检区域的状态，评估使用特性和使用寿命，并对后续检测提出直接建议。

但是，不当的分析比不分析更有害。不良的分析会过度约束非关键缺欠，导致不必要的返修或报废。更糟的是，有可能漏判关键缺欠，进而导致灾难性失效。因此，了解缺欠的性质，选择正确的定量技术，确定检测方法导致的定量差异，对高质量的重复检测和分析至关重要。

1. 图像格式

（1）手工扫查　手工扫查技术中，检测人员通过监控显示屏评定显示。由于手工扫查不涉及数据采集，因此需要立即评定扫查结果。任何检测人员都无法同时监控数十个聚焦法则的 A 扫描响应，因此，扫查时，检测人员必须选择一种能提供有用信息显示的方式。几乎所有情况都会用到 S 扫描或 B 扫描显示。

手工扫查时应注意以下事项：选择明显较低的色彩阈值，有助于检测人员监控耦合条件（就像常规超声波检测人员观察 A 扫描的草状波一样）；使用渐变色的调色板，其中第一个明显的色彩变化发生在全屏高度 3% ~5% 的位置，用以表示耦合状态。

在脉冲回波模式下进行相控阵超声波检测时，检测人员移动探头执行扫查。监控 S 扫描显示的色彩变化，可以识别到达特定波幅的信号。例如，调色板颜色由白至红，如图 9-20 所示。

图 9-20　渐变调色

有些情况需要关注绿色变为黄色的信号。假设参考波幅为全屏高度的 80%（黄色转为橙色），则通常将关注的波幅设置为参考幅度的一半（全屏高度的 40%）。

为了正确定位检测到的缺欠，需要确保显示刻度表示的深度和探头偏移距离准确无误。借助参考位置设置特定的偏移量，即可快速确定显示与探头位置的相对关系。如果使用折射斜楔，则斜楔前端的位置容易测量，对缺欠定位时令其前端为零点位置。单晶探头的声束出射点通常是固定的（无磨损情况）。相控阵探头的出射点取决于检测角度、聚焦法则中的起始阵元和阵元数量，因此声束的出射点不适于作为参考点来定位。

手工扫查时，检测人员在设置合理的 S 扫描显示上观察到异常显示后，可以通过工件结构确定该显示与探头参考点的相对位置，如图 9-21 所示。

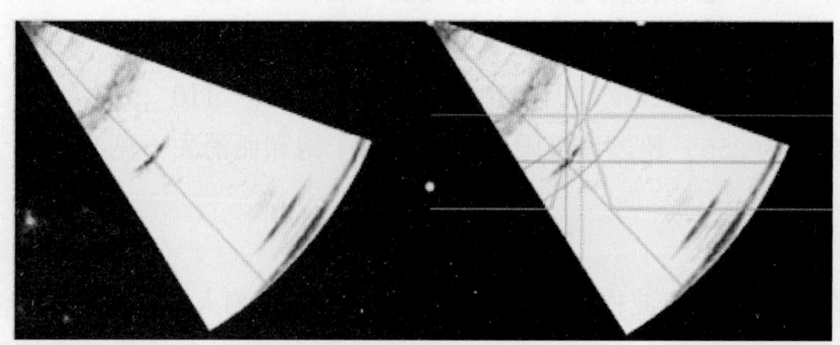

图 9-21　通过工件对 S 扫描显示进行定位（一次反射）

相控阵超声波检测手工扫查中也应用了 A 扫描显示。检测人员可以使用回波动态技术确定显示的特性。

（2）机械扫查　相控阵超声波检测中如果执行机械扫查，系统通常已编码，并且 A 扫描数据将会被存储。因此通常在扫查结束及数据存储后进行数据分析。此时，检测人员具有更大的灵活性来进行细致分析。因此，在选择显示方式时应考虑如何获取数据（如：覆盖了多少体积，使用了多少探头，所需的角度范围以及有效的声程范围）。

由于是自动化扫查，需要验证扫查质量，因此应检查所有的耦合通道（通过信号确定耦合状态的通道）。如果有专用的耦合通道，则应首先显示这些通道的视图。耦合通道通过 0°B 扫描监控底面反射信号。确认扫查质量良好后，即可显示特定视图，分析检测结果。

2. 数据分析

数据分析时，有必要了解检测人员和显示方式在查看显示时的局限性。检测人员进行分析时（与计算机的自动数据分析不同），通过达到或超过特定波幅的颜色进行评定。为此，图像显示应具有足够的像素，便于检测人员观察、辨别和评估。

在台式计算机上查看数据比在便携式相控阵超声波检测仪器上查看的效果要更好，因为前者显示器尺寸较大、像素较高。

显示分辨力是各个维度中可以清晰显示的像素数量，通常由宽度 × 高度表示，单位为像素。例如，1024 ×768 表示宽度为 1024 像素、高度为 768 像素。

在此使用“分辨力”是不正确的。各个维度（例如，1920 × 1080）中的像素数量并不表示显示的分辨力。从技术上讲，分辨力是指像素密度，单位距离或单位面积的像素数量。使用勾股定理计算像素密度。

（1）以像素为单位的对角线分辨力（d_p）为：

$$d_p = \sqrt{w_p^2 + h_p^2} \tag{9-1}$$

式中　d_p——对角线分辨力（像素）；

ω_p——宽度分辨力（像素）；

h_p——高度分辨力（像素）。

（2）每英寸像素（PPI）为：

$$PPI = \frac{d_p}{d_i} \tag{9-2}$$

式中　d_i——显示屏对角线尺寸（in，1in = 25. 4mm）。

9. 3　材料加工形式和缺欠类型

9. 3. 1　材料加工形式

相控阵超声波检测应用于多种产品门类，如铸件、锻件、板材及焊接接头等。

1. 铸件

铸造是铸件主要的加工过程。如果产品尺寸公差要求不高，铸造可以作为产品的最终成形方式。通常，铸件的表面较粗糙，超声波检测铸造缺欠（如疏松、小气孔等缺欠的回波信号较弱，难以判定）较为困难。但是熔模铸造除外，熔模铸件的表面光洁，几乎不需要进行再次加工。熔模铸造应用于多个工业领域的各种部件，如核电的进出阀、汽车涡轮增压器转子、复杂形状的涡轮叶片或耐高温航空部件等。

2. 锻件

锻件通常由原始钢坯或圆柱铸件锻造成形。在锻造过程中，铸件的原始缺欠会被压扁或拉长，进而形成新的缺欠。超声波检测容易检出锻造工序产生的较大缺欠。在这个阶段执行超声波检测，可以减少后续加工过程的破损量，降低锻件中缺欠的产生概率，并合理降低由失效导致的停工时间。

3. 板材

板材是轧制件，其原材料是板坯或方坯。原材料被轧辊挤压，减小了厚度方向的尺寸，增加了平面方向的尺寸。与锻造过程一样，在轧制过程中，板材的原始缺欠会被压扁和拉长，也可能会形成新的缺欠。

4. 焊接接头

板材、锻件和铸件有时需要连接起来才能形成工件的最终状态。熔化焊时母材金属熔化，通过熔化焊材的方式添加更多的金属，来连接铸件、锻件或板材。在焊接过程中会产生缺欠，有些缺欠（例如，裂纹）会在偏离焊缝一定距离（焊接热影响区）的位置出现。缺欠的性质和位置随焊接工艺的变化而不同。焊缝的检测方法有很多，超声波检测是最常用的。

9.3.2 缺欠类型

相控阵超声波检测中需要关注的重要因素是待检的缺欠类型。

铸造过程中主要产生体积型缺欠，也存在部分平面型缺欠，如热裂纹等。常见的铸件缺欠包括气孔、夹渣、夹砂、疏松、缩孔及合金成分偏析等。声束入射至缺欠位置时会产生杂乱的各方向散射，回波信号较弱。因此，在大多数铸件的检测过程中，需要关注超声波检测的局限性（该局限性适用于单晶探头和相控阵超声波检测）。

锻件的缺欠方向平行于主变形方向。在制定检测方案时，应充分了解产品的成形工艺，据此设置声束，使声束垂直于缺欠的主轴方向。

焊接缺欠，一般每种焊接工艺都有特定的缺欠类型。钨极惰性气体保护焊（GTAW）和熔化极气体保护焊（GMAW）在焊接过程中不使用助焊剂，因此这些焊缝不会出现夹渣。熔化极气体保护焊（GMAW）通常坡口角度较小、间隙较窄，需要使用串列技术检测未熔合。搅拌摩擦焊（FSW）是沿两个板接缝处旋转搅拌头来熔化金属。搅拌摩擦焊也不使用助焊剂，但加热金属的旋转可能会出现任意方向的缺欠。因此，建议使用矩形阵列探头，因为它能产生两个平面方向的声束，从而发现各个方向的缺欠。

产品使用阶段产生在役缺欠，其形式主要包括腐蚀、侵蚀和疲劳裂纹。检测人员应充分了解产品的运行工况，以便制定出最适宜的检测工艺。

9.4 结果评定

以下通过焊缝相控阵超声波检测为例详细阐述结果评定的一般原则。

9.4.1　几何结构信号

首先应确定信号是来源于缺欠（被检测材料预期结构中存在的缺欠），还是来源于被检测工件表面的几何结构（应排除几何结构的信号）。典型的几何结构信号有：焊缝余高和焊瘤。有时平板表面的标识也能被检出。标识金属工件或焊缝的字母或数字钢印深度有时超过 1mm。声束扩散时，这些长度为 4～5mm 的钢印，其显示的长度更大，若不加以区分，很可能被评定为不合格的表面缺欠。

其次采用手工扫查时，很容易识别某些几何结构的反射。焊缝余高反射信号的声程大于全跨距的声程，并且随着探头前后移动时，余高反射信号会沿着时基线移动。用沾有耦合剂的手指轻拍声束入射的余高表面，信号的幅度会起伏。监控 A 扫描、S 扫描或 B 扫描显示时，这种信号阻尼技术会起到一定作用。

其他几何特征的确定需要有被检测工件的更多信息。因为检测人员无法直接观察到焊缝背面，所以确定来自焊缝根部的几何结构信号是个难题。管子环焊缝的相控阵超声波检测就是一个常见的例子，检测人员无法将沾有耦合剂的手指放在根部表面上，来观察信号是否有衰减的现象。对于焊缝检测，需要考虑焊缝背面存在以下三种情况：

1）如果是等厚的对接焊缝，并且没有错边，焊缝余高通常呈现凸形。当检测人员将探头放置在焊缝的两侧时，可以看到焊缝余高的信号具有某种程度的对称性。信号在两侧的板厚之后逐渐达到峰值。从焊缝的背面进行检测时，这些信号都应出现在板厚之前。

2）当板材或管材未对齐时，即使焊缝两侧母材的厚度相同，也会产生类似的不匹配情况。这种情况称为错边，或高低边。在这种情况下，也能出现厚度不匹配时类似的信号，但可以通过检测人员测量探头放置侧的焊缝高度来判断（见图 9-22）。

3）其他的几何结构产生的信号不需要按照验收标准来评定，这些几何结构包括内孔、底面形状的改变或其他焊接附件。

由于要将声束从同一表面向相反方向射入，因此评定焊接附件是很困难的。如果焊接附件靠近焊缝，可能会被混淆为热影响区的缺欠。如果检测人员看到某个信号与焊缝距离较远，且信号幅值较高，同时又无法观察焊缝背面，则应通过焊缝的设计结构判定。如图 9-23 中，焊缝背面角铁支架与主体部分的角焊缝产生了另外的反射信号。

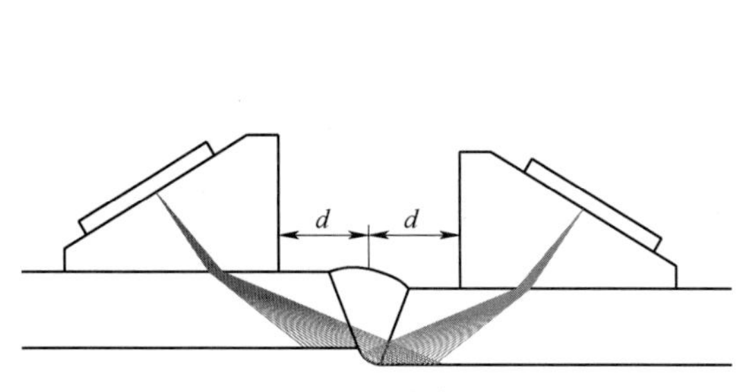

图 9-22　错边（左边高，右边低）

注：*d* 为探头距焊缝中心的距离。

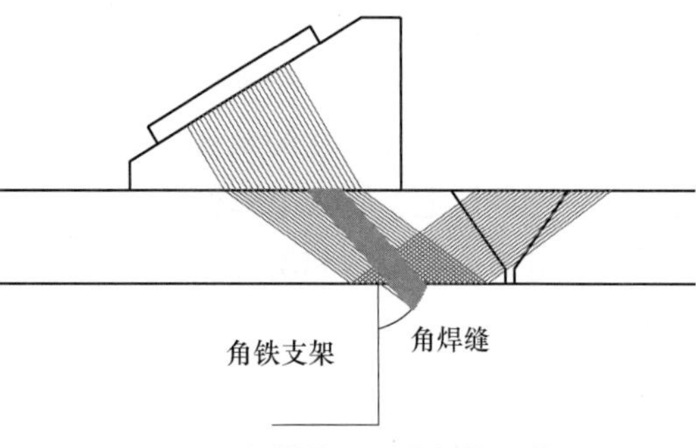

图 9-23　采用 E 扫描检测到的焊接附件几何形状

9.4.2 缺欠显示

在排除几何结构引起的显示信号之后，检测人员应着重识别显示特征，以进一步确定缺欠类型。

通常很容易识别和定位远离表面几何结构的缺欠信号。已修正的 B 扫描或 S 扫描图像可提升缺欠定位精度。

通过采集有关信号的信息对缺欠进行定性。利用相关信号的波幅、传播时间以及声束相对于工件的传播方向来绘制和定性缺欠。将该信息与典型理想缺欠预期特征进行比较。为使检测人员对缺欠的性质做出合理的推断，需要了解以下信息。

1）材料（牌号、成分）。

2）成形方式（焊接方法、焊接工艺）。

3）服役情况（新造、在役、循环服役、腐蚀性环境）。

4）应力（最容易产生的失效模式的方向）。

了解不同工件中缺欠的种类，将有助于检测人员对缺欠进行定性。但是，对于焊缝检测，焊接过程中产生的缺欠多种多样。除了在焊接过程中产生的缺欠，检测服役后的焊缝，也需要考虑服役过程中产生的其他种类缺欠。在此将介绍焊缝中的缺欠类型以及如何对它们进行定性。

不同的焊接方法产生不同的焊接缺欠。常见的焊接工艺包括埋弧焊（SAW）、焊条电弧焊（SMAW）、熔化极气体保护焊（GMAW）、电阻焊（ERW）以及其他焊接工艺：如电渣焊和搅拌摩擦焊等。

1. 埋弧焊

埋弧焊（SAW）是电弧在焊剂层下燃烧进行焊接的方法。电弧产生的热量，不仅熔化母材和焊丝，也熔化了焊剂。处于熔融状态的焊剂具有导电性，因此电弧在焊剂层下燃烧，不会产生明弧、飞溅、烟雾或闪光。

埋弧焊（SAW）常用于焊接厚钢板，通常为双 V 形坡口。首先完成一面焊接，其次对焊缝背面清根后再焊接另一面。埋弧焊中常见的问题是背面清根不充分，导致夹渣和未焊透的产生。

2. 焊条电弧焊

焊条电弧焊（SMAW）是利用焊条与工件之间燃烧的电弧热熔化焊条端部和工件待焊部位，在焊条端部迅速熔化的金属以细小熔滴经弧柱过渡到工件已经局部熔化的金属中，并与之熔合形成熔池，随着电弧向前移动，熔池的液态金属逐步冷却结晶而形成焊缝。焊条的药皮经电弧高温分解和熔化而生成气体和熔渣，保护金属避免氧化稳定电弧，并在冷却中的焊缝金属上形成药皮，保护和隔绝金属，从而降低冷却速度。这种焊接方法常用于单面焊，坡口呈 V 形，角度通常为 60°。

无损检测中最常见的焊接缺欠大多是与焊条电弧焊工艺有关的缺欠。在其他焊接工艺中也会发现类似的缺欠（不包括基于其他特殊的工艺，例如，电阻焊焊接不会产生与该工艺相关的夹渣或气孔）。

（1）冷裂纹　冷裂纹通常发生在焊缝完全凝固之后，可能在焊接完成之后的一段时间（有时长达几天）产生，包括横向裂纹、纵向裂纹、焊道下裂纹、焊喉裂纹等。冷裂纹产生的原因：①高碳钢及合金钢的焊缝和热影响区冷却过快。②焊接接头拘束度过高。③氢夹杂导致（氢致裂纹，焊道下裂纹）。

（2）气孔　在焊接过程中，溶解的气体或释放的气体，在焊缝凝固时未及时溢出，残留在金属内部。形成气孔的原因：①电弧长度过长或过短。②焊接电流过大。③气体保护不良或工件潮湿。④焊接速度过快。⑤母材表面有油、油脂、湿气等。⑥焊条潮湿、不清洁或损坏。

（3）夹渣　夹渣来源于焊缝金属中未清除干净的焊剂。如果熔池金属的冷却速度过快，焊渣不能（带有杂质的焊剂）浮出表面，就会滞留在凝固的焊缝金属中。多道焊中，若焊道间清理不充分，会残留之前沉淀的焊渣。表面脏污、不规则或存在咬边的接头边缘也会产生夹渣。夹渣通常与未焊透、未熔合、钝边高度过大、运条不当以及坡口设计和加工不当有关。

（4）未焊透　焊接时接头的根部未完全熔透的现象称为未焊透。形成未焊透的原因：焊接速度过快、焊接电流过小、焊接接头设计不合理、焊条直径太大、焊条类型不当、电弧过长。

（5）未熔合　熔焊时，焊道与母材之间或焊道之间未能完全熔化结合在一起的部分，称为未熔合。形成未熔合的原因：①电流不稳定，电弧偏吹。②坡口或上一层焊缝表面有杂物。③焊接电流过大，焊条熔化过快，坡口母材金属或前一层焊缝金属未充分熔化。

（6）咬边　在焊缝金属与基体金属交界处，沿焊脚的母材部位，金属被电弧烧熔后形成的凹槽，称为咬边。形成咬边的原因：焊接电流过大、焊条运条不当、焊接电弧过长、焊接速度过快。

（7）烧穿　焊接过程中，熔化金属自坡口背面流出，形成穿孔的缺欠称为烧穿。

3. 钨极惰性气体保护焊和熔化极气体保护焊

钨极惰性气体保护焊（GTAW）使用非熔化极钨极产生电弧，电弧周围由惰性气体保护，通常采用氩气或氦气。焊接时通常只熔化母材，但可以向熔池中添加填充金属（该工艺也被称为 TIG 焊）。熔化极气体保护焊（GMAW）与钨极惰性气体保护焊类似，用惰性气体保护电弧。不同的是，前者的电极在焊接过程中作为焊缝填充金属。熔化极气体保护焊（GMAW）和钨极惰性气体保护焊（GTAW）工艺最初只使用惰性气体，因此被称为 MIG 焊和 TIG 焊。现在，这两种方法也可以使用除传统惰性气体之外的其他气体。

GMAW 中的缺欠同焊条电弧焊中描述的缺欠类似，主要缺欠是焊缝与母材间或焊道间的未熔合。相控阵超声波检测通过串列阵元设置，优化串列设置中的发射和接收参数检测，即可实现窄间隙小角度焊缝的检测。

4. 电阻焊

电阻焊是工件组合后通过电极施加压力，利用电流通过接头的接触面及邻近区域产生的电阻热进行焊接的方法。电阻焊有两大显著特点：一是焊接热源是电阻热；二是焊接时需施加压力。

在电阻焊中最常见的缺欠是钩状裂纹。这种类型的裂纹是由于焊接之前金属板材中存在分层造成的。焊接过程中板材的变形使晶粒结构朝向表面（内部或外部）重新定向，因此之前无害的分层就形成了表面开裂或平面型缺欠。

5. 搅拌摩擦焊

搅拌摩擦焊是利用轴肩和搅拌头与工件间的摩擦热使结合面处的金属塑态化形成焊缝的固相焊接方法。

搅拌摩擦焊无飞溅、烟尘，不需添加焊丝和保护气体，接头部位不存在金属的熔化过程，不存在熔化焊气孔、裂纹等缺欠，焊后接头的内应力小、变形小。

搅拌摩擦焊接头缺欠可以分为两类：表面缺欠和内部缺欠。表面缺欠主要有飞边、匙孔、表面下凹、毛刺、起皮、背部粘连和表面犁沟。内部缺欠主要有隧道孔、弱结合、未焊透以及结合面氧化物残留等。

9.4.3 缺欠定性

区分缺欠与附近的几何结构显示比较困难。靠近焊缝根部或余高几何反射体的小裂纹可能会被几何结构回波所掩盖。检测人员需要根据几何参数确定，如壁厚测量、焊缝余高测量和中心线测量（焊缝余高中心也许不能精确表示实际焊缝坡口中心）。结合坡口的结构是确认缺欠位置的最佳方法。通过精确地识别缺欠与坡口结构的相对位置，可以显著提升缺欠区分的效果。

若不通过机械方法采集数据，相控阵手工检测技术可以参考常规超声波检测手工扫查的方法。动态回波分析所需的探头移动范围较大。若采用已编码扫查显示，机械扫查技术会提升分析效果。机械扫查过程中，通过观察缺欠信号与几何结构信号之间的细微偏差，可以识别几何结构的特征，并检测出缺欠。

1. 根部信号

（1）单侧扫查　深度方向的咬边通常是较小的信号。除了该特征之外，咬边的形状一般是圆的，因此无论哪个折射角度的声束检测到咬边，反射面都较小。由于咬边发生在焊缝的边缘（焊缝余高或根部），因此难以区分咬边、非常小的表面未熔合，以及邻近焊缝的裂纹。更复杂的问题是，过高的焊缝余高或根部会形成端角，从而产生端角反射回波，可能形成达到评定等级的信号，从而干扰检测结果。只有当信号幅度远远超过背景噪声，才可以对信号进行合理的定性。检测人员宜使用焊缝轮廓线辅助判定，并且需确定偏移距离准确无误。对于单V形坡口，采用固定的偏移距离在单侧扫查时，B扫描或S扫描图像中出现未焊透的一侧，其信号传播时间不变。检测条件不变时，虽然波幅可能相对恒定，但波幅恒定不能用来进行缺欠定性。单V形坡口焊缝根部裂纹和未焊透差别不明显。焊缝根部裂纹通常具有多个面，沿根部焊缝长度方向扫查时，其信号的传播时间略有不同，但不易发现时间变化。单V形坡口焊缝的纵向裂纹可能出现在焊缝内部、边缘或热影响区。

因此，显示相对于焊缝中心线的位置不能用来判定裂纹。

双 V 形坡口焊缝的根部区域不在焊缝表面，而在焊缝内部。根部钝边只有一侧未焊透时，反射回探头的声束能量较低，因此缺欠显示不明显。如果怀疑存在未焊透，需采用串列路径设置扫查，确保检出未焊透。

（2）双侧扫查　对于单 V 形坡口焊缝，双侧扫查时如果焊缝根部钝边均有信号显示，则很可能是未焊透。信号传播时间通常不变，波幅不变（焊根高度和熔深变化会导致波幅变化）。

双 V 形坡口焊缝中，焊缝根部两个垂直面未熔合的可能性很小。但是，根部区域很容易产生夹渣，从一侧扫查时信号时间一致，波幅恒定，从另外一侧扫查时，信号的时间和波幅变化没有规律。对于埋弧焊，采用自动化进行背面清根且清根不充分时，很容易出现未焊透，并伴随着夹渣。

（3）烧穿　烧穿在射线底片上很容易识别，但是在相控阵超声波检测中难以识别。主要是烧穿可能是对称或非对称分布，深浅不一。且烧穿通常较短，反射波幅较低。

（4）根部气孔　气孔分散分布时，相应信号的传播时间不规则。单 V 形坡口焊缝根部的气孔，会形成波幅较低的分散信号，并且会降低或消除与根部余高相关的结构信号。

2. 焊缝余高信号（焊脚裂纹、热影响区裂纹和“边缘未焊满”）

焊脚裂纹出现在焊缝余高的边缘部分，并且可能沿着坡口的角度方向。如果裂纹发生的位置不在焊缝的边缘而在热影响区时，则应考虑为热影响区裂纹。如果热影响区裂纹位于表面以下，沿着焊缝坡口角度，且仍在母材内时，则它被称为焊道下裂纹（表面热影响区也有可能产生疲劳裂纹）。

由于端角反射效应，焊缝余高中表面开口的裂纹信号通常很强。在设计检测工艺时，需要采用足够的偏移距离，以确保能覆盖热影响区内的缺欠。

边缘缺失是指出现在焊接接头外表面的焊缝缺失。如果检测人员能观察到焊接表面，则可以通过观察焊接接头边缘的焊缝金属缺失，来识别这种类型的缺欠。导致边缘缺失的原因可能是未焊满（没有将足够的焊缝金属填充在坡口上，导致焊缝低于母材），也可能是多道焊的最后一道与母材边缘相距较远所导致的母材未熔化。可以通过显示图像中缺欠在焊缝结构轮廓的位置以及沿线扫查的信号时间共同确定缺欠特性。宜分别在焊缝两侧进行扫查，根据波幅进一步判定缺欠性质。

焊脚部位的缺欠，可能是裂纹或边缘缺失。这需要根据沿线扫查的信号时间来确定。如果是边缘缺失，肉眼即可观察出来。常规超声波检测时，检测人员可以通过波幅的比例变化来评定缺欠。由于常规超声波检测仅使用几种角度的声束，当声束从靠近缺欠的一侧垂直入射至缺欠主平面时，反射波幅很高；当声束在另一侧入射时，反射波幅会降低。而相控阵超声波检测中不宜利用波幅的比例变化进行评定。因此采用固定的偏移距离进行相控阵沿线扫查时，入射至缺欠的声束角度不一定总是垂直于其主平面的角度。

3. 中间位置的未熔合或未焊透（双 V 形坡口）

未熔合的信号幅度取决于声束相对于缺欠的入射角。由于 S 扫描的声束入射角度并非总与缺欠垂直，因此建议从焊缝两侧进行至少两次不同偏移距离的S扫描。在双V形坡口中，理想光滑的垂直未焊透只能检出其垂直面的端部信号。由于该区域的大多数缺欠会伴随着一些夹渣，并且回波幅度很高，因此在某些情况下最好还是采用串列聚焦扫查。为了确定熔合线上的缺欠是否为未熔合，需要进一步评定回波信号的时间。若其时间恒定，通常为未熔合，若时间不恒定，则可能是裂纹。

4. 中间位置的体积型气孔

分散的气孔反射波幅相对较低。双V形坡口对接接头中间位置气孔的波幅可能只比焊缝背面余高处的端部回波高10～12dB。

5. 中间位置的层间未熔合

层间未熔合有多种取向，但其主平面通常为水平方向。部分未熔合也可能在坡口的位置形成，然后延伸至层间缺欠。通常最好在缺欠所在的坡口边缘侧进行检测，而从远离缺欠的焊缝另一侧很难检出。这种情况下首选E扫描，声束可以经过底面反射后检出缺欠。

6. 典型缺欠与图示

（1）内径连贯裂纹（根部、底面） 这种缺欠通常在A扫描和S扫描中清晰显示多个面和边缘的信号。在A扫描中可见清晰的起点和终点。如果裂纹具有较大的垂直范围，探头靠近和远离焊缝扫查时，回波信号呈现明显游动。通常在焊缝两侧都可以检出这种缺欠，也可以在焊缝两侧对其进行标绘。评定时宜正确标绘其相对于内径的位置或深度值(见图9-24)。

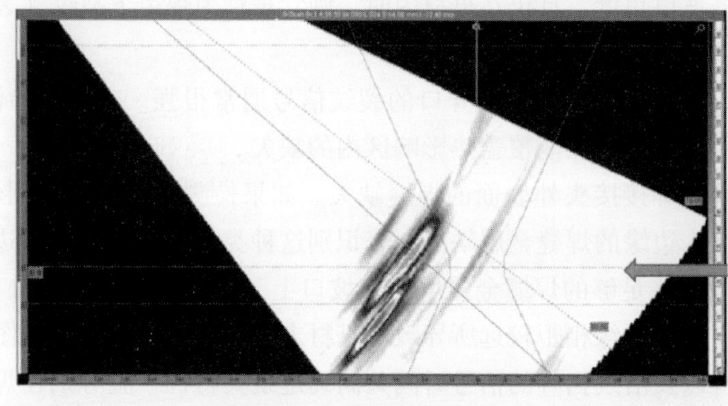

图9-24 连贯裂纹的S扫描图像

（2）侧壁未熔合 在焊缝两侧检测侧壁未熔合时，效果明显不同。通常在相同位置使用一定角度范围的声束进行S扫描来检测未熔合。未熔合呈现出明显的平面状形态，在脉冲宽度较短的情况下，A扫描回波信号呈现迅速升高和降低的状态，没有多面和多尖端的特征。

略微倾斜探头不会产生像裂纹一样的多峰或锯齿状（参差不齐）的多面特征。可能存在一同起伏的波形转换的多次信号，并且间隔基本相同（见图9-25）。

（3）气孔 气孔具有多个信号，信号的波幅和位置各不相同。信号正确标绘于焊缝体

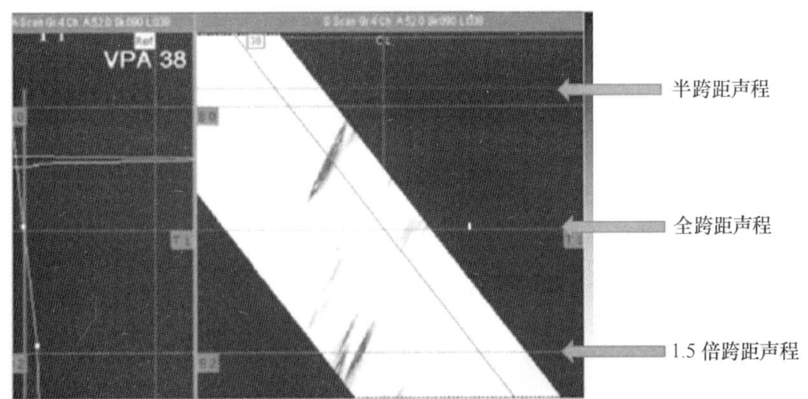

图 9-25　侧壁未熔合的 E 扫描图像

积内。信号起始和终点位置波幅较低，易与背景噪声混淆。气孔呈现出明显的非平面状形态，在脉冲宽度较宽的情况下，A 扫描回波信号呈现缓慢上升和下降的状态。气孔的 S 扫描图像如图 9-26 所示。

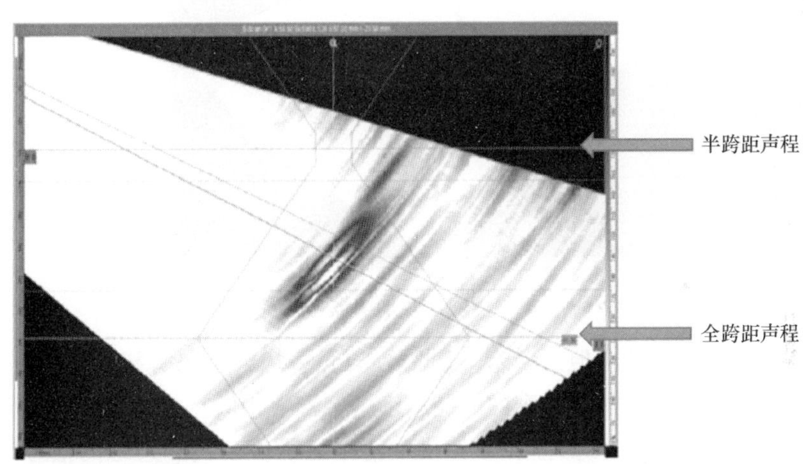

图 9-26　气孔的 S 扫描图像（可见多个反射体）

（4）外径焊脚裂纹（外表面）　焊脚裂纹通常在 A 扫描和 S 扫描中清晰显示多个面和边缘的信号。如果裂纹具有较大的垂直范围，探头靠近和远离焊缝扫查时，回波信号呈现明显游动。这种缺欠通常可以检出，可以标绘于外径深度参考线或标绘深度值。通常使用 S 扫描和低角度 E 扫描对焊脚裂纹定性（见图 9-27）。

（5）未焊透　未焊透（IP）通常波幅较高，回波信号呈现明显游动，或沿全跨距标线游动。常规焊缝结构的未焊透通常在焊缝两侧都能检出，靠近中心参考显示标绘。一般地，可以在所有通道检出未焊透，高角度 E 扫描的波幅较高。在脉冲宽度较短的情况下，A 扫描回波信号呈现迅速升高和降低的状态，未焊透的 S 扫描图像如图 9-28 所示。

未焊透应依据焊缝坡口确定：双 V 形坡口焊缝的未焊透在中间区域，而单 V 形坡口

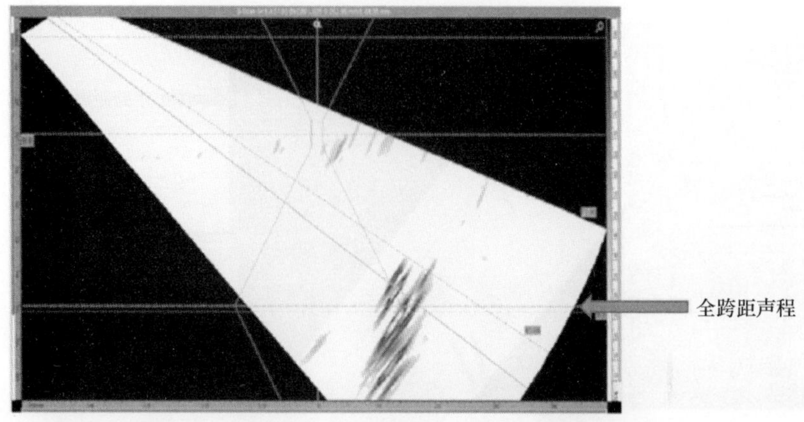

图 9-27 焊脚裂纹的 S 扫描图像

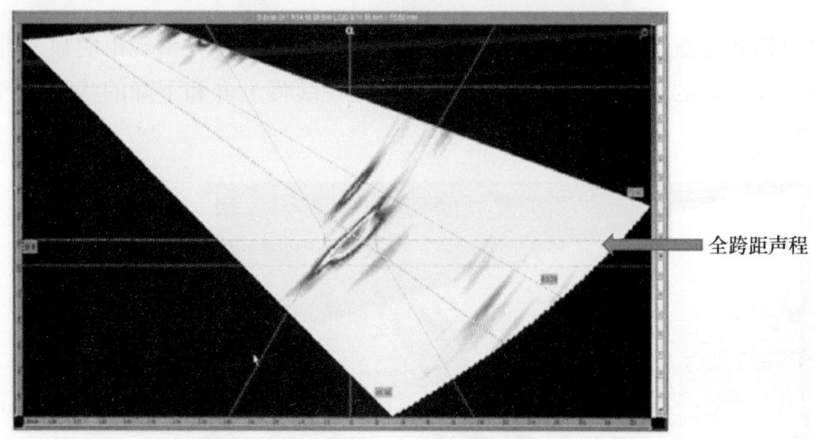

图 9-28 未焊透的 S 扫描图像（根部位置）

焊缝的未焊透是表面开口的。但是，未焊透信号的起伏状态与裂纹和其他根部缺欠相似，检测人员需要格外小心。未焊透与表面的侧壁未熔合较为相似。

（6）夹渣 夹渣通常在 A 扫描和 S 扫描中清晰显示多个面和边缘的信号。夹渣呈现出明显的非平面状形态，在脉冲宽度较宽的情况下，A 扫描回波信号呈现缓慢上升和下降的状态。通常夹渣的波幅比平面型缺欠低，与气孔和较小的平面型缺欠较难区分。夹渣通常在焊缝两侧都能检出，最好采用 S 扫描对其定性。夹渣类反射体通常标绘于正确的深度区域，参考线与焊缝体积相同（见图 9-29）。

9.4.4 缺欠定量

可以通过多种技术进行缺欠定量，例如，波幅降低（如 -6dB）技术、尖端衍射技术等。不同的缺欠类型可能需要应用不同的定量技术。

1. 缺欠长度

可以通过波幅降低技术测量编码 D 扫描或 C 扫描图像中缺欠平行于表面的长度。测量时用垂直光标框选 D 扫描或 C 扫描显示中缺欠的范围（见图 9-30）。

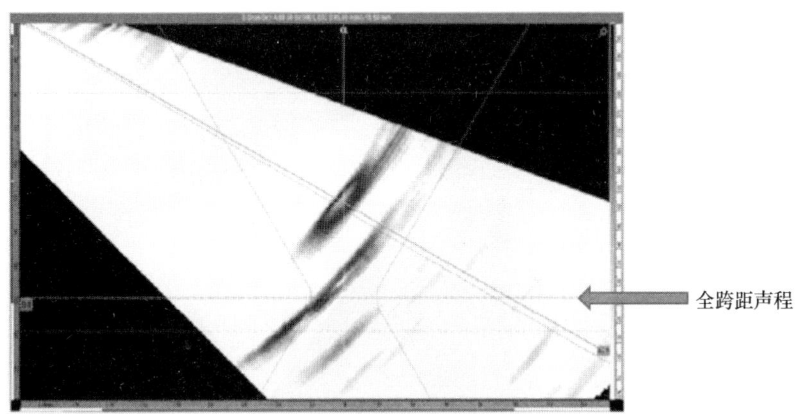

图 9-29　夹渣的 S 扫描图像

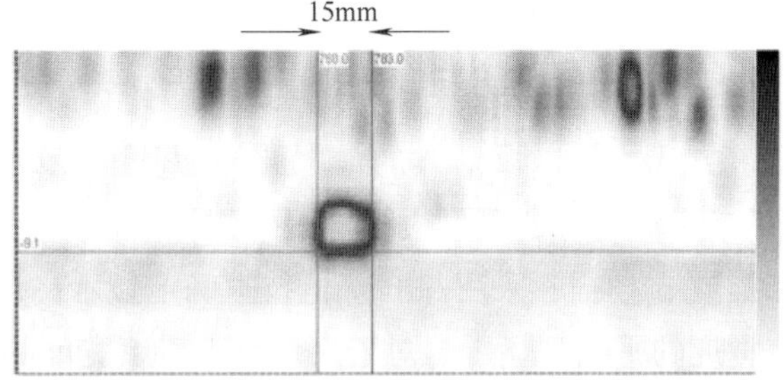

图 9-30　使用波幅降低技术和 C 扫描显示上的垂直光标进行缺欠定量

2. 缺欠高度

可以通过波幅降低技术或尖端衍射技术测量 B 扫描、E 扫描或 S 扫描图像中缺欠垂直于表面的高度。

1）使用波幅降低技术时，将水平光标置于缺欠的上下边缘（图 9-31）。

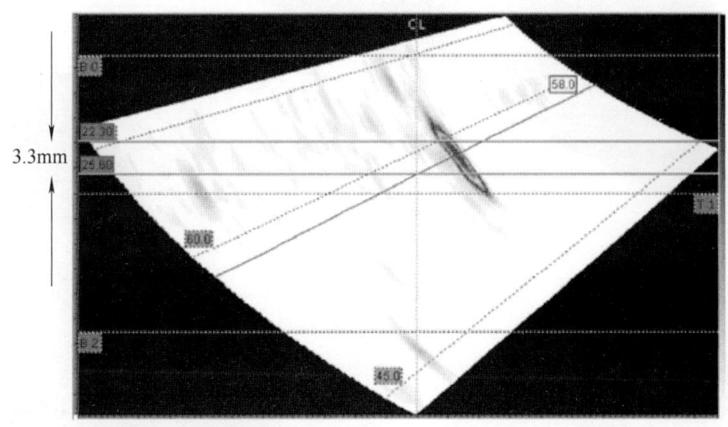

图 9-31　使用波幅降低技术和 B 扫描显示上的水平光标进行缺欠高度测量

2）使用尖端衍射技术时，将水平光标置于缺欠信号的上下尖端（图 9-32）。

ASTM E2700—2014 的显示定量原则如下。

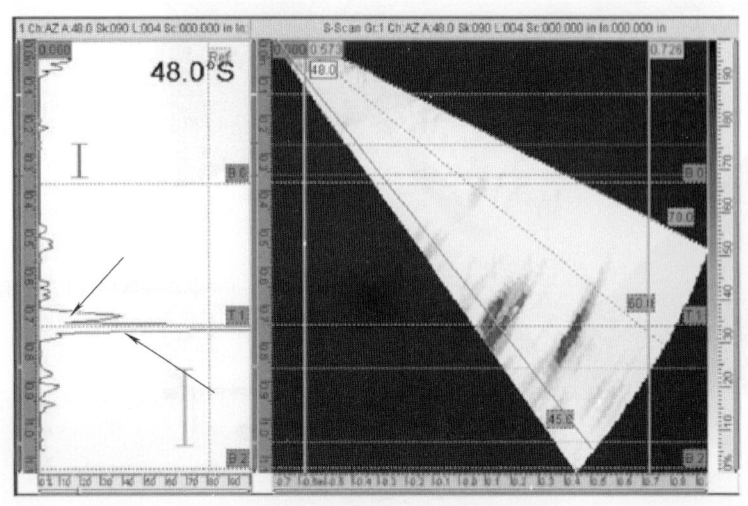

图 9-32 使用尖端衍射技术和 S 扫描显示上的水平光标进行缺欠高度测量

显示长度的一般测量方式为：以反射体的最大波幅为基准（或以最小评定幅度为基准），确定波幅降至基准一半的边缘，测量边缘位置沿焊缝长度方向的两点距离，即为显示长度。可以通过 S 扫描或 B 扫描，采用 6dB 降低技术确定显示高度（见图 9-33）。该技术适用于尺寸大于声束宽度的平面型显示。对于尺寸小于声束宽度的平面状显示，需要确定声束的扩散性再进行尺寸测量。对于取向不利的显示或不规则表面的显示，波幅定量技术可能不能精确表示显示的尺寸或其严重性，需要通过 ASTM E2192 – 2013（Reapproved 2018）所述的方法对其进行高度测量。例如，30 – 70 – 70 波形转换或远表面爬波技术、尖端衍射技术、双晶双模态技术、聚焦纵波或双晶聚焦横波技术。

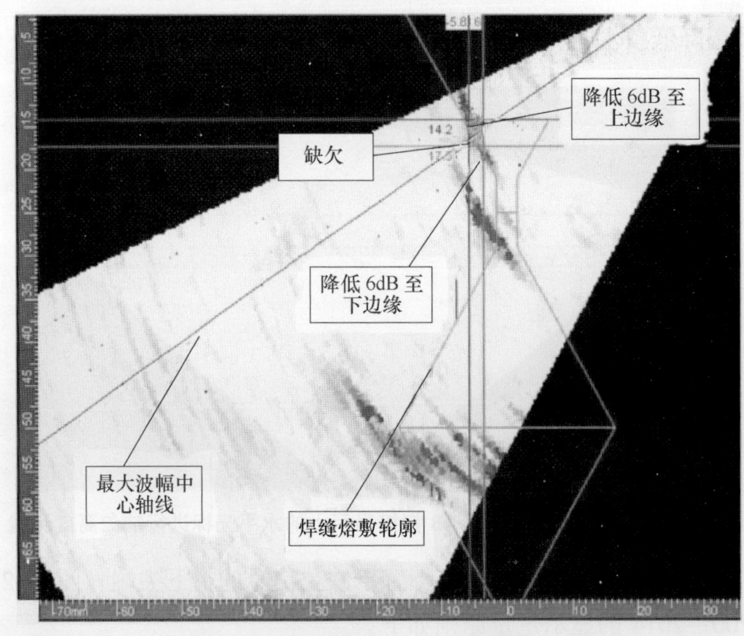

图 9-33 6dB 降低技术进行缺陷定量（垂直）

第 10 章　相控阵超声波检测技术在轨道交通领域中的应用

10.1　车轴相控阵超声波检测

10.1.1　车轴

车轴是机车车辆转向架的关键承载部件，是影响行车安全的重要零件，其质量可靠与否直接危及运输安全。如果车轴出现疲劳损伤并且扩展，就会因断轴而造成脱轨、机车车辆失控，将带来灾难性的后果。在机车车辆运行过程中，车轴不但承受负荷造成的交变弯曲应力，而且承受由扭矩而产生的扭转应力。同时，在压装部位还会有压装配合时所导致的残余拉应力以及车轮和钢轨的冲击力等。在这些应力的长期作用下，轮心和车轴在压装部位边缘的压装配合会遭到破坏，而逐渐出现非接触区；这样不仅造成了压装部位局部的应力集中，而且还可以使轮心和轴身在运行过程中发生相对微小滑动，并由此导致擦伤，再受到水气等的侵蚀，从而出现许多坑穴，这实际上为车轴失效提供了裂纹源。在一定的外力作用下，细小的腐蚀坑穴逐步扩大并连成一体，最后发展成为危害性的疲劳裂纹。另外，由于车轴材质差或热处理不当等原因，车轴本身还会存在一些缺陷，这更为疲劳裂纹的产生和发展提供了条件，因此车轴压装部位的裂纹较为普遍。另外，车轴轴径卸荷槽部位和轴身部位也会产生疲劳裂纹。

车轴（见图 10-1）很容易产生疲劳裂纹，而这种裂纹易发生在轮座压装部位的一个短

图 10-1　车轴实物

距离内，是完全隐蔽的。为了及时发现疲劳缺陷，在轮对交付前和使用中，必须进行无损检测。事实上，在不退卸车轮的情况下，除超声波检测外，没有其他方法具有足够的灵敏度能检出这些裂纹。自20世纪50年代采用超声波检测车轴以来，迄今已应用了60多年，一直是检测车轴疲劳裂纹的重要手段。

车轴的规格尺寸如图10-2所示。

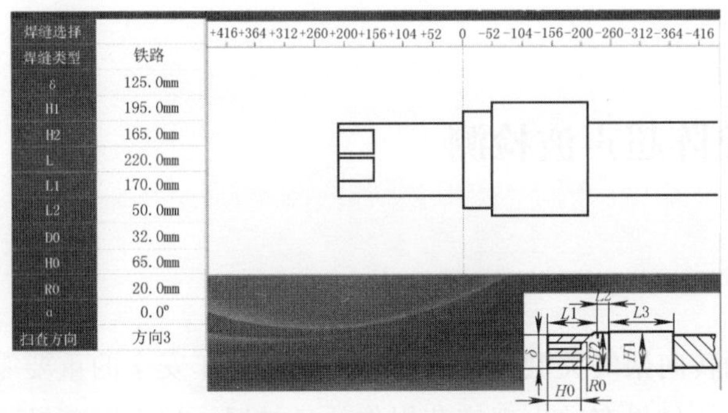

图10-2　车轴的规格尺寸

10.1.2　检测方法

检测部位为整个车轴，要求检测出车轴内部的各种缺欠。

1. 试样的设计和制作

为了验证检测能力，在车轴试样上加工人工缺陷（模拟裂纹），距离轴端面分别为310mm和450mm、深度1mm、宽度0.2mm的人工刻槽，如图10-3所示。

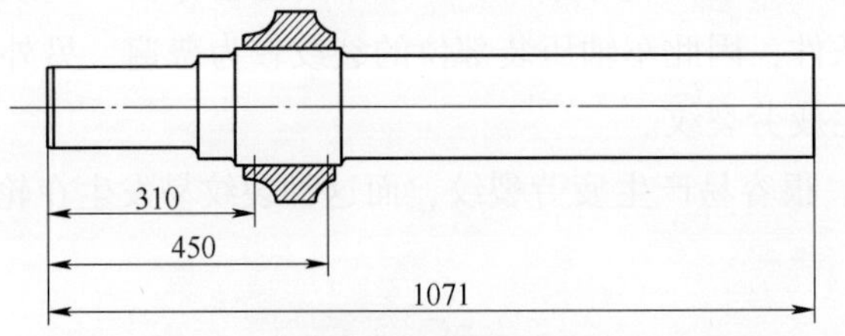

图10-3　试样示意

注：人工缺陷深度为$1^{+0.1}_{-0.2}$mm，宽度为0.2mm。

2. 仪器参数设置

仪器参数设置见表10-1。

表10-1　仪器参数设置

扫描方式	声束偏转/(°)		范围/mm	增益/dB	重复频率/kHz	发射电压/V
S扫描	-30～+30	40～70	550	33～43	1	200

3. 探头布置及扫查方式

1）在轴颈端面采用扫查器配合探头楔块的扫查方式，如图 10-4 所示。

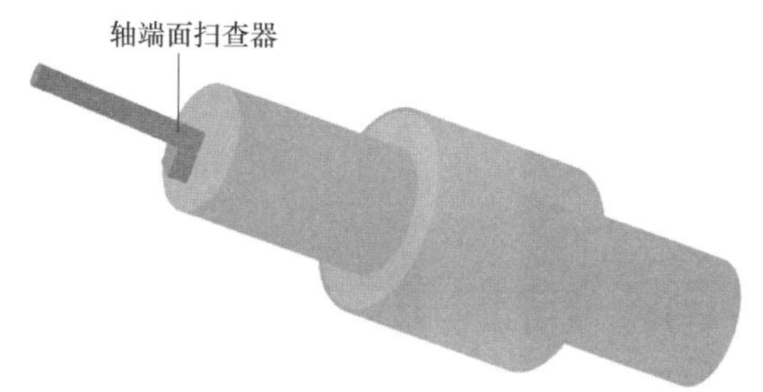

图 10-4　轴端面扫查示意

由于车轴端部较为平整，适合超声波入射，因此采用从车轴轴颈端面对轴颈部分和轴身部分进行纵波倾角入射的 S 形扫查，覆盖大部分轴颈部位和部分轴身，如图 10-5 所示。为了能更好地提高检测能力和稳定性，使用了探头扫查器，固定在端面 *R* 孔内，探头采用自发自收，频率为 5MHz。为增加耐磨性，可加装平面楔块。

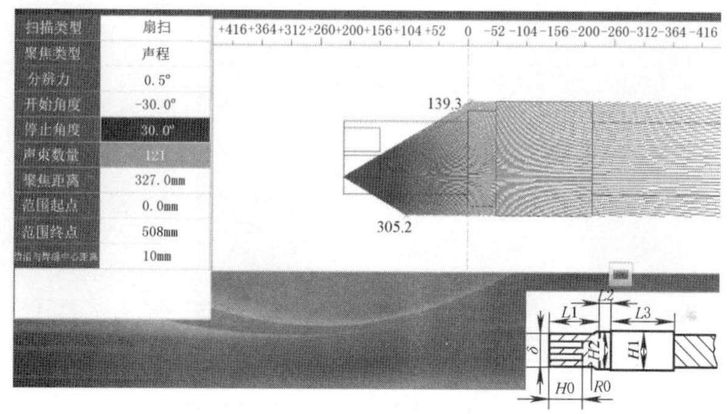

图 10-5　端面扫查建模

2）轴颈检测采用单探头周向扫查方式，如图 10-6 所示。

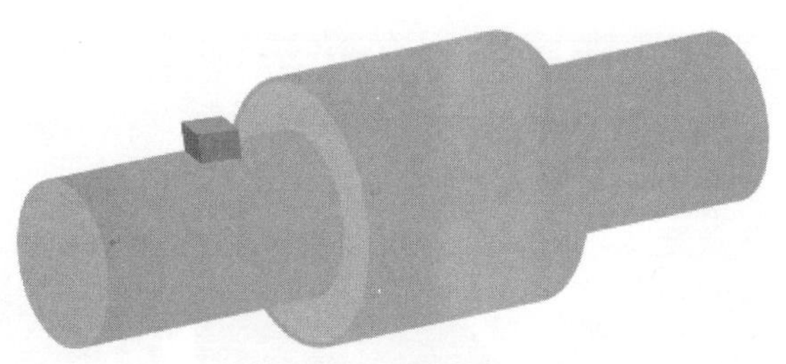

图 10-6　轴颈扫查示意

在轴颈周向上采用横波楔块进行扇扫描，对轮座镶入部位进行检测，探头频率不变，只是更换楔块，如图 10-7 所示。

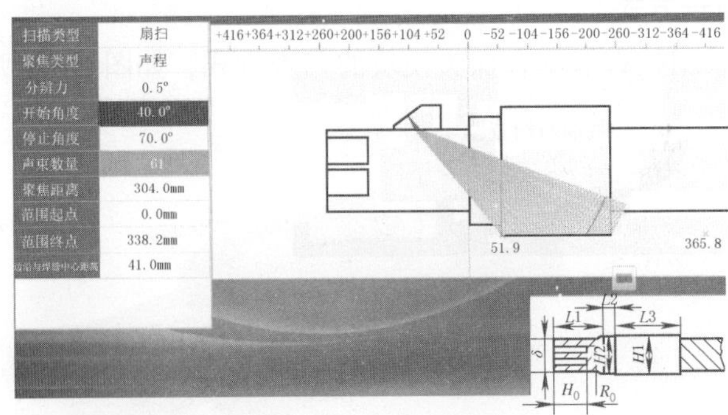

图 10-7　轴颈周向扫查建模

10.1.3　数据分析

在轴端面对轴颈部分和轴身部分进行纵波倾角入射的 S 扫描，结果如图 10-8 所示。

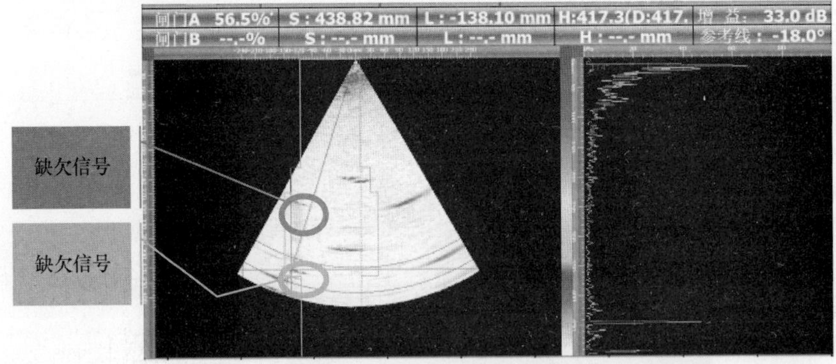

图 10-8　端面 S 扫描检测结果

在轴颈周向上采用横波楔块进行 S 扫描，对轮座镶入部位进行检测的结果如图 10-9 ~ 图 10-11 所示。

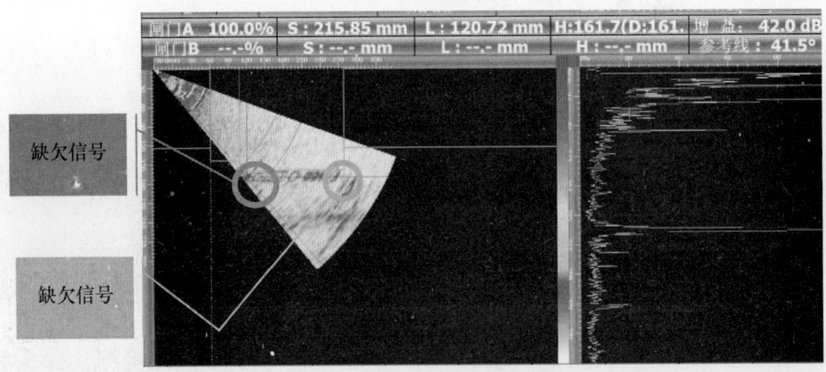

图 10-9　轴颈周向 S 扫描检测结果

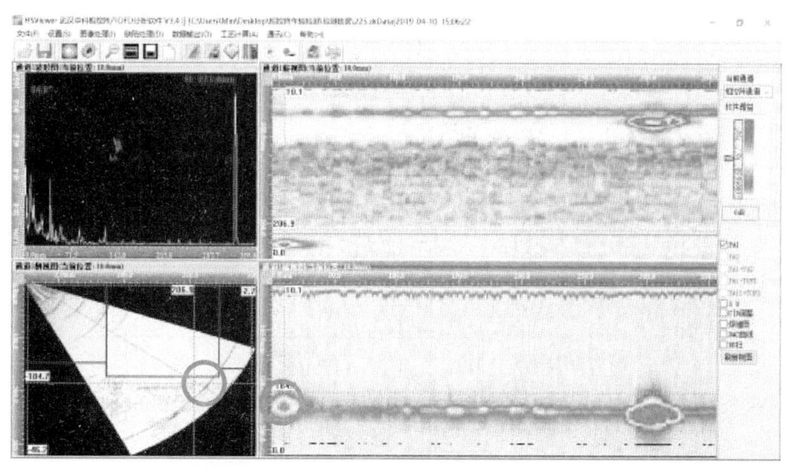

图 10-10　车轴外侧缺欠（红圈处）

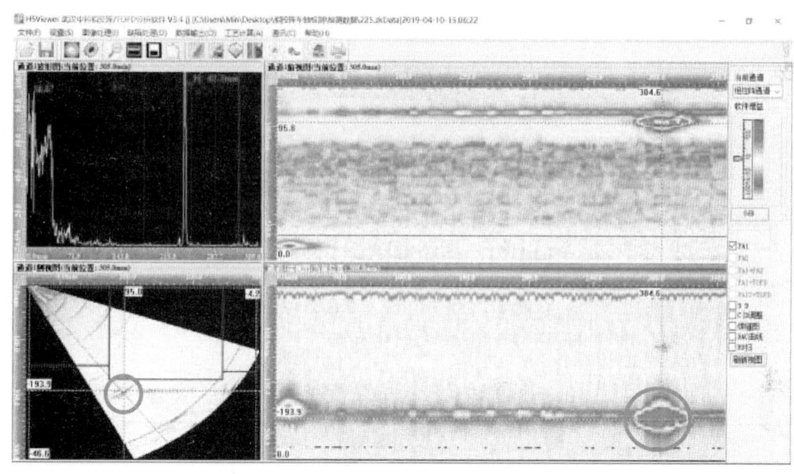

图 10-11　车轴内侧缺欠（红圈处）

10.2　齿轮相控阵超声波检测

1. 齿轮

齿轮是整个传动装置的核心部分，其力学行为和工作性能对整个机车运行有重要影响。铁道机车车辆运行工况复杂，齿轮传动又具有重复性强、连续工作等特点，导致其摩擦磨蚀日趋严重，以致产生齿面点蚀、胶合等现象，造成齿轮失效，直接影响机车运行的安全性、平稳性和可靠性。

2. 检测部位和缺欠

检测部位为齿轮整体。检测缺欠为折叠、残余缩孔、夹杂物、裂纹等。

3. 检测方法

（1）试样的设计和制作　齿轮试样如图 10-12 ~ 图 10-14 所示。

图 10-12　齿轮试样实物

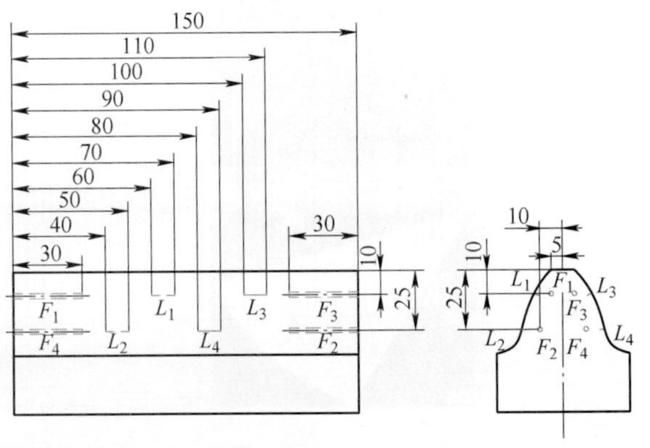

图 10-13　齿轮试样人工缺陷设计

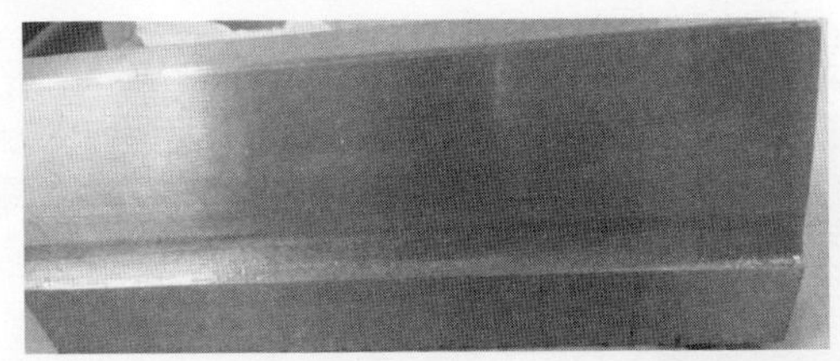

图 10-14　齿轮试样人工缺陷细节

（2）仪器参数设置　仪器参数设置见表 10-2。

表 10-2　仪器参数设置

扫描方式	脉冲宽度/ns	范围/mm	聚焦类型	增益/dB	重复频率/kHz	发射电压/V
S 扫描	100	600	聚束聚焦	30	1	100

（3）探头布置及扫查方式　将探头放置在齿轮上端齿面，在耦合面均匀施加耦合剂，如图 10-15 所示。

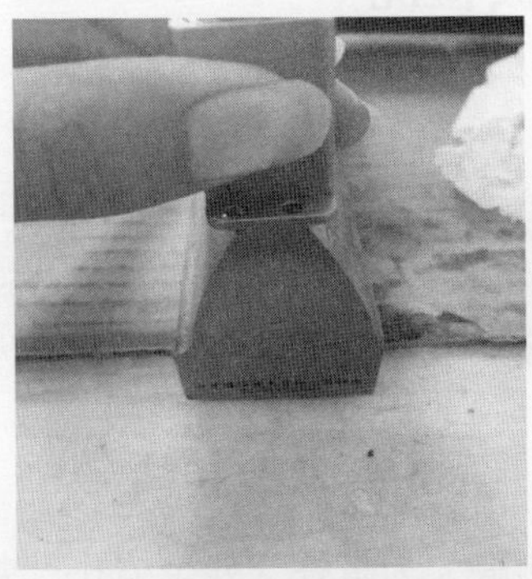

图 10-15　齿轮试样人工缺陷检测

4. 数据分析

如图 10-16 ~ 图 10-21 所示，齿轮试样的缺欠均能有效检出。

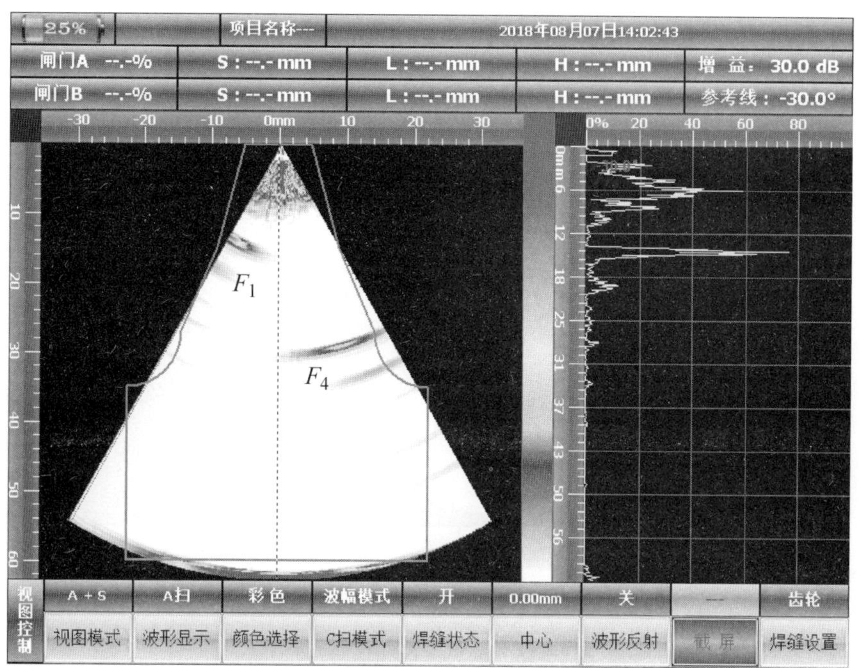

图 10-16　缺欠图像和信号（F_1 和 F_4）

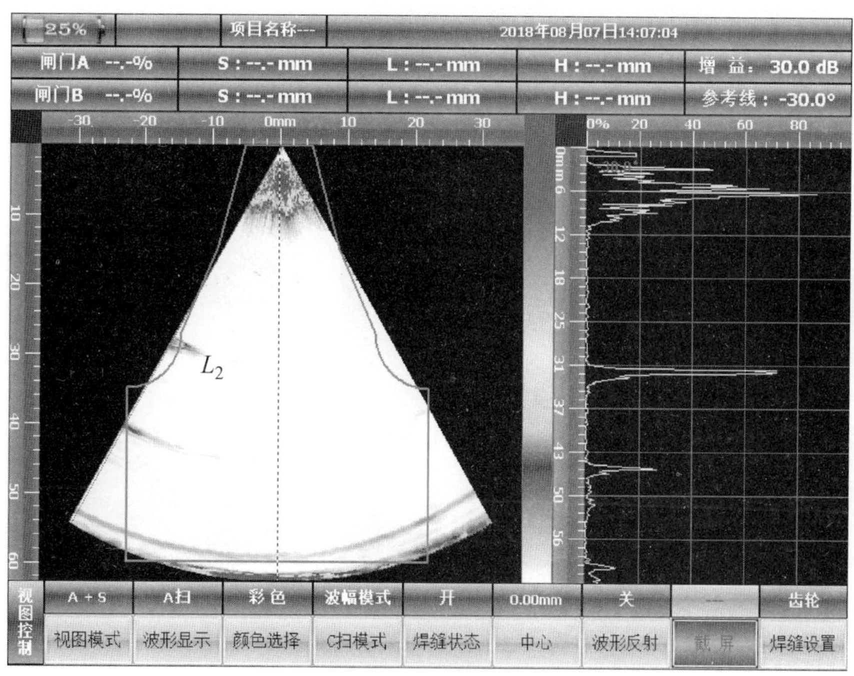

图 10-17　缺欠图像和信号（L_2）

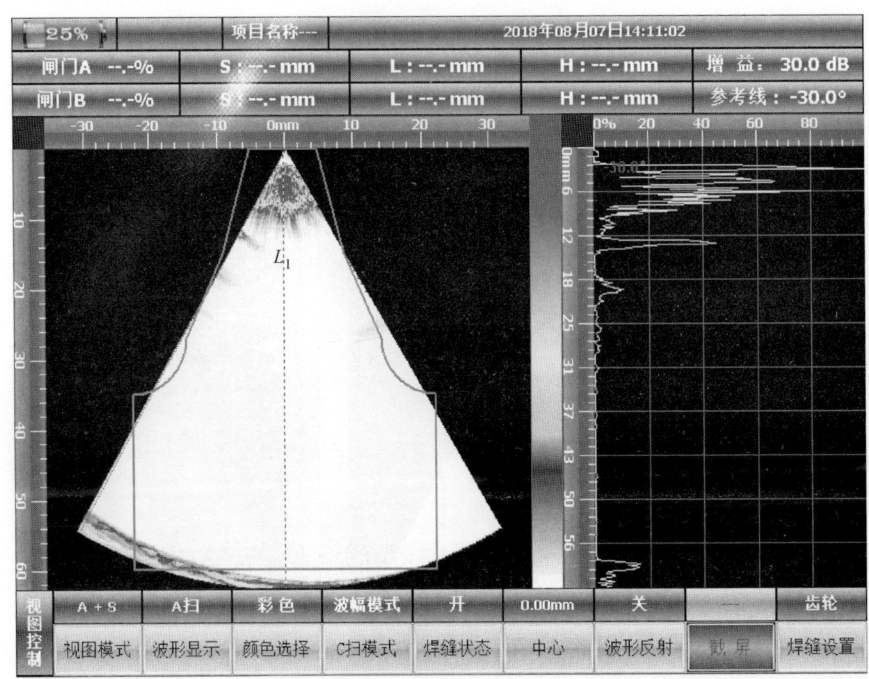

图 10-18 缺欠图像和信号（L_1）

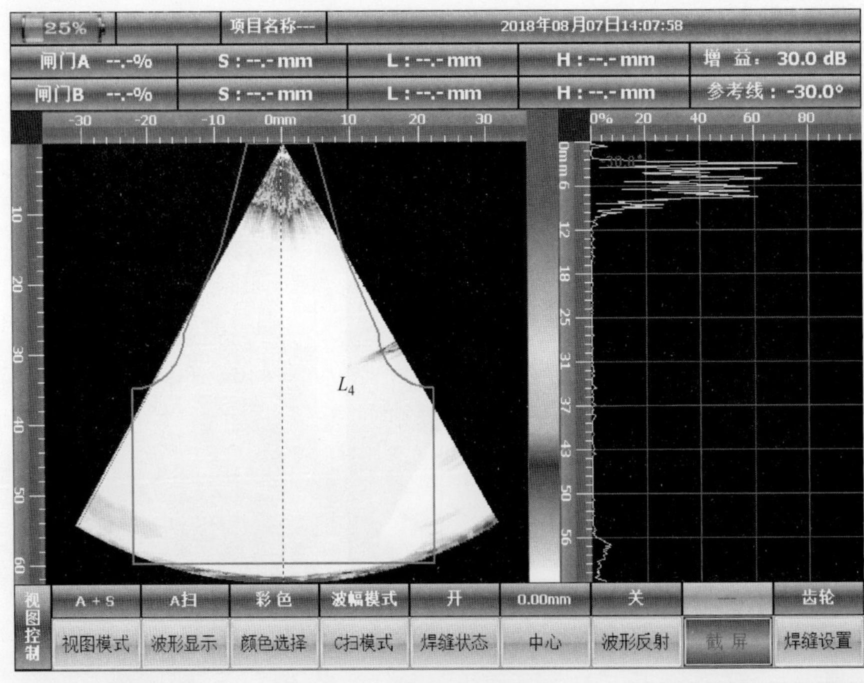

图 10-19 缺欠图像和信号（L_4）

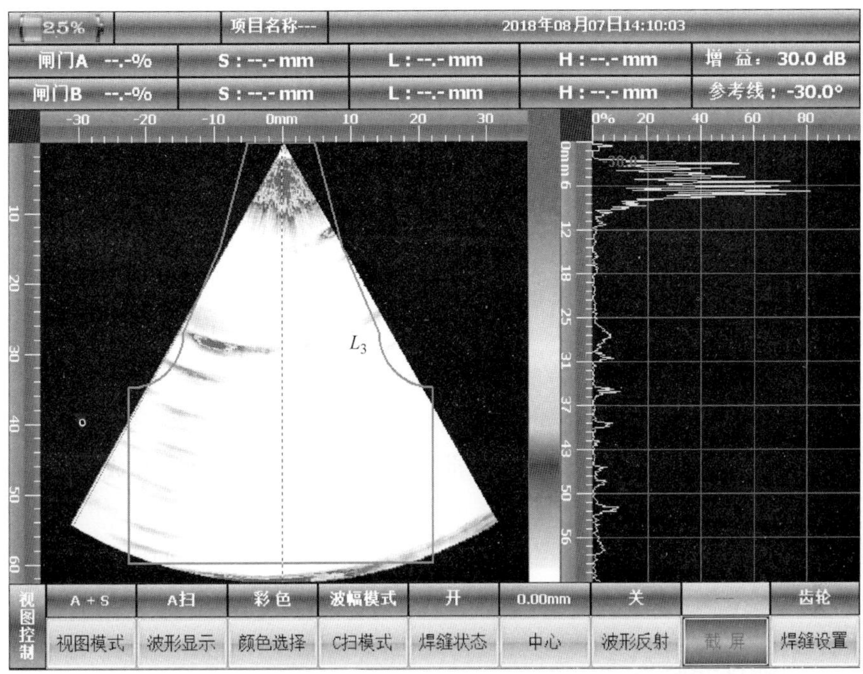

图 10-20 缺欠图像和信号（L_3）

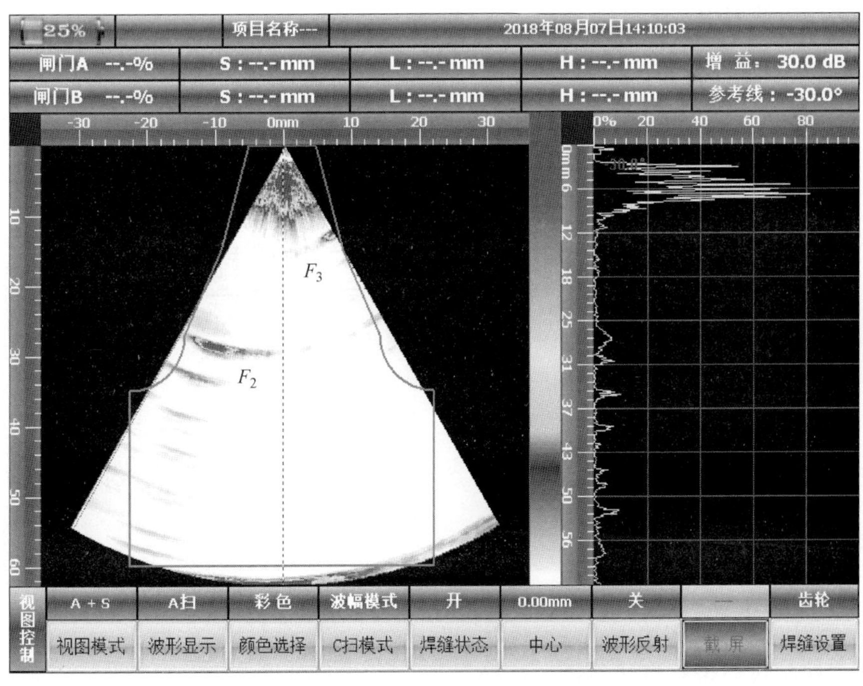

图 10-21 缺欠图像和信号（F_2 和 F_3）

10.3　螺栓不解体相控阵超声波在役检测

10.3.1　螺栓

螺栓联接是常用的一种机械联接方式，主要是起到将两物体间联接、紧固、定位及密封等作用。

钢结构联接用螺栓性能等级分 3.6、4.6、4.8、5.6、6.8、8.8、9.8、10.9、12.9 等 10 余个等级，其中 8.8 级及以上螺栓材质为低合金钢或中碳钢并经热处理（淬火、回火），通称为高强度螺栓，其余通称为普通螺栓。

高强度螺栓的材质通常为调质处理的中碳钢、中碳合金钢、非调质钢及硼钢等。由于螺栓生产中大都需要墩头，也为了适应大批量制造的需要，螺栓头部成形通常采用冷墩工艺。

螺栓在制造过程中，热处理、螺纹加工等工艺过程会引发严重的质量问题，例如，热处理裂纹、不规则刀痕、形状缺欠等。

10.3.2　检测部位和缺欠

螺栓失效主要形式是齿根裂纹以及齿部磨损腐蚀。

检测部位为螺栓整体，重点检测螺栓易开裂的部位如图 10-22 所示，并要求检测出产品在加工和在役使用中产生的缺欠。

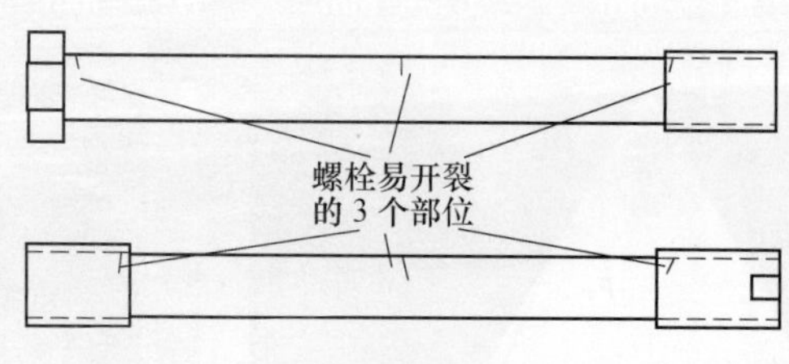

图 10-22　螺栓易开裂部位

10.3.3　检测方法

1. 试样设计和制作

（1）人工刻槽　在螺纹和螺杆（靠近头部）上分别刻出深度 0.5mm 的人工刻槽缺陷，如图 10-23 和图 10-24 所示。

（2）自然裂纹　带有自然裂纹（螺纹部位）的螺栓如图 10-25 和图 10-26 所示。

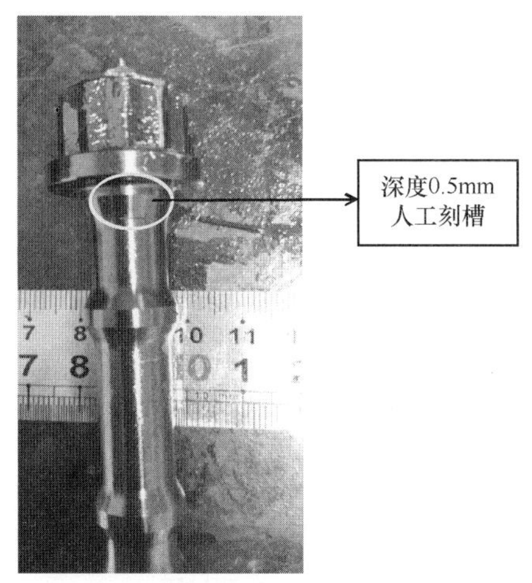

图 10-23　螺杆缺陷示意

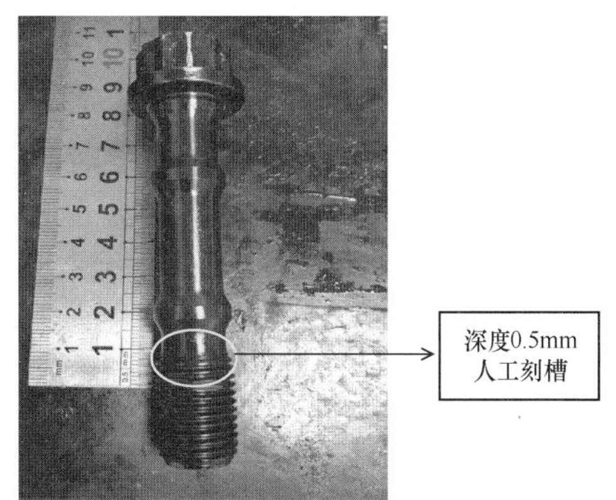

图 10-24　螺纹缺陷示意

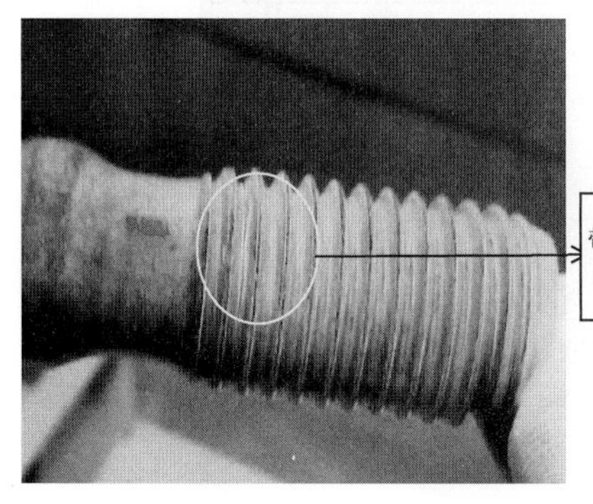

图 10-25　1 号螺栓自然裂纹（圆圈处）

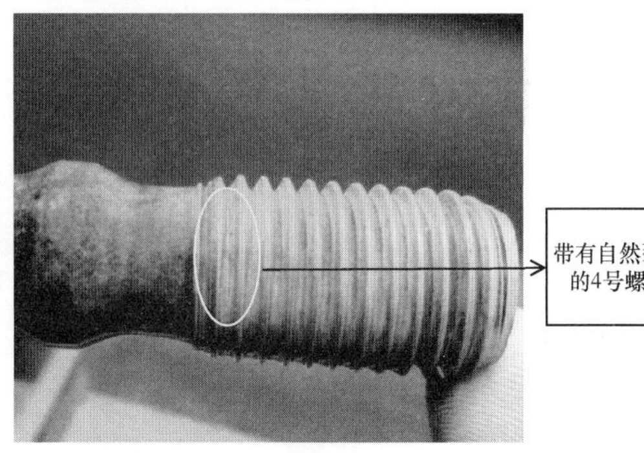

图 10-26　4 号螺栓自然裂纹（圆圈处）

2. 仪器参数设置

仪器参数设置见表 10-3。

表 10-3　仪器参数设置

扫描方式	声束角度/(°)	范围/mm	聚焦距离/mm	增益/dB	数字增益/dB	重复频率/Hz	发射电压/V
L 扫描	0	130	110	44	18	500	100

3. 探头布置及扫查方式

将探头放置在螺栓任意端面，在耦合面均匀施加耦合剂，如图 10-27 所示。

图 10-27　螺栓检测示意

10.3.4　数据分析

所有人工缺陷和自然缺陷均能有效检出，如图 10-28 ~ 图 10-31 所示。

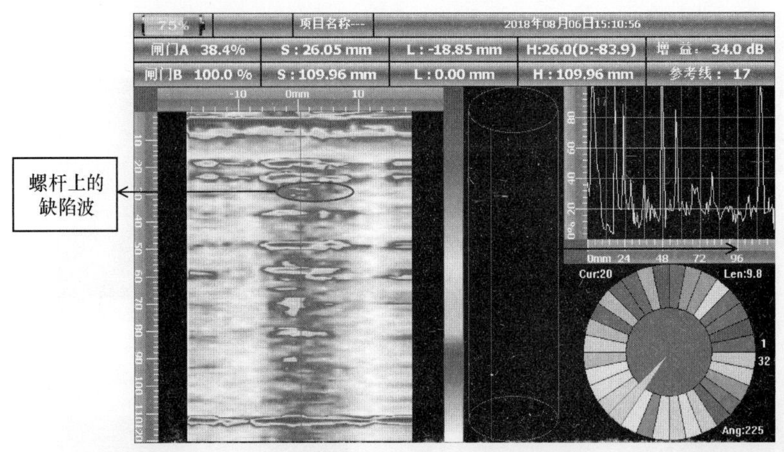

图 10-28　检测螺杆上深 0.5mm 人工刻槽（椭圆处）检测结果

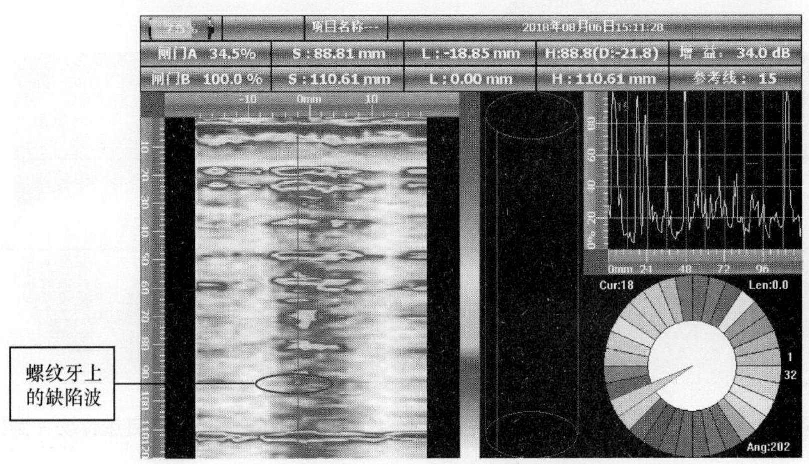

图 10-29　螺纹牙上深 0.5mm 人工刻槽（椭圆处）检测结果

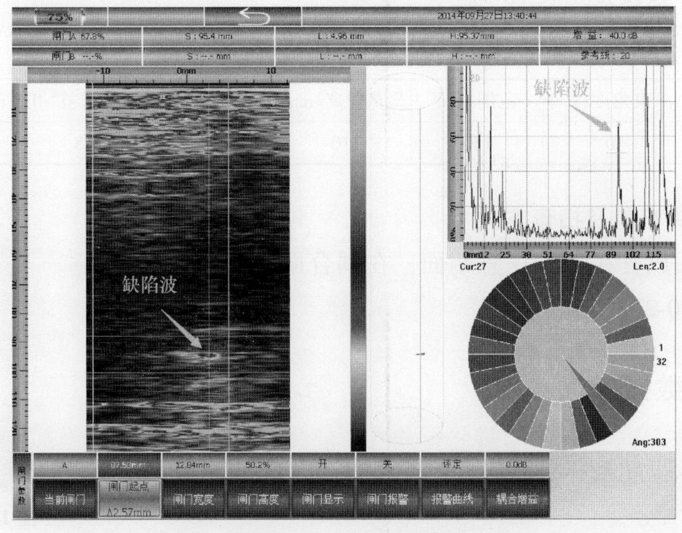

图 10-30　1 号螺栓检测结果

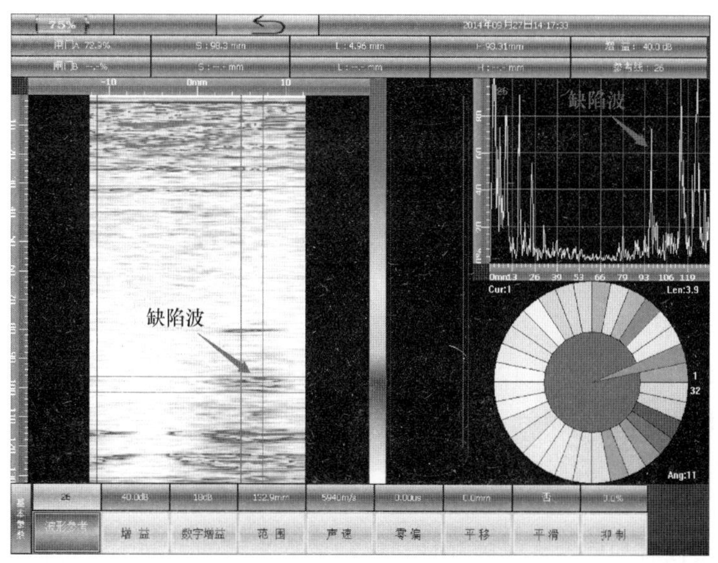

图 10-31　4 号螺栓检测结果

10.4　钢轨相控阵超声波检测

10.4.1　钢轨

钢轨是轨道结构的重要部件，直接承受机车、车辆荷载的作用，它的强度和状态直接关系到铁路运输的安全、平稳和畅通。钢轨支持并引导机车车辆按规定的方向运行，将来自车轮的荷载和冲击传递于轨枕和扣件之上；在自动闭塞区段，钢轨又成为轨道电路中的一部分，起到信号电流的传输作用；在电气化区段，钢轨还具有电力机车牵引电流的回流导线作用。

钢轨为车轮提供连续、平顺和阻力最小的滚动表面，又为机车等动力输出车型提供最大的粘着牵引力，因而要求钢轨顶面具有相应的摩擦系数，并产生一定的摩擦力。钢轨受到车轮辗轧会产生弯曲，为抵抗弯曲，钢轨应具有相当的强度。但因钢轨是承受冲击的受力体，为了减轻车轮对钢轨的冲击作用，减少机车、车辆走行部位及钢轨的裂损，钢轨应具有一定的可挠性。为使钢轨不致被巨大压力压溃或迅速磨耗，钢轨应具有足够的硬度。但硬度太高时，钢轨又容易被车轮的动力冲击所折断，因此钢轨还应具有一定的断裂韧度。

此外，钢轨还应具有较强的抗剥离性和抗疲劳性，一定的耐蚀性，良好的焊接性等。

10.4.2　检测部位和缺欠

轨头横向疲劳裂纹俗称轨头核伤，简称核伤。

核伤起源于轨头或螺栓孔内部的细小裂纹，由于轴重、速度、运量的不断提高，在钢轨走行面以下的轨头内部出现极为复杂的应力组合，使细小裂纹先成核，然后向轨头四周扩展，直至核伤周围的钢料不足以提供足够的抵抗力，钢轨在毫无预兆的情况下猝然折断。

现有的超声波检测需要针对不同的缺欠种类及缺欠位置布置相应的多对探头来进行超声波的检测。开发的一种相控阵检测系统，采用独特的相控阵横向摆扫技术，仅需 2 个探头即可达到轨头、轨腰和螺栓孔检测的全覆盖。

加强轨道及机车车辆的养护，能减少核伤的发展，但无法完全消灭。轨头内部细小裂纹是因为钢液中含有氢气，在轧钢过程中冷却到临界温度前氢气一直留在钢中，当温度低于 200℃后，氢气被封闭在微小的气孔内，这些小孔里的气压很高，而要释放这些氢气，就必将出现细小的裂纹。

核伤一般出现在距踏面 8 ~ 12mm 和距内侧5 ~ 10mm 处，其方向与钢轨纵剖面接近垂直，对踏面多有 10° ~25°倾角（单行线）或接近垂直（复行线）。核伤又分为白核和黑核，多数发生在轨头。其形成的主要原因是钢轨本身存在白点、气泡、非金属夹杂或严重偏析等缺欠，在列车的重复载荷作用下，使这些细微裂纹逐渐扩大而形成疲劳斑痕（即核伤），当疲劳斑痕没有和外界空气接触时，具有平整光亮的表面，通常称为白核；当这种疲劳斑痕发展至轨头表面而被进入的水气氧化时，称为黑核。核伤可导致钢轨横向断裂，是最危险的钢轨疲劳缺欠之一。西方国家铁路以无缝钢轨为主，钢轨缺欠主要为核伤，多数国家在核伤面积超过轨头面积 30% 以上时才要求换轨，法国甚至放宽到 55% 才换轨，而我国的标准要求比国外要严得多，只要确认是核伤，就要求必须换轨。

10.4.3 检测方法

1. 试样的设计和制作

（1）钢轨结构 钢轨的横截面如图 10-32 所示，长度方向如图 10-33 所示。

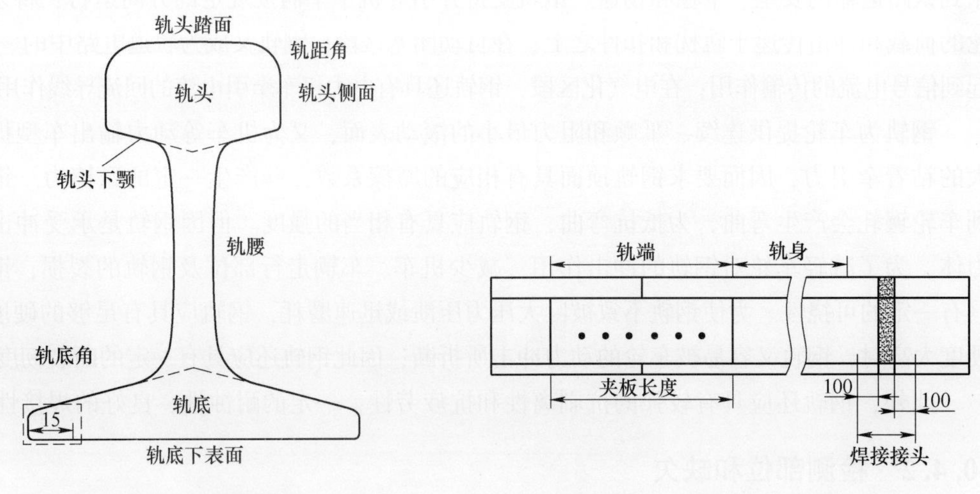

图 10-32 钢轨横截面

图 10-33 钢轨纵向（长度方向）

（2）轨头核伤检测试样 核伤主要出现在轨头内部，距离踏面 8 ~ 12mm，内侧 5 ~ 10mm，方向与轨道纵剖面近似垂直，对踏面多有 25°左右倾角。因此设置试样 1、试样 2。

1）试样 1（GTS－60SG 模拟）。试样 1 人工缺陷设计与实物如图 10-34 和图 10-35 所示。

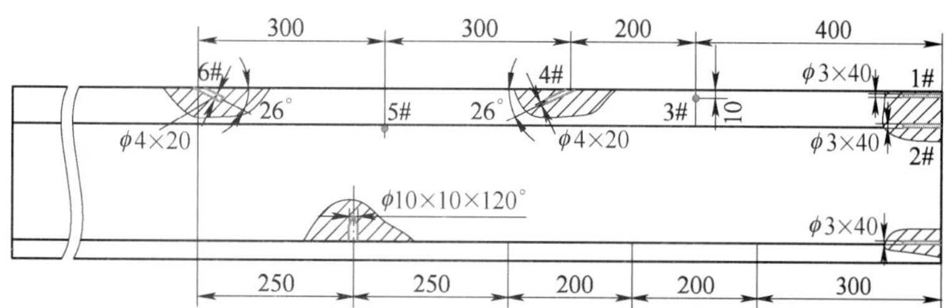

图 10-34　试样 1 人工缺陷设计

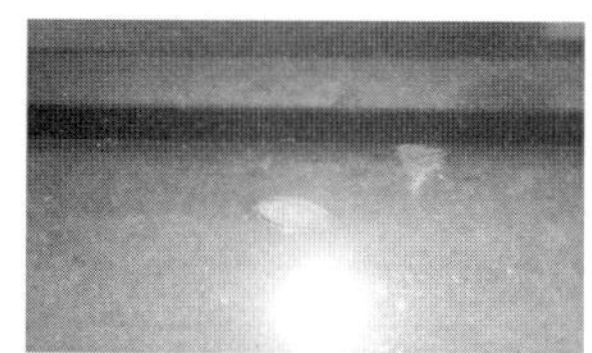
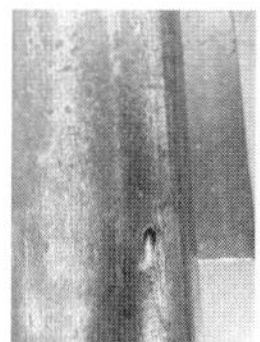
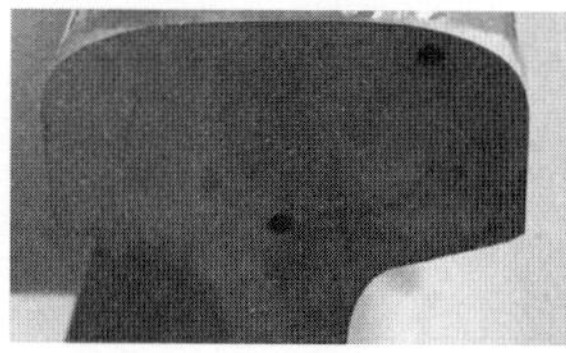

图 10-35　试样 1 人工缺陷实物

2）试样 2（GTS－60SG 模拟）。试样 2 人工缺陷设计与实物如图 10-36 和图 10-37 所示。

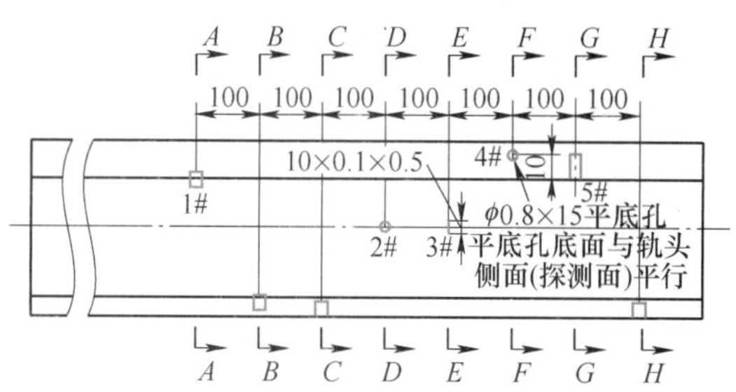

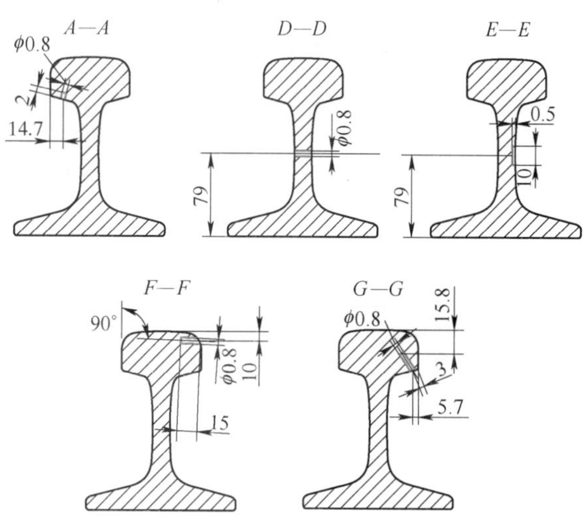

图 10-36　试样 2 人工缺陷设计

注：B—B、C—C、H—H 与 A—A 相似，在此省略。

（3）螺栓孔裂纹检测试样　螺栓孔裂纹大部分萌生于钢轨纵向轴线呈 30°～50°夹角的螺栓孔内壁上，因此设置试样 3（见图 10-38），在螺栓孔左右相距 3mm 和 5mm 处水平刻槽（GTS－60SG－8），37°倾角螺栓孔刻槽（GTS－60SG－11）。螺栓孔刻槽宽度为 0.2～0.3mm，深度为0.5～0.8mm。

图 10-37　试样 2 人工缺陷实物

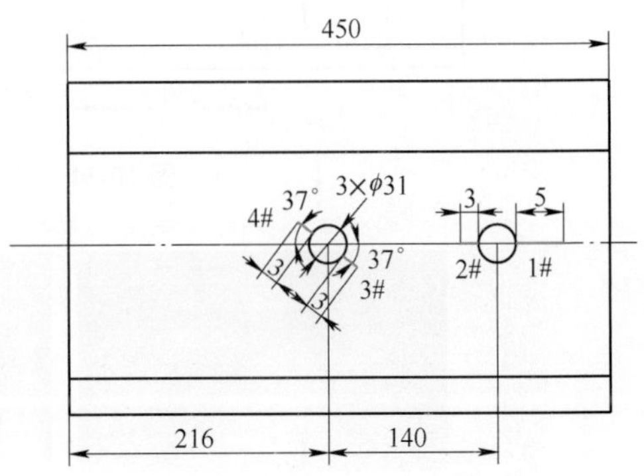

图 10-38　试样 3 人工缺陷设计

2. 扫查布置

使用扫查器放置在钢轨上（根据需求布置不同的探头，一般布置 2 个探头），手扶握把，沿钢轨方向向前推行即可，如图 10-39 所示。

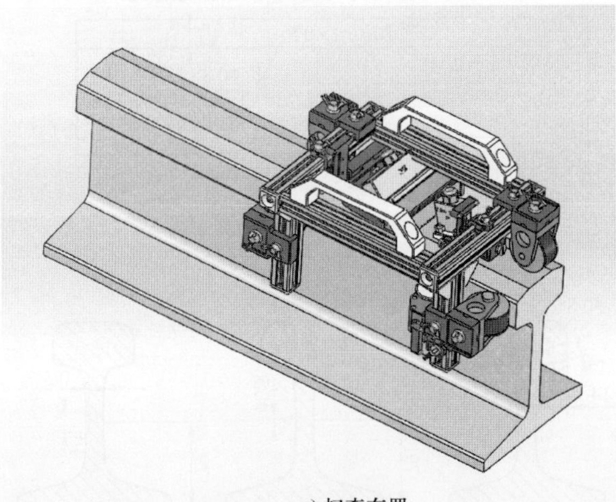

a) 扫查布置

b) 手持式扫查装置

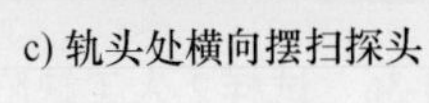

c) 轨头处横向摆扫探头

d) 轨腰处纵向摆扫探头

图 10-39　扫查布置

俯视视角下的 S 扫描图像显示如图 10-40 所示。

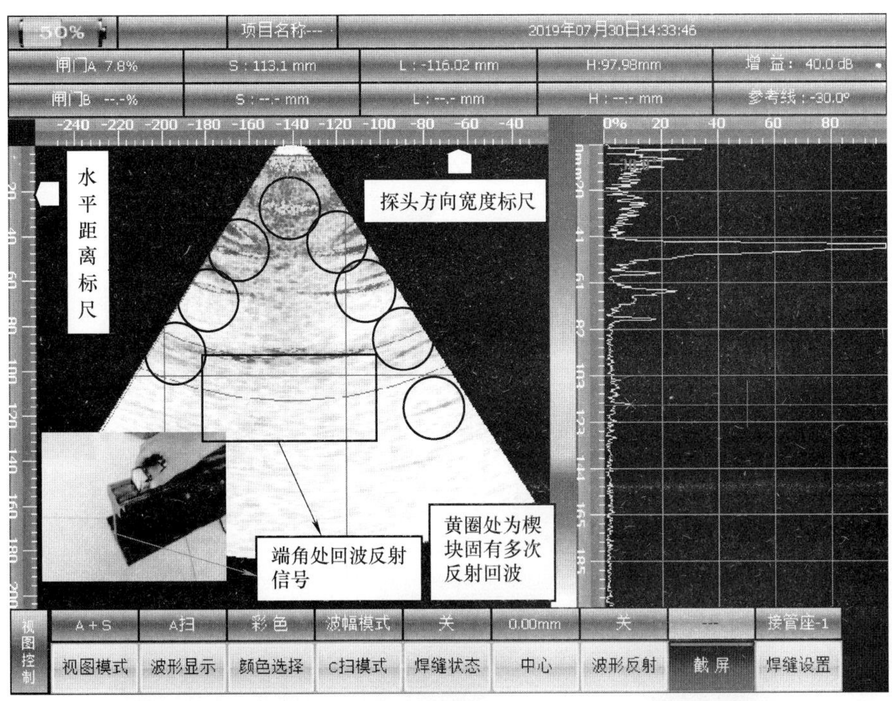

图 10-40　俯视视角下的 S 扫描图像显示

10.4.4　数据分析

如图 10-41 ~ 图 10-54 所示，试样 1、试样 2 和试样 3 的缺陷均能有效检出。

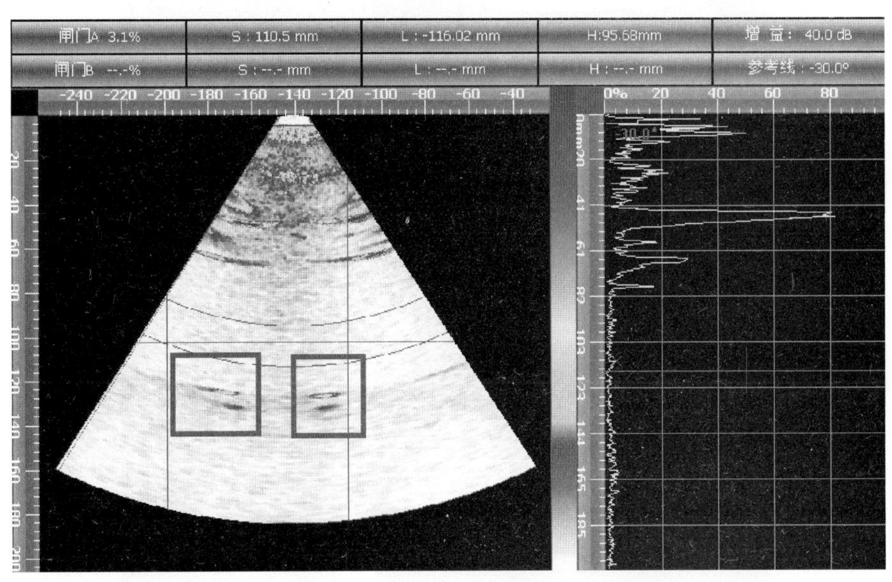

图 10-41　试样 1，1#、2#缺陷检测结果

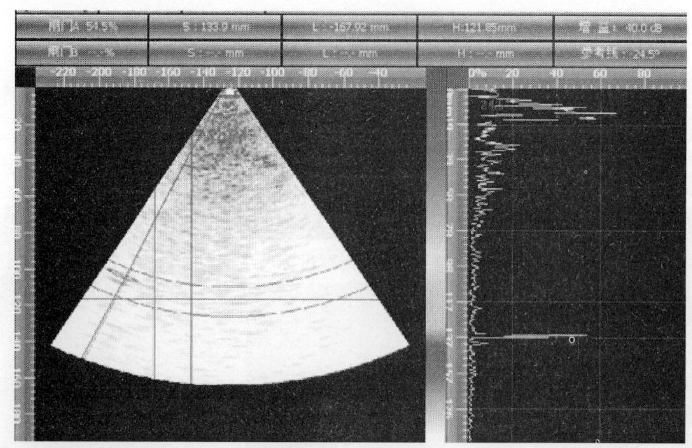

图 10-42　试样 1，3#缺陷检测结果（ϕ3mm 半通孔）

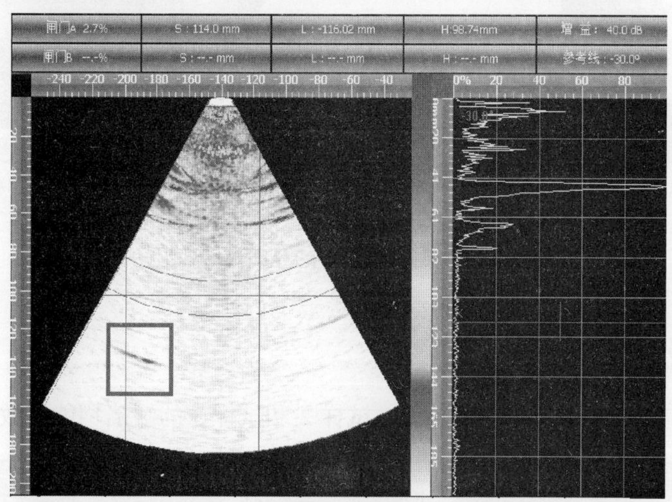

图 10-43　试样 1，4#缺陷检测结果（26°倾角平底孔）

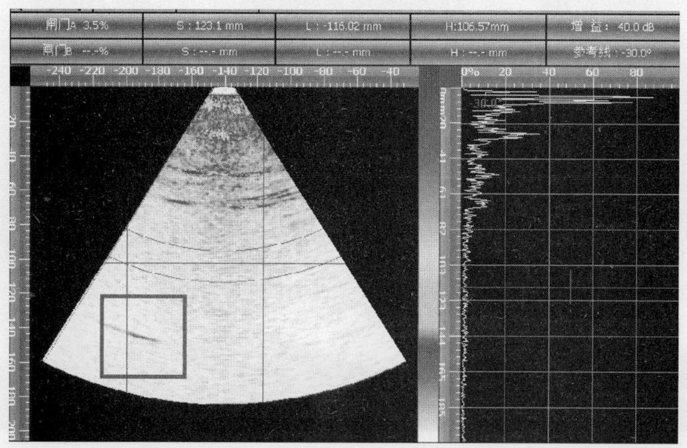

图 10-44　试样 1，5#缺陷检测结果（下颚处 ϕ3mm × 120°锥孔）

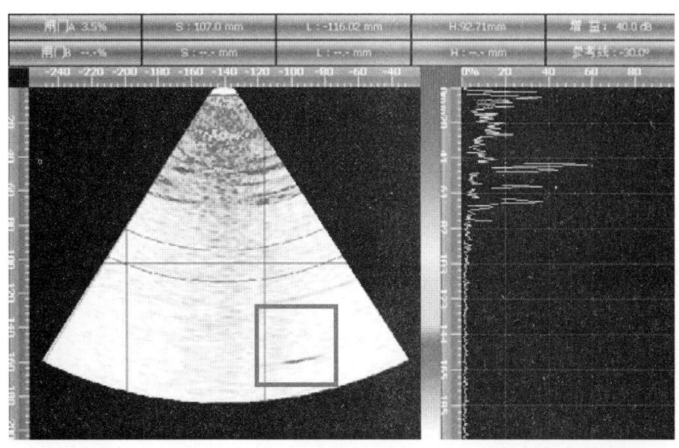

图 10-45　试样 1，6#缺陷检测结果（26°倾角平底孔，与 4#缺陷对称放置）

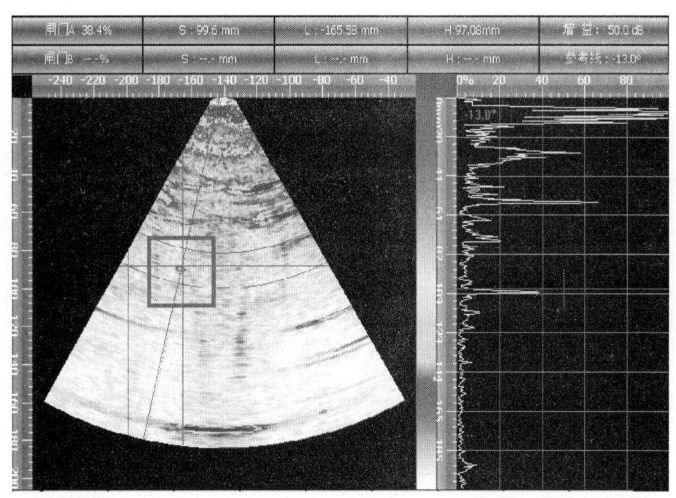

图 10-46　试样 2，1#缺陷检测结果（轨颚处 ϕ0. 8mm 平底孔）

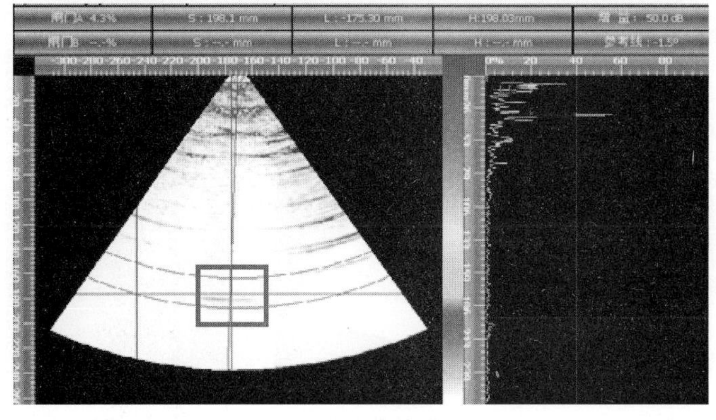

图 10-47　试样 2，2#缺陷检测结果（轨腰处 ϕ0. 8mm 横通孔）

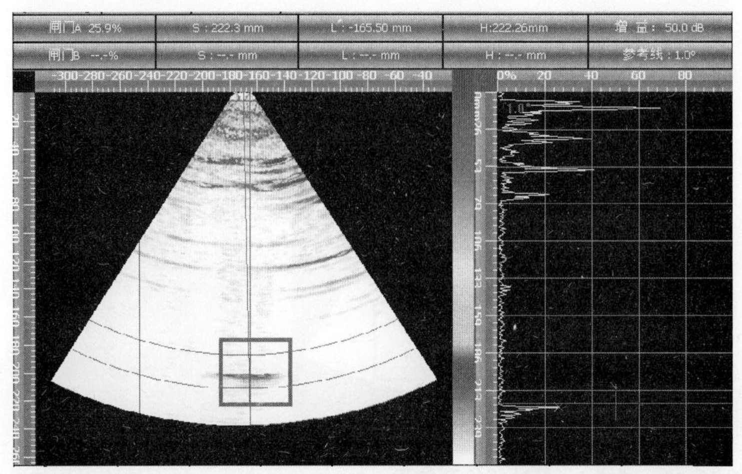

图 10-48　试样 2，3#缺陷检测结果（轨腰处矩形槽 3mm × 0.2mm × 0.5mm）

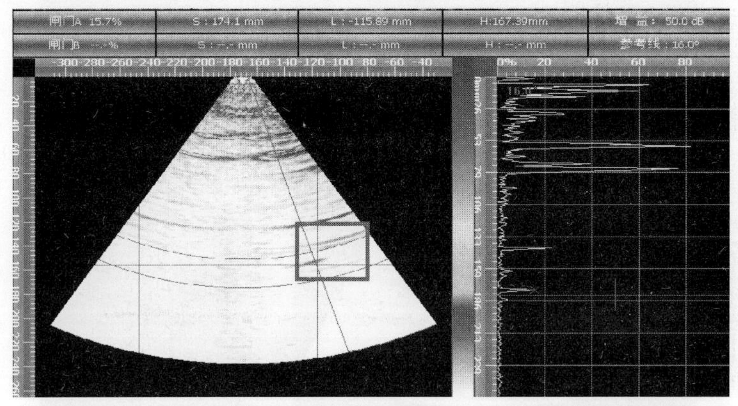

图 10-49　试样 2，4#缺陷检测结果（轨头处 ϕ0.8mm 半通孔）

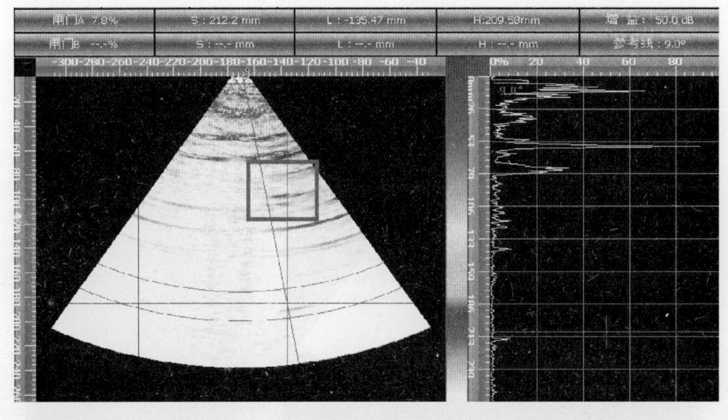

图 10-50　试样 2，5#缺陷检测结果（轨颚处 ϕ0.8mm 平底孔）

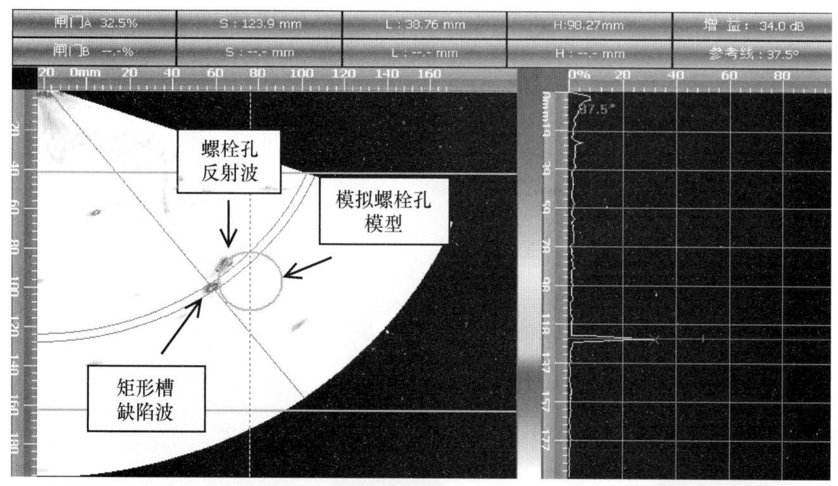

图 10-51　试样 3，1#缺陷检测结果（螺栓孔水平矩形槽，3mm×0.2mm×0.5mm）

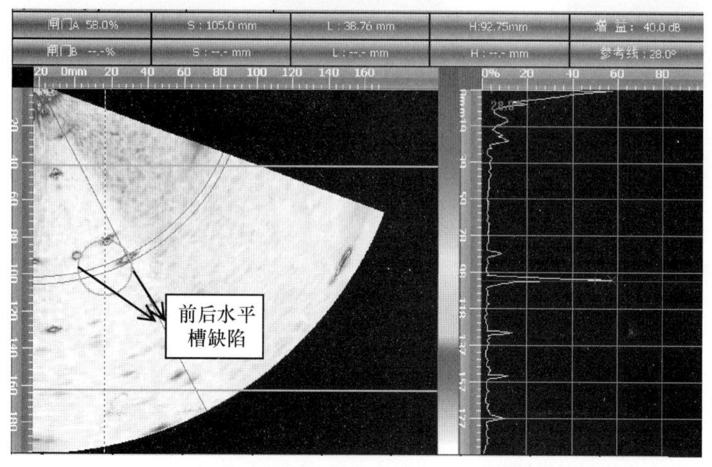

图 10-52　试样 3，2#缺陷检测结果（螺栓孔水平矩形槽，3mm×0.2mm×0.5mm）

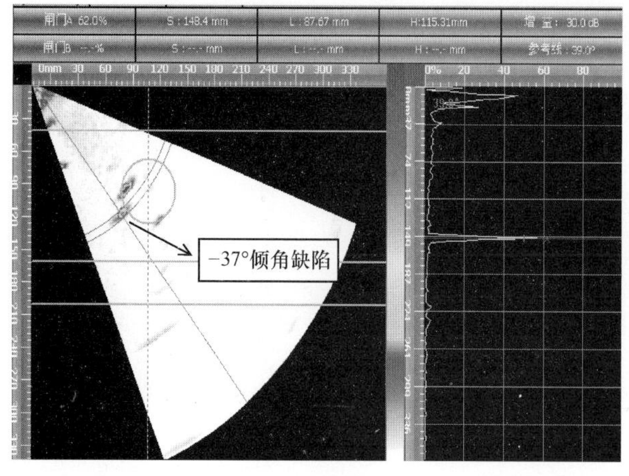

图 10-53　试样 3，3#缺陷检测结果（水平 -37°倾角刻槽）

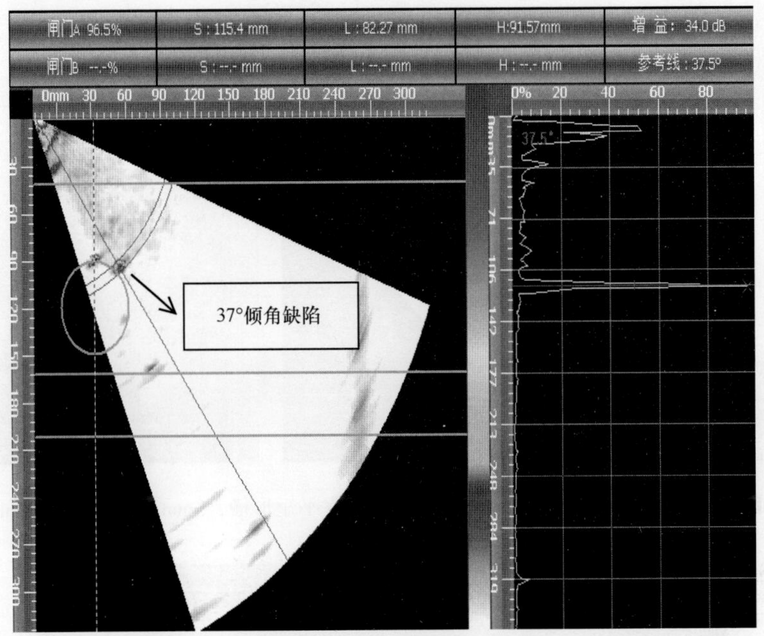

图 10-54　试样 3，4#缺陷检测结果（水平 +37°倾角刻槽）

第 11 章　相控阵超声波检测技术的其他应用

11.1　奥氏体不锈钢焊缝相控阵超声波检测

1. 奥氏体不锈钢焊缝

由于奥氏体不锈钢具有良好的机械强度、韧性和耐蚀性等特点，因此被广泛应用。奥氏体不锈钢焊缝相对于普通碳素钢焊缝，其组织不均、晶粒粗大，具有明显的各向异性，且材料的声衰减比普通碳素钢大很多，超声波在材料内部传播时会产生严重的散射、衍射、折射及反射现象，最终导致对缺欠的定位、定性及定量发生错误。本节将介绍相控阵超声波检测奥氏体不锈钢焊缝的方法。

2. 检测部位和缺欠

检测对象为奥氏体不锈钢焊缝，缺欠种类包括裂纹、未焊透、气孔、未熔合及夹渣等。

3. 检测方法

（1）试样的设计和制作　试样为平板对接焊缝，材质均为304L，如图11-1～图11-3所示。试样1厚度为25mm，试样2厚度为45mm，试样3厚度为60mm。试样1和试样2在两端侧面分别有3个和4个横孔，试样3内有裂纹、未焊透、未熔合及气孔4处缺陷。

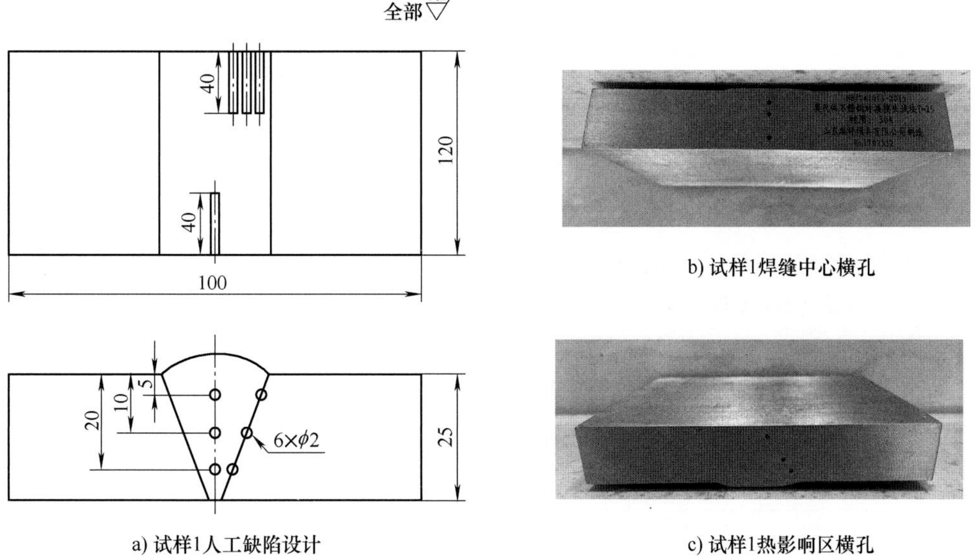

a) 试样1人工缺陷设计

b) 试样1焊缝中心横孔

c) 试样1热影响区横孔

图 11-1　奥氏体不锈钢焊缝试样 1 人工缺陷

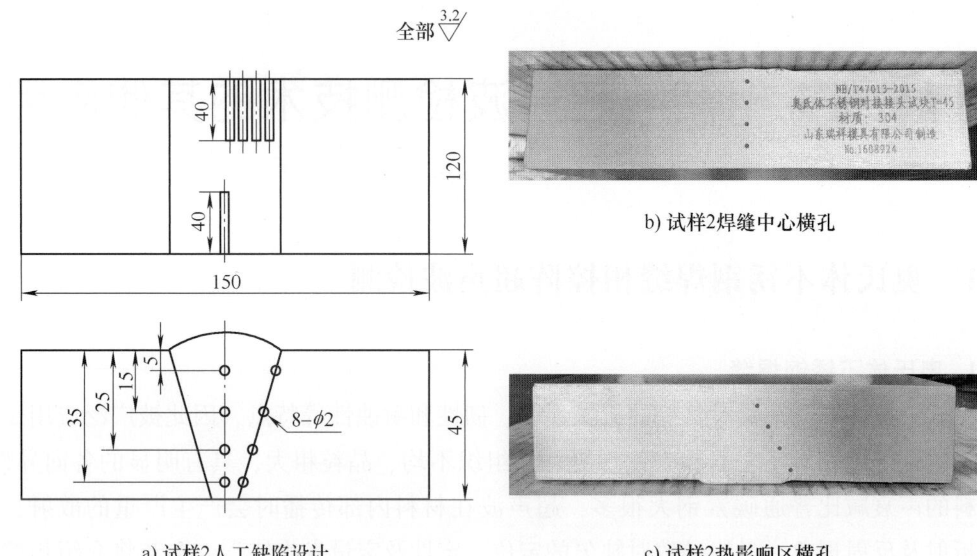

a) 试样2人工缺陷设计

b) 试样2焊缝中心横孔

c) 试样2热影响区横孔

图 11-2　奥氏体不锈钢焊缝试样 2 人工缺陷

图 11-3　奥氏体不锈钢焊缝试样 3 人工缺陷（厚度 60mm）

（2）检测器材

1）仪器：HSPA20 - Fe 64/128。

2）探头：MA2 - 32 ×2 - 0. 8 ×8（DLA 探头）、MA5 - 32 ×2 - 0. 6 ×8（DLA 探头）、MA2. 5 - 4 ×8 ×2（DMA 探头）。

3）楔块：MA2 - 50L、SA23 - 50L、SA24 - 55L。

（3）仪器参数设置　仪器参数设置见表 11-1。

表 11-1　仪器参数设置

扫描方式	声束角度/(°)	范围/mm	聚焦距离	增益/dB	数字增益/dB	重复频率/kHz	发射电压/V
S 扫描	0 ~ 88	50 ~ 100	16 ~ 50	16 ~ 50	24	1	50

（4）探头布置及扫查方式　探头在焊缝两侧沿焊缝长度方向平行扫查，如图 11-4 所示。

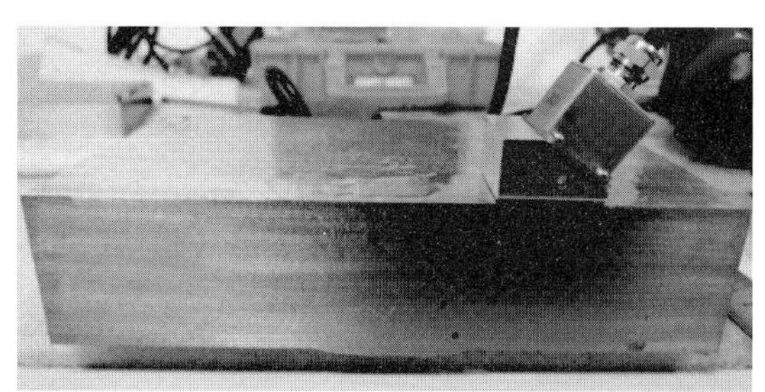

图 11-4　探头布置及扫查

4. 数据分析

（1）试样 1　将探头放置在试样 1 上（位置见图 11-5），其显示信号和图像如图 11-6 所示。由于起始角度为 0°，因此黄色标记处为试件的多次底波反射，红色标记处为 3 个横孔信号。

图 11-5　试样 1 探头位置 1 检测示意

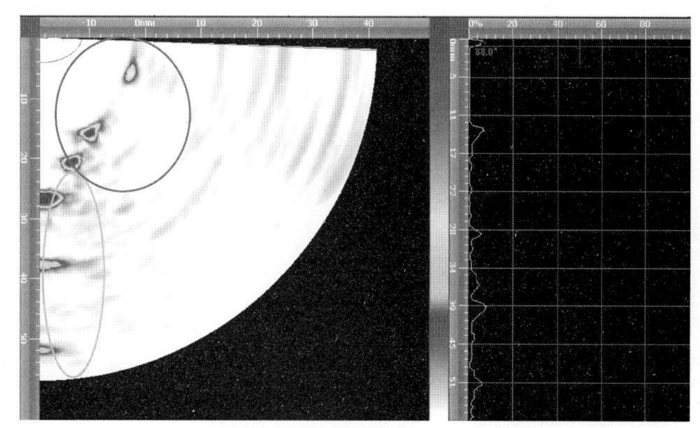

图 11-6　试样 1 探头位置 1 显示

将探头放置在试样 1 上（位置见图 11-7），其显示信号和图像如图 11-8 所示。黄色标记处为试件底波信号，红色标记处为 3 个横孔信号。

图 11-7　试样 1 探头位置 2 检测示意

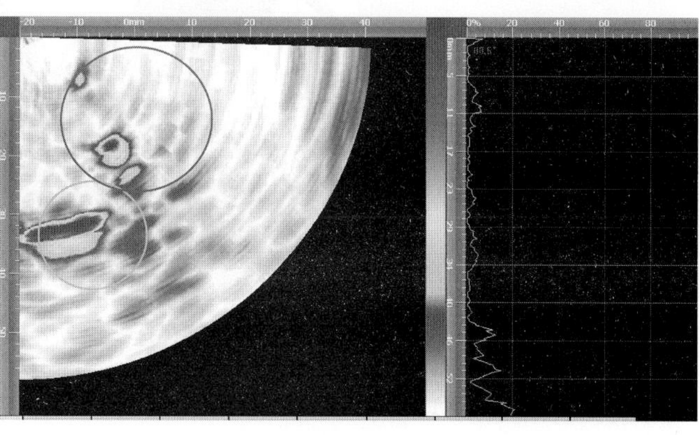

图 11-8　试样 1 探头位置 2 显示

将探头放置在试样 1 上（位置见图 11-9），其显示信号和图像如图 11-10 所示。黄色标记处为试件底波信号，红色标记处为 3 个横孔信号。

（2）试样 2　将探头放置在试样 2 上（位置见图 11-11），其显示信号和图像如图 11-12 所示。黄色标记处为试件底波信号，红色标记处为 4 个横孔信号。

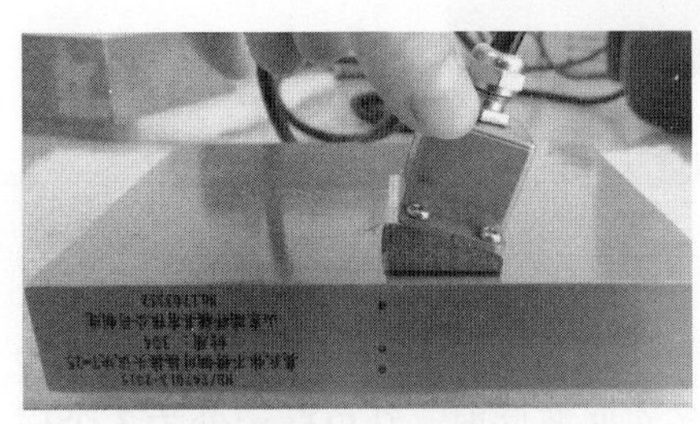

图 11-9　试样 1 探头位置 3 检测示意

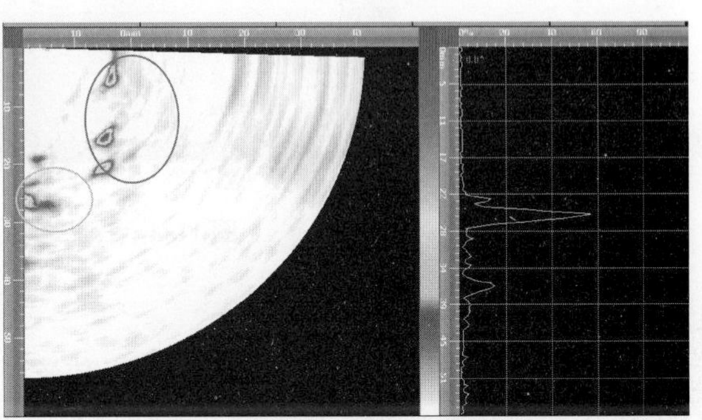

图 11-10　试样 1 探头位置 3 显示

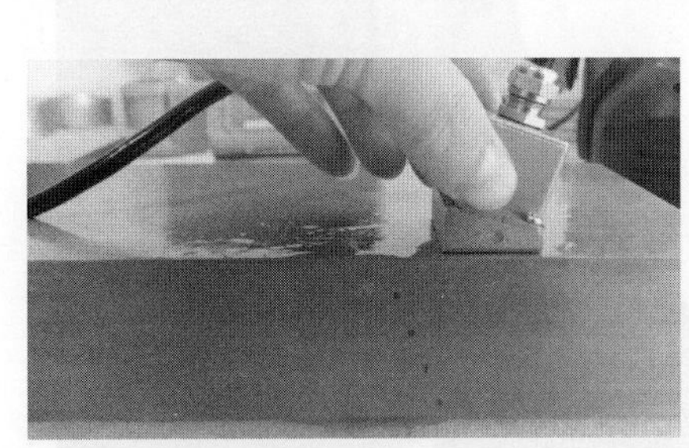

图 11-11　试样 2 探头位置 1 检测示意

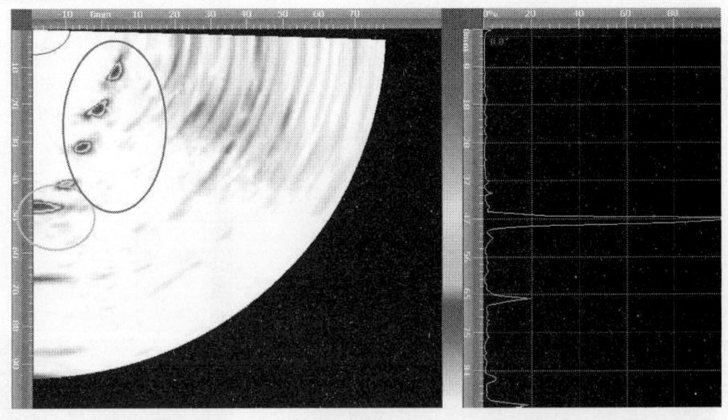

图 11-12　试样 2 探头位置 1 显示

将探头放置在试样 2 上（位置见图 11-13），其显示信号和图像如图 11-14 所示。黄色标记处的信号为下焊缝余高的反射信号

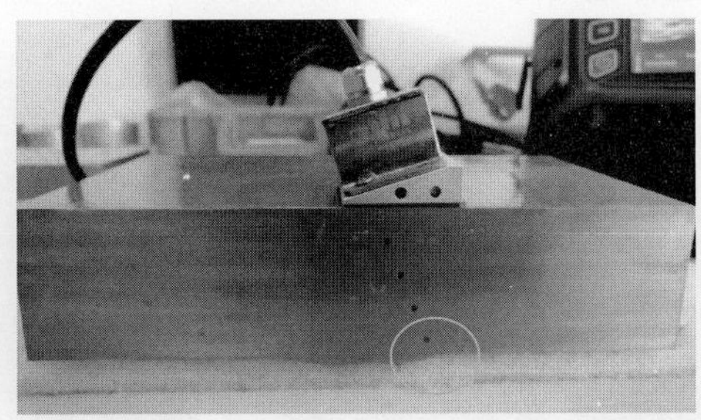

图 11-13　试样 2 探头位置 2 检测示意

（3）试样 3　试样 3 的显示信号和图像如图 11-15 ~ 图 11-18 所示，各图中红色标记分别为裂纹、未熔合、未焊透及气孔。

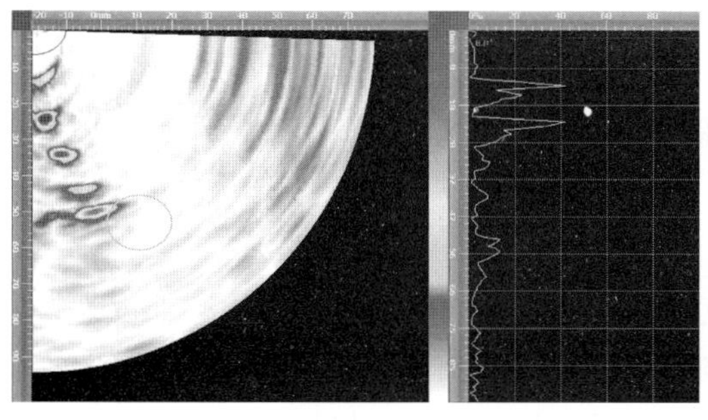
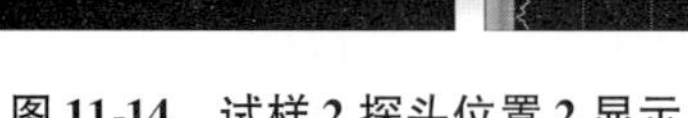

图 11-14　试样 2 探头位置 2 显示

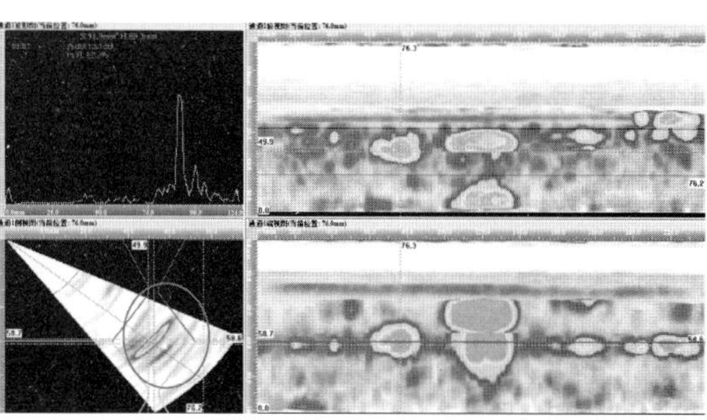

图 11-15　试样 3 裂纹显示

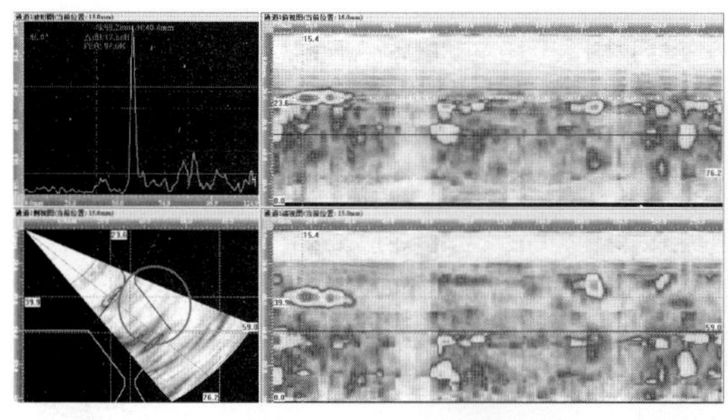

图 11-16　试样 3 未熔合显示

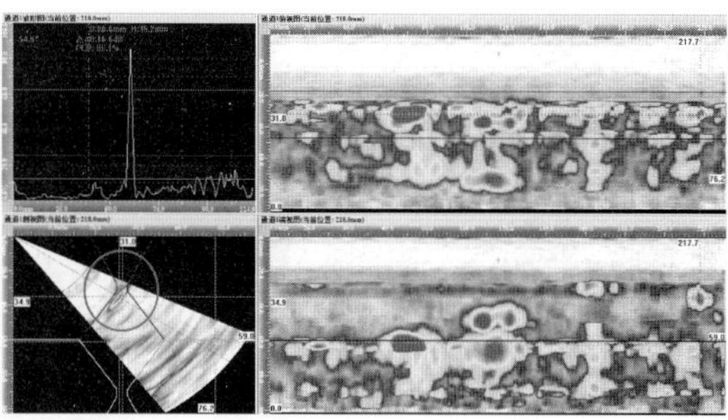

图 11-17　试样 3 未焊透显示

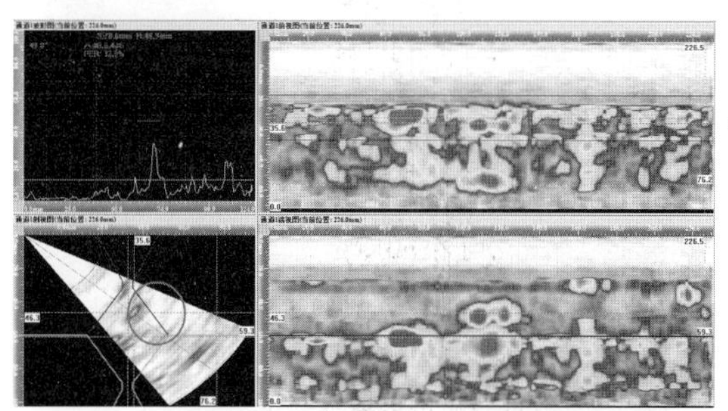

图 11-18　试样 3 气孔显示

11.2　复合材料相控阵超声波检测

1. 复合材料

复合材料是将两种或两种以上不同材质的材料通过专门的成形工艺和制造方法复合而成的一种高性能新材料，按使用要求可分为结构复合材料和功能复合材料，到目前为止，主要的发展方向是结构复合材料，另外集结构和功能一体化的复合材料也在飞速发展。

通常将组成复合材料的材料或原材料称之为组分材料，其可以是金属、陶瓷或高聚物材料。对结构复合材料而言，组分材料包括基体和增强体，基体是复合材料中的连续相，作用是将增强体固结在一起并在增强体之间传递载荷。增强体是复合材料中承载的主体，包括纤维、颗粒、晶须或片状物等的增强体，其中纤维可分为连续纤维、长纤维和短切纤维，按纤维材料又可分为金属纤维、陶瓷纤维和聚合物纤维。目前，用途最广泛、最重要的是碳纤维。

2. 检测部位和缺陷

检测对象为碳纤维树脂基复合材料，厚度为5mm，如图11-19所示。检测部位为整个壳体，重点部位为安装边及内壳体安装孔周围。壳体外部有凸出的部位无法实现100%检测。检测缺陷为孔隙、夹杂、裂纹、疏松、纤维分层与断裂、纤维与基体界面开裂，以及纤维与基体界面结合不良等。

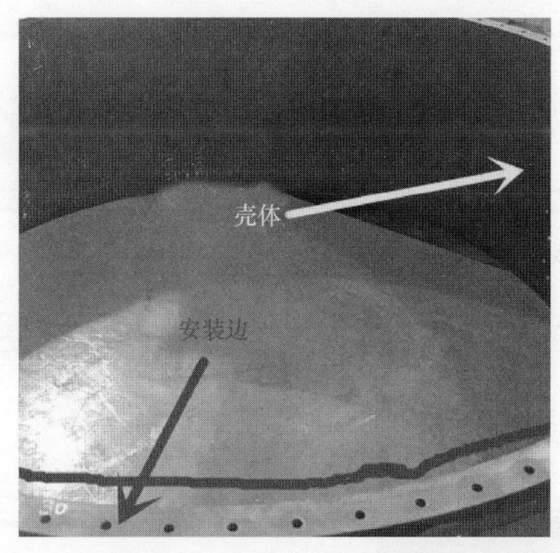

图11-19　碳纤维树脂基复合材料

3. 检测方法

（1）检测器材

1）仪器：HSPA20－E相控阵复合材料综合检测仪，如图11-20所示。

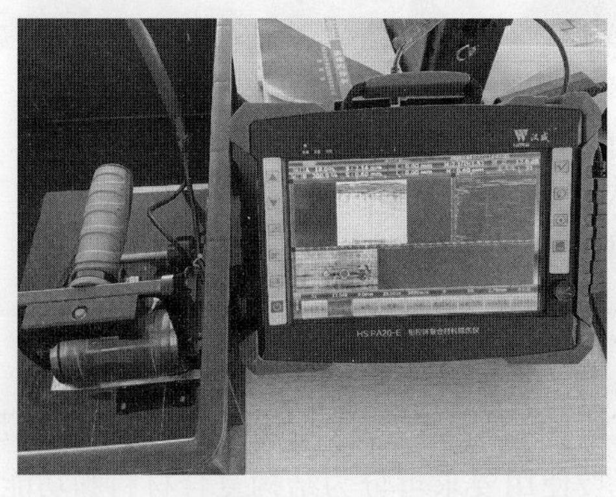

图11-20　相控阵复合材料检测系统示意

2）探头：5MHz 64 0.8×6.4阵元相控阵轮式探头（优点：减少盲区，耦合稳定），如图11-21所示。

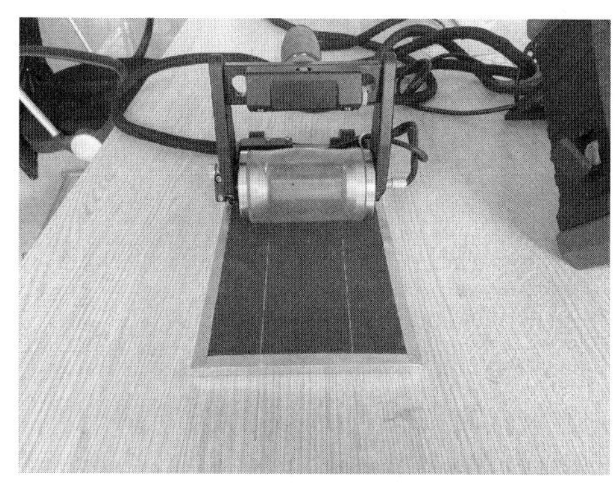

图 11-21　相控阵轮式探头示意

（2）仪器参数设置　仪器参数设置见表 11-2。

表 11-2　仪器参数设置

扫描方式	孔径阵元	零偏/μs	范围/mm	聚焦距离/mm	增益/dB	重复频率/kHz	发射电压/V
L 扫描	4	28	14	80	13	1	50

（3）探头布置及扫查方式　由于壳体内部较为平整，适合超声波入射，因此采用从内部对复合材料进行线扫检测。

探头放置在壳体内部及安装边，沿一定方向移动扫查。

4. 数据分析

采用相控阵轮式探头一次激发 4 个阵元扫查壳体复合材料的检测结果如图 11-22 ~ 图 11-24 所示。图 11-22 和图 11-23 中是对壳体内部一圈安装孔同一位置反复扫查结果，如图 11-22 中 B 扫描和 C 扫描视图中已标出典型的缺欠信号，两图 C 扫描图中都能反映缺

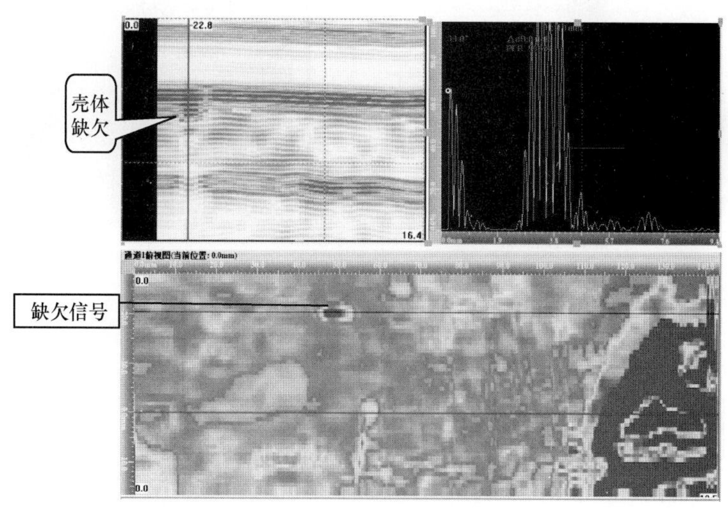

图 11-22　壳体内部扫查显示

欠信号且位置相同，说明扫查结果的一致性吻合，图 11-23 中前后部分区域和有黑色实线的地方，是因为人工手推轮式探头不能保证稳定压力和速度，且仪器没有闸门跟踪功能造成的，如采用自动化机械手就可以保证压力和扫查速度相对稳定，并可以加上闸门自动跟踪功能，以保证检测的稳定性。

图 11-24 中是对安装孔处来回反复扫查记录的视图，经过分析，确认为安装孔附近有两处明显的缺欠信号且均靠近表面。

上述检测结果显示缺欠大部分都在靠近表面和近表面，由于 5MHz 探头脉冲周期较多，图 11-22 中的 A 扫描视图中缺欠信号和界面波的部分重合，不易分辨，后期采用 10MHz 探头周期比 5MHz 探头少一半，因此能将缺欠回波的信号和界面波分开。

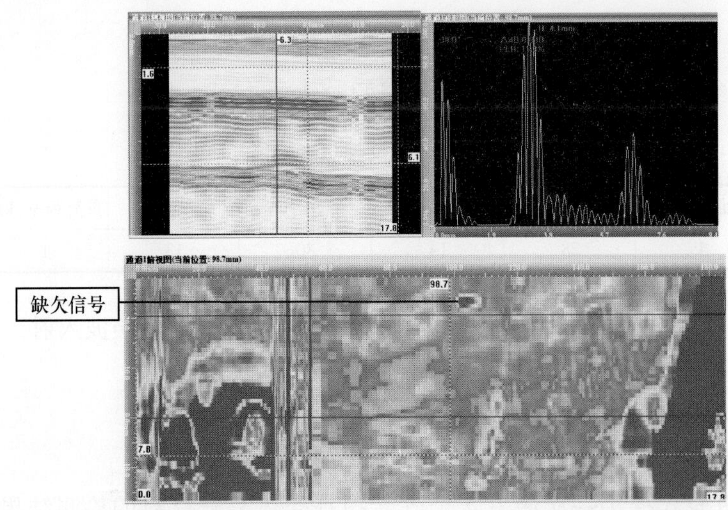

图 11-23　壳体内部扫查显示（与图 11-21 的扫查位置相同）

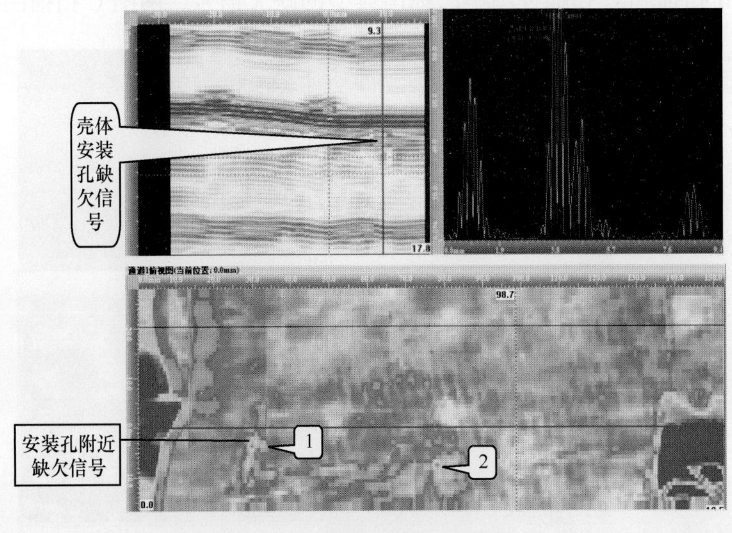

图 11-24　安装孔反复扫查显示

11.3　相控阵二维成像管道腐蚀检测

1. 管道

管道输送流体具有成本低、安全等优点，是应用最为广泛的流体输送方式。但由于管道大都埋于地下，会受到输送介质、土壤、地下水以及电化学腐蚀，会导致管壁变薄，甚至穿孔泄漏，最终使管道失效，不仅会造成巨大的经济损失和资源浪费，同时泄漏物还会造成环境污染。据统计，全世界每年因腐蚀损失掉 10% ~20% 的金属，造成的经济损失超过 1.8 万亿美元。

2. 检测部位和缺欠

检测对象为碳素钢直缝管，ϕ240mm，壁厚 8mm，如图 11-25 所示。检测部位为管道整体，要求检测出深度超过 2mm 以上的腐蚀缺欠。

3. 检测方法

（1）试样的设计和制作　试样中包含 2 个 ϕ6mm、深度 2mm 的平底孔，如图 11-26 所示。

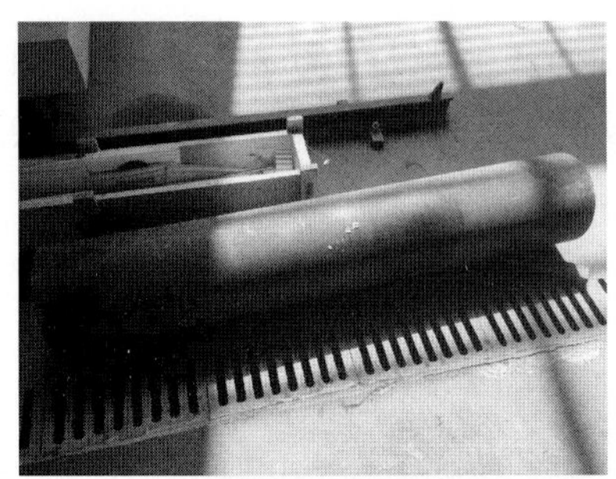

图 11-25　直缝管

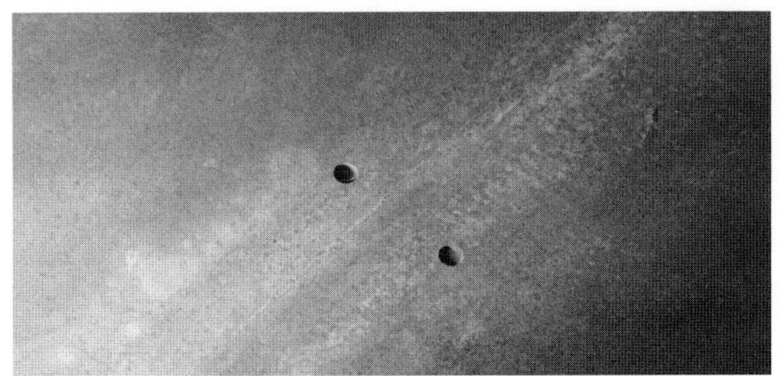

图 11-26　深 2mm 平底孔人工缺陷

（2）检测器材

1）探头及楔块：5MHz/32EL 相控阵探头以及水层厚度为 12mm 的局部水浸楔块，如图 11-27 所示。

图 11-27　探头及楔块

2）扫查架及链式固定装置：装有双编码器的管体链式扫查器如图 11-28 所示。

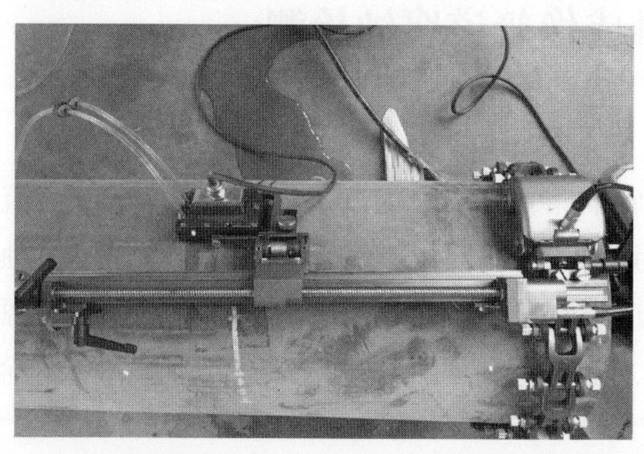

图 11-28　扫查架及链式固定装置

（3）探头布置及扫查方式　将扫查架和探头固定在管体上，用水壶加压送水使探头处于局部水浸状态，水层厚度 12mm，由于水中声速约为钢中声速的 1/4，即水层距离约为钢板厚度的 4 倍，将水层波平移至始波外，即 8mm 处为钢板底波，调校 X 轴和 Y 轴编码器后，选择相控阵组合 C 扫描厚度模式即可二维成像。

4. 数据分析

检测图像如图 11-29 所示，200mm × 70mm 成像（横向 X 轴拖行 200mm，纵向 Y 轴拖行 70mm）。图中红色的两点为平底孔成像，绿色部分为底波底色，黄色和蓝色为耦合杂波以及拖行边界杂波（可消除）。

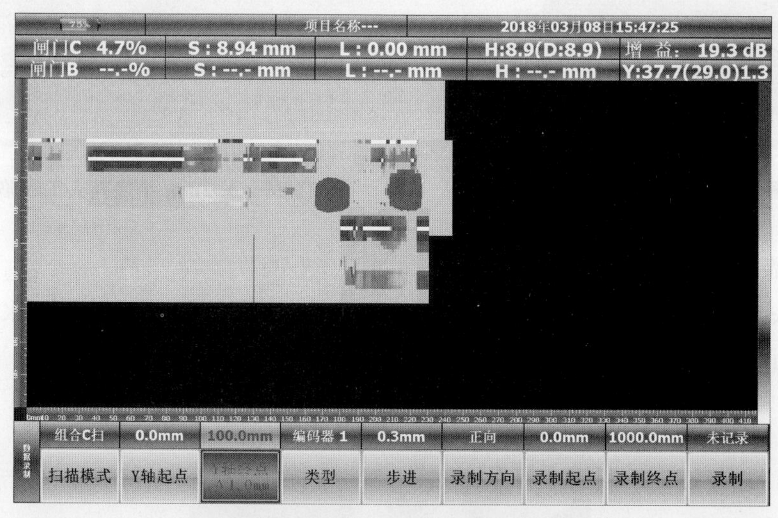

图 11-29　检测图像

第12章 工艺规程

为指导和规范相控阵检测人员全面，准确地判定出被检工件存在的各种缺欠，在对工件进行检测前，工艺人员应针对需探伤的工件编制相控阵超声波检测工艺规程。工艺规程应经过审批后下发至相关检测班组成人员。检测人员应充分理解并掌握工艺规程的各项规定及需求。

相控阵超声波检测工艺规程主要包括人员资质、检测范围、设备、结果评定、纪录等内容。

本章以对接焊缝为例介绍相控阵检测工艺规程的编制。

12.1 范围

1）本工艺规程规定了板厚≥10mm 的低超声波衰减（特别是散射引起的衰减）金属材料熔化焊接头的相控阵超声波检测的方法和技术。

2）适用于手工操作或已编码的半自动扫查。

3）半自动扫查应配备具有位置编码器的支架，以固定探头做定向移动。应通过导向装置辅助探头移动或半自动扫查。

4）本工艺规程应在特定的条件下使用，板厚、焊缝准备及焊接工艺应满足特定要求。本工艺规程在附录 B 进行了详细规定。

5）本工艺规程规定了相控阵超声波检测的操作细则。除另有合同约定外，应严格执行本工艺规程。

12.2 规范性引用文件

1）ASME 锅炉和压力容器规程 第 V 卷，第 4 章，2019 版。

2）ISO 5577—2017 无损检测 超声检测 术语。

3）ISO 17640—2018 焊缝无损检测 超声波检测 检测技术 验收等级和结果评估。

4）ISO 16810—2012 无损检测 超声波检测 总则。

5）ISO 18563－1—2015 无损检测 相控阵超声检测设备的特性和检验 第 1 部分：仪器。

6）ISO 18563－2—2017 无损检测 相控阵超声检测设备的特性和检验 第 2 部分：探头。

7）ISO 18563 -3—2015　无损检测　相控阵超声检测设备的特性和检验　第3部分：组合性能。

8）ISO 19285—2017　焊缝无损检测　相控阵超声检测（PAUT）验收等级。

9）EN 1330 -4—2010　无损检测　术语　第4部分：超声波检测用术语。

10）EN 16018—2011　无损检测　术语　相控阵超声波检测用术语。

11）ASTM E 2491—2013　相控阵超声检测仪器和系统性能评定标准导则。

12.3　术语及定义

ISO 5577—2017、EN 1330 -4—2010、EN 16018—2011 的术语及定义适用于本工艺规程。

12.4　安全

进行相控阵超声波检测之前，检测人员应熟悉作业场地的安全须知，并熟知与作业有关的健康、安全及危险源的法律法规。

12.5　人员资质

1）相控阵超声波检测技术人员应经过相控阵超声波检测分析和检测结果评定的培训。检测人员应分类如下：监督人员、检测人员、扫查人员。

2）监督人员和检测人员应取得 ISO 9712—2012 的相控阵超声波检测2级资质。

3）监督人员和检测人员应至少经过80学时的超声波检测设备操作培训，以及80学时的数据分析和仪器校准方面的培训。

4）可能需要移动和固定超声波扫查器的扫查人员，应针对其工作任务进行充分培训，以满足操作需要。

5）工艺规程应经 ISO 9712—2012 的 UT 3级人员批准。

12.6　焊缝标识和零位

1）焊缝编号标识应经客户同意后使用。

2）如果焊缝需要做永久标记，最终的印记深度不应超过1mm。

3）各焊缝应通过参考点系统定位和标记。系统应能识别各焊缝中心线及沿焊缝长度的特定间隔。

4）应标记扫查起始位置，根据焊缝标记的参考点设定起始位置和扫查方向。

5）探头参考面（通常是楔块前端）应在参考偏移距离（通常是相对于焊缝中心线的

偏移距离）的5mm范围内。同时使用两个探头进行半自动扫描时，扫查人员在焊缝中心线两侧对称放置两个探头。扫查人员应使用焊缝余高中心估算L扫描所需的探头偏移距离。

6）焊修区域的扫查应与原始扫查区分开。

12.7 扫查面准备

1）用于设定声束位置和灵敏度的试块的扫查面应与被检工件状态相似。应无铁锈、氧化皮、油脂或其他任何阻碍超声波耦合进入工件的杂物。应关注试块表面的划痕或沟槽。通过轻微的打磨抛光可消除划痕或沟槽，但不应影响声束耦合和反射。若表面划痕或沟槽导致试块厚度减薄0.5mm以上，应更换新的试块。

2）被检工件的扫查面应足够宽，确保扫查可以完整覆盖检测区域。扫查面应平整，且无影响探头耦合的外来杂物（例如，铁锈、松散的氧化皮、焊接飞溅、刻痕、沟槽）。扫查面的波纹不应导致探头和检测表面的间隙超过0.5mm。必要时，可通过表面修复方法达到需求。扫查面和声束反射面应不影响耦合和反射。

12.8 检测区域

1）扫查技术应确保可以检出焊缝及热影响区（HAZ）的焊接缺欠及在役使用缺欠。

2）应先使用直声束聚焦法则检测斜声束覆盖的母材，以检出缺欠或确定高衰减性。如果可行，可以使用TOFD检测代替直声束检测。

3）应确定母材扫查中检出的缺欠对斜声束检测的影响。如有必要，应对技术作相应调整。

4）应在焊缝两侧的检测可达处对焊缝及热影响区进行斜声束检测。

5）应至少使用两个角度差≥10°的斜声束探头扫查检测区域。

6）如果结构允许，宜对与焊缝中心线垂直的潜在缺欠（横向缺欠）进行附加检测。

7）在报告中应明确所有局限性和限制因素。

12.9 检测设备

（1）仪器和探头

1）应使用至少包含16个阵元聚焦法则的相控阵系统进行焊缝的相控阵超声波检测。相控阵系统应包含对仪器参数和数据采集的控制软件。

2）仪器和软件应与相控阵探头和适宜的聚焦法则配合使用，确定合适的楔块、正确的入射点和探头中心距（PCS）。

3）超声波仪器应每年进行计量校准。对于长期项目，校准周期可适当延长。应按照

ASTM E 2491—2013 中的规定进行垂直线性和水平线性的检查。

4）应根据各焊缝结构确定专用检测技术，并使用合适的探头。

5）扫查器（探头支架）应性能良好，配套的编码器的精准度应在 2% 扫查长度范围内。

6）应使用合适的校准试块确定 A 扫描显示的距离（范围）和延迟时间，通常采用 V1、V2 和阶梯试块。应通过参考试块中特定深度的反射体确定参考灵敏度。

（2）试块

1）使用相控阵超声波检测焊接接头时，应通过试块设定声束位置和灵敏度，试块应与被检工件的尺寸大致相同，声学特性相似。

2）试块表面应刻打其明细，如尺寸、生产厂家和材料信息。

3）应测量试块中的反射体，并与设计图样进行比较。

4）除非另有协议规定，试块按照 ASME 第 V 卷第 4 章设计。

（3）参考反射体　铁素体焊缝检测所用试块的参考反射体应为横孔和刻槽。

（4）耦合剂　耦合剂可采用导管（导管穿过探头）通水的方式施加，也可使用化学浆糊和油直接施加在被检表面。校验和扫查时应使用相同的耦合剂。

（5）检测面温度

1）相控阵检测系统应能满足较大的温度（被检面）范围。通常，被检面温度范围为 20～50℃，但系统也可能会在更低的温度下直接使用。

2）通常使用水流调节所需温度范围，水流经过楔块可以起到控温作用。但是，如果水流速度不能充分控制楔块温度，可以在扫查前通过辅助冷却来降低温差。

12.10　设备校验

（1）调节范围

1）特定的焊接结构（直径、壁厚和坡口形式）应使用适合的反射体（横孔或刻槽）来调节灵敏度和闸门位置。

2）应确认所用技术的时基数据采集范围。应通过校准试块（例如，V1、V2 或阶梯试块）上的已知距离调节和确认范围和楔块延迟时间，确保误差不超过 2%。

3）通过深度来校核范围（入射声速），通过 B 扫描和 S 扫描显示上的光标来确认偏移距离（至出射点的距离）。

（2）参考灵敏度

1）应使用参考试块上横孔的最大反射信号设定脉冲反射通道的灵敏度。

2）将反射信号调整至满屏高度的 40%，并制作 TCG（时间增益修正）曲线。将参考反射体的反射信号调整至 40% 作为参考灵敏度。TCG 曲线至少需要三个点。

3）应对扫描序列的所有聚焦法则进行 TCG 曲线的校正。可使用极限聚焦法则和中间范围聚焦法则上的横孔反射信号来确认 TCG 曲线的适用性。波幅应与参考波幅 40% 相差不超过2dB。例如，可使用40°、55°和70°聚焦法则的A扫描校核40°~70°范围（步进值1°）的S扫描的参考波幅是否合格。

4）一发一收技术应用于确定被检工件和参考试块的传输值。即在设定TCG曲线后，在参考试块上放置两个常规探头或两个相控阵探头，使声程呈V形，将得到的信号调整至参考波幅。然后将探头组放置在被检工件上，与TCG曲线的dB差即为传输修正值。

（3）扫查灵敏度　焊缝扫查灵敏度应为参考灵敏度+6dB+所有传输修正增益值。

（4）闸门位置和记录阈值

1）相控阵超声波检测可以采用两种数据采集模式：实时（无编码）和使用位置编码器的数据存储。两种情况下，数据分析时应将闸门套住所选的A扫描波形。

2）应确认特定焊缝检测技术的相控阵超声波检测波形数据所使用的电子闸门。

3）闸门起始位置应至少位于焊缝及热影响区前10mm。

4）不应使用任何波幅阈值限定设置（抑制），初始评定调色板应为默认光谱调色板。

5）应使用距离编码的B扫描或S扫描显示对脉冲反射的数据进行评定。

（5）距离编码器校准

1）技术指定时使用位置编码器。

2）使用编码功能时应校准编码器，以确保其精度。使用量具测量100mm、250mm及500mm位置的编码器读数，通过比较读数与实际位置的差值确认编码器精度。编码器误差应在2%以内。

3）应至少每月校核编码器位置精度，结果应予以记录。

4）对于超过500mm扫查长度的情况，编码器读数误差应不超过10mm。

（6）扫查速度

1）半自动扫查技术使用沿线扫查方式（探头平行于焊缝长度方向移动），声束垂直于焊缝中心线。扫查速度为沿表面的探头移动速度。

2）扫查速度应不超过150mm/s。

3）如果检测人员发现“丢失数据线”超过标准限度，应重新扫查。扫查人员应以低于扫查速度移动扫查器。

（7）重新扫查要求

1）应在焊缝扫查后校核灵敏度。如果发现任何脉冲反射通道的信号比参考基准低2dB，或比参考基准高2dB，应立即进行修正，并重新扫查。如果波幅降低超过2dB，所有之前校准合格后扫查的焊缝均应重新扫查。

2）如果由于扫查过快导致数据丢失量超过5%，或超过2条相邻数据线丢失，应重新扫查。

3）焊修区域的再次扫查应与初始扫查的设置相同。

4）如果焊修导致焊缝及热影响区增大，应适当扩大检测区域，探头移动区域和闸门长度应作适当延伸。

（8）其他扫查要求　检测人员或客户认为有必要对显示尺寸或真伪进行评定时，应进行附加检测。应在相关文件中规定所用的技术和设备。

(9) 校验内容及其周期

1) 在作业开始前或设定新作业项目时，应进行范围和灵敏度校验。

2) 检测过程中至少每4h或检测结束时，应对范围和灵敏度设定进行校验，当系统参数发生变化或等同设定变化受到质疑时，也应重新校验。

12.11 设备检查

1) 本工艺规程应用的所有设备均应符合以下ISO标准的要求。

ISO 18563-1—2015 无损检测 相控阵超声检测设备的特性和检验 第1部分：仪器

ISO 18563-2—2017 无损检测 相控阵超声检测设备的特性和检验 第2部分：探头

ISO 18563-3—2015 无损检测 相控阵超声检测设备的特性和检验 第3部分：组合性能

2) 未在以上ISO标准中述及的关于相控阵超声波检测设备的检验要求，应符合ASTM E 2491—2013的规定。

12.12 检测技术

1) 应对各个被检焊缝结构设置特定的检测技术，技术内容应包含探头、角度、阵元、焊缝检测区域及探头位置等参数。

2) 项目的特定技术要求应与本工艺规程一同使用。

3) 项目的特定技术要求作为本工艺规程的附件列于目录中。附录中也可附加技术要求。本工艺规程每附加一项技术要求均视为一次更改，应在更改记录中明确。

12.13 结果评定（验收准则）

1) 应评定所有波幅等于或超过参考基准-6dB的缺欠显示。

2) 手工操作相控阵探头进行扫查时，应通过如下方法测量显示长度：在参考灵敏度等级下，记录波幅信号下降到满屏高度的20%的探头横向位移。当使用半自动编码器进行扫查时，应使用C扫描或B扫描显示上的光标进行评定，即测量参考基准下波幅降低至满屏高度20%的编码区域的位置。

3) 记录的缺欠应明确其位置：

第一，缺欠相对于参考数据的起始位置。

第二，缺欠相对于焊缝中心线的偏移距离。

第三，缺欠至被检表面的深度。

4）超过允许长度的缺欠视为不合格。

5）分析或解释相控阵检测结果的人员应为2级或3级人员。

12.14 检测结果记录

（1）记录 记录应提供电子版，另外，可按客户要求提供印刷版。

（2）记录信息

1）被检工件信息。被检工件名称、壁厚等尺寸、材料类型和加工形式、结构特征、被检焊接接头的位置、相关焊接工艺和热处理、被检工件表面状态和温度、被检工件加工阶段和检测时机。

2）检测设备信息。①相控阵超声波检测设备生产厂家和型号。②相控阵探头生产厂家、类型、频率、阵元数量、楔块材料和角度。③参考试块信息。④耦合剂。

3）检测技术信息。①检测等级和参照的检测规程。②检测目的和内容。③数据信息和坐标系。④范围和灵敏度设定的方法和数值。⑤信号处理和扫描增量设定。⑥扫查布置。⑦检测中的所有信息与本文件的偏差情况及可达性限制（如果存在）。

4）相控阵设定信息。①增量（E扫描）或角增量（S扫描）。②阵元间距和间隙尺寸。③聚焦（宜与扫查进行同样的校准）。④虚拟孔径尺寸（阵元数量和阵元宽度）。⑤聚焦法则中使用的阵元数量。⑥声束方向从垂直到焊缝坡口的最大偏差。⑦生产厂家规定的楔块角度范围极限的文件。⑧校准、时间增益修正（TCG）和角度增益修正（ACG）说明文件。

5）检测结果信息。①相关的相控阵原始数据文件。②检出的相关不连续的相控阵图像或数据（电子形式）。③验收准则。④相关不连续的分类、位置和尺寸，以及评定结果。⑤参考点及坐标系信息。⑥检测数据。⑦检测人员姓名、签名和资质。

12.15 违规行为

1）若没有按照本工艺规程实施操作，项目经理应督办实施。应在检测前解决设备问题。任何难以解决的扫查可达性问题（声束覆盖性等）应记录在最终报告中。

2）若被检焊缝中存在缺欠，应对不合格位置进行标记，并对焊修过的区域进行再次检测。

3）焊修后的检测应包括焊修区域及其外侧50mm扫查长度范围，文件和记录编号为焊接报告编号后加上修补区域编号R1。相同区域的再次修补应以R编号延续（例如，R2、R3等）。

附　录

附录 A　出射点公式

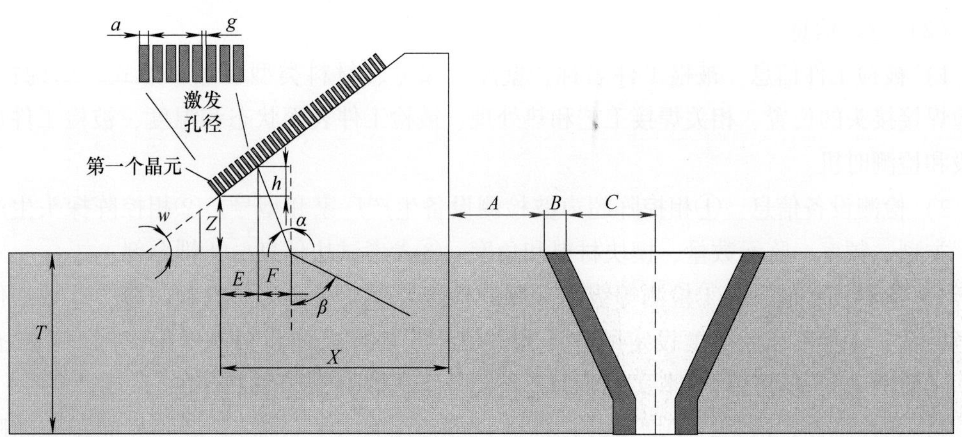

1）材料：

T——厚度（mm）；

A——探头前端至检测区域的距离（mm）；

B——热影响区（HAZ）；

C——焊缝表面宽度的1/2（mm）；

c_m——材料中横波的声速（$m\cdot s^{-1}$）。

2）探头：

N——激发孔径中的阵元数（个）；

a——单个晶元宽度（mm）；

g——相邻晶元的间隙（mm）。

3）楔块：

w——楔块角度（°）；

X——楔块的前端到第一晶元中心的距离（mm）；

Z——第一个晶元的高度，从楔块的底部到第一个晶元的中心的距离（mm）；

c_w——楔块中的纵波声速（$m\cdot s^{-1}$）。

4）检测：

β——所需折射角（°）；

α——入射角聚焦法则：通过斯涅尔定律，用折射角计算得到（°）。

通过以下公式计算特定角度探头上的出射点：

$$楔块前端到出射点的距离 = X - E - F$$

其中：

$$E = (n-1)(a+g)\cos w$$

$$F = [Z + (n-1)(a+g)\sin w]\tan\alpha$$

因此，从出口点到楔块前端的距离（前沿长度）为

$$X - (n-1)(a+g)\cos w - [Z + (n-1)(a+g)\sin w]\tan\alpha$$

探头前端偏移时，焊缝中心线至探头前端的偏移量为：

$$A + B + C$$

注意：前沿长度是从一个参考点（在这个例子中是指楔块的前端）到声束的入射点的距离。

附录B　25 ~ 44mm 板厚对接焊缝检测技术

B.1　介绍

本技术规定了 25 ~ 44mm 厚度范围双 V 形手工或埋弧焊焊缝适当位置的半自动脉冲反射法相控阵超声波检测技术。

通过验证/校准试块中的表面和内部显示确定本技术的可行性。应确定适用于 25 ~ 44mm 板厚范围的验证/校准试块的技术也适用于对板厚 10 ~ 25mm 范围材料的检测。

本技术使用软件时间增益修正（TCG）。

典型的焊缝结构信息如图 B-1 所示。图中数值不固定，可能有所改变。

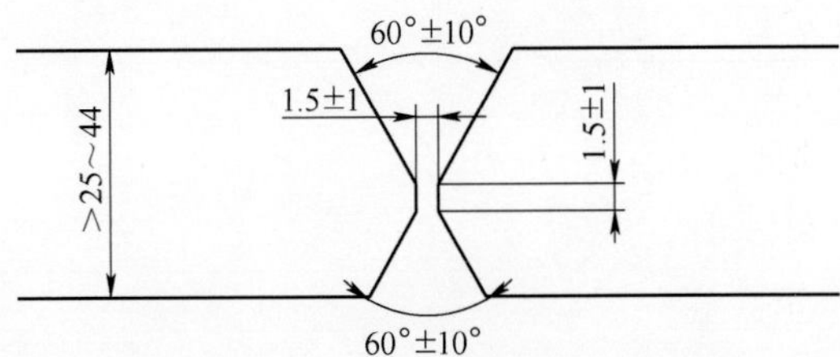

图 B-1　双 V 形坡口焊缝——碳素钢

B.2　探头

表 B-1 为本技术所使用的探头和楔块。

表 B-1　换能器和楔块信息

探头型号	5L64-A2
探头编号	123
探头频率/MHz	5
晶元尺寸/mm × mm	0.65 × 10
楔块型号	A2
楔块编号	ABWX257A
楔块角度（物理）/（°）	34
楔块文件名	SA2 – N55S ABWX257A
电缆长度/m	2

B.3 扫查

将单探头放置在参考焊缝中心线的固定位置执行单通道扫查。使用探头支架（扫查器）和导向装置保持探头和中心线的相对距离。

应在焊缝中心线两侧执行 2 次 S 扫描及直声束扫查（直声束扫查可以是手工扫查或单独设定聚焦法则）。

B.4 范围和灵敏度设定

首先，采用 IIW（V1）试块在所需的角度范围内设定楔块延迟补偿。通过软件中的说明设定楔块延迟时间。

其次，使用 V2 试块中 50mm 半径圆弧，按照软件中的说明进行角度增益修正（ACG）。

然后，使用焊缝参考试块设定参考灵敏度。焊缝参考试块应包含可以覆盖被检焊缝深度的刻槽和横孔。应使用与被检焊缝相同材料的板材的一部分制作参考试块。制作试块的部分材料应进行超声波检测，确保不存在任何影响灵敏度设定的缺欠。

用于 TCG 和验证检测技术的参考试块如图 B-2 所示，图中给出了反射体的位置和尺寸。孔的长度（钻入尺寸）至少为 25mm。孔直径公差为 ±0.3mm。孔在厚度方向上的公差为 ±1.0mm。

最后，应使用参考试块的横孔设定各聚焦法则。应使用软件中的说明对被检区域所需范围进行时间增益修正（TCG）设定。

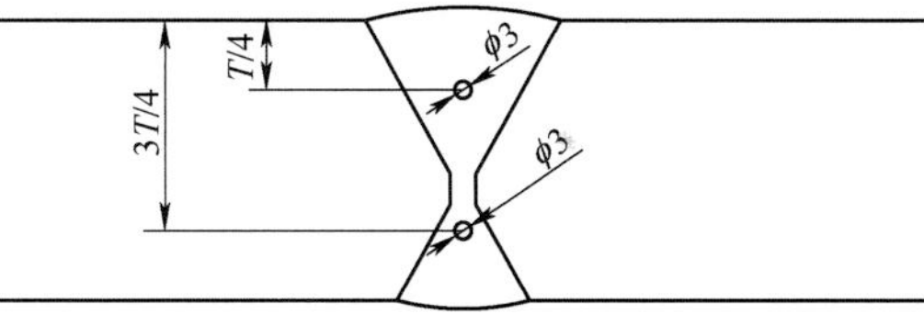

图 B-2 双 V 形坡口焊缝参考试块反射体信息

B.5 初始仪器设定

表 B-2 为仪器初始设置及参数。为获得理想的显示结果和分析结果，可能需要调整参数。

表 B-2 仪器初始设置及参数

常规设定	扫查位置 3	扫查位置 3	扫查位置 1	扫查位置 2	扫查位置 4	扫查位置 4
倾斜（0°）/（°）	90	90	90、0	270、0	270	270
增益/dB	10	10	20	20	20	10
范围起始/mm	0.0	0.0	0.0	0.0	0.0	0.0
范围/mm	100	100	50	100	50	100

（续）

常规设定		扫查位置 3	扫查位置 3	扫查位置 1	扫查位置 2	扫查位置 4	扫查位置 4
波形		剪切波	剪切波	纵波	纵波	剪切波	剪切波
声速/m·s^{-1}		3220	3220	5920	5920	3220	3220
脉冲发生器参数	收发模式	Tx	Tx	Tx	Tx	Tx	Tx
	频率/MHz	5.0	5.0	5.0	5.0	5.0	5.0
	电压/V	80.0	80.0	80.0	80.0	80.0	80.0
	脉冲宽度/ns	100.0	100.0	100.0	100.0	100.0	100.0
	PRF（脉冲重复频率）/Hz	80	80	80	80	80	80
接收器参数	滤波/MHz	5.0	5.0	5.0	5.0	5.0	5.0
	检波	全检波	全检波	全检波	全检波	全检波	全检波
	视频滤波	开	开	开	开	开	开
	平均处理	1	1	1	1	1	1
	抑制	关	关	关	关	关	关
声束特性	扫查偏移/mm	0.0	0.0	0.0	0.0	0.0	0.0
	入射点偏移/mm	−30	−30	−30	30	−30	30
	声束延迟	校准	校准	校准	校准	校准	校准
	阵元数量/个	16	16	16	16	16	16
	第一个阵元	1	1	1	1	1	1
	最后一个阵元	16	16	16	16	16	16
	阵元步进	NA	NA	NA	NA	NA	NA
	扫描类型	S 扫描	S 扫描	E 扫描	E 扫描	S 扫描	S 扫描
	角度/（°）	40～70	40～70	0	0	40～70	40～70
	步进	2°	2°	10 阵元	10 阵元	2°	2°
	聚焦深度/mm	500	500	500	500	500	500
机械方面	编码间隔/mm	1	1	手工	手工	1	1

B.6 验收准则

除非客户另有要求，应按照 ISO 19285—2017 的验收等级 2 级对焊缝进行验收。

B.7 被检区域扫查设定

对于斜声束 S 扫描，应采用两组聚焦法则分别在一侧（90°倾斜）和另一侧（270°倾斜）进行单次扫查。可以使用手工扫查（不编码）检测分层类不连续，探头可以是 0°倾斜。探头移动时，探头一侧与焊缝余高接触。评定时尽可能接近焊缝。

参考文献

[1] 万升云，等．超声波检测技术及应用 [M]．北京：机械工业出版社，2017.
[2] GINZEL Edward. Phased Array Ultrasonic Technology [M]. 2nd ed. Eclipse Scientific，2013.
[3] 美国机械工程学会．锅炉和压力容器规范第Ⅴ卷无损检测：ASME-V—2019 [S]．美国：美国机械工程学会，2019.